347 应用心理专硕
考前背诵300题

王永平／主编

中国政法大学出版社

2024·北京

图书在版编目（ＣＩＰ）数据

347 应用心理专硕考前背诵 300 题 / 王永平主编. -- 北京 ： 中国政法大学出版社，2024. 8. -- ISBN 978-7-5764-1731-9

Ⅰ. B849-44

中国国家版本馆 CIP 数据核字第 2024J5C490 号

出 版 者　　中国政法大学出版社

地　　址　　北京市海淀区西土城路 25 号

邮寄地址　　北京 100088 信箱 8034 分箱　邮编 100088

网　　址　　http://www.cuplpress.com (网络实名：中国政法大学出版社)

电　　话　　010-58908285(总编室) 58908433 （编辑部） 58908334(邮购部)

承　　印　　三河市良远印务有限公司

开　　本　　787mm×1092mm　1/16

印　　张　　18.25

字　　数　　324 千字

版　　次　　2024 年 8 月第 1 版

印　　次　　2024 年 8 月第 1 次印刷

定　　价　　49.80 元

 前言

勤思教研室心理组

同学们，想必大家经过前面的学习，已经基本了解了心理学考研的主要知识点和考查题型。但是跃跃欲试的你们，在做题时是否依然感觉大脑一片空白，无从下笔呢？或是写得过于口语化、笼统，和课本上书面化的语言差别特别大呢？

为了帮助大家言之有物，我们特推出《347应用心理专硕考前背诵300题》，这本书以心理学高频考点为核心，简化了课本中烦琐的内容，对知识点进行去粗取精，旨在有针对性地提高大家的答题能力，让大家在答题时胸有成竹！

首先，本书是根据最新考试大纲的内容要求，结合历年真题的命题特点，考虑学生的实际学习情况，经过深入的研究和分析编制而成的。其内容包括普通心理学、发展心理学、实验心理学、心理统计学、心理测量学、人格心理学、临床与咨询心理学、变态心理学、社会心理学、管理心理学十个部分。

其次，大家要清楚书中的强调方式，加粗部分表示重要内容、关键语句或答题维度。本书选择的题目均为考查概率较高的知识点，只要大家牢牢记住我们帮你总结的标准答案，在答题时就可以轻松拿下80%左右的分数。此外，本书还附赠了高频客观题和名词解释考点，大家可以扫描附录上的二维码观看，检查自己的复习效果。

最后，本书的定位在于"背诵"。同学们可以在一个清新的早晨，拿上本书到阳台或树林中大声朗读，进行心、眼、口三位一体的全面学习。我们相信，经过几周的认真背诵，你的答题能力一定可以达到庖丁解牛、游刃有余的程度。

请同学们继续加油！

# 目录

普通心理学

发展心理学

实验心理学

心理统计学

心理测量学

人格心理学

临床与咨询心理学

变态心理学

社会心理学

管理心理学

普通
心理学

背诵打卡表

章节	一轮打卡	耗时 / min	二轮打卡	耗时 / min	三轮打卡	耗时 / min	背诵要求
心理学概述	☐		☐		☐		
心理的神经生理机制	☐		☐		☐		
感觉	☐		☐		☐		
知觉	☐		☐		☐		
意识和注意	☐		☐		☐		
记忆	☐		☐		☐		答题逻辑和要点要记熟，细枝末节需要理解记忆
思维	☐		☐		☐		
语言	☐		☐		☐		
动机	☐		☐		☐		
情绪	☐		☐		☐		
能力	☐		☐		☐		
人格	☐		☐		☐		
学习	☐		☐		☐		

第一章　心理学概述

1．简述心理学研究中常用的研究方法。

（1）**观察法：**又叫自然观察法，是指在自然条件下，对表现心理现象的外部活动进行有系统、有计划的观察，从中发现心理现象产生和发展的规律的方法。

（2）**实验法：**在控制条件下，对某种心理现象和行为进行系统观察的方法。在实验中，研究者可以积极干预被试的活动，创造某种条件使某种心理现象得以产生并重复出现。实验法可分为实验室实验法和自然实验法。

（3）**测验法：**用一套预先经过标准化的问题（量表）来测量某种心理现象或心理品质的方法。心理测验要注意两个基本要求：信度和效度。

（4）**个案法：**要求对某个人进行深入而详尽的观察与研究，以便发现影响某种行为和心理现象的原因。个案法的结果可能只适合个别情况，因此，在推广运用这些结果或做出更概括的结论时，必须持谨慎的态度。

2．简述观察法的含义、适用条件及缺点。

（1）**含义：**观察法是**在自然条件下**，对表现心理现象的外部活动进行**有系统、有计划的观察**，从中发现心理现象产生和发展的规律的方法。例如，观察学生在课堂上的表现，可以了解学生注意的稳定性、情绪状态和人格的某些特征。

（2）**适用条件：**①对所研究的对象无法进行控制；②在控制条件下，可能会影响某种行为的出现；③由于社会道德的要求，不能对某种现象进行控制。

（3）**缺点：**①对某种现象难以进行重复观察；②对观察的结果难以进行精确的分析；③由于对条件未加控制，观察时可能出现不需要研究的现象，而要研究的现象却没有出现；④观察容易"各取所需"，即观察的结果容易受观察者的兴趣、愿望、知识经验和观察技能的影响。

3．简述实验法的含义、类别及优缺点。

（1）**含义：**实验法是**在控制条件下**，对某种心理现象和行为进行系统观察的方法，目的在于寻找现象之间的**因果联系**。

（2）**类别：**实验室实验法、自然实验法。

①**实验室实验法：**借助专门的实验设备，在对实验条件严加控制的情况下进行。例如，我们在实验室中安排三种不同的照明条件（由弱到强），让被试分别在三种不同

的照明条件下对一个短暂出现的信号做按键反应，通过仪器记录被试每次的反应时间。这样就可以了解照明对按键反应时的不同影响。

②**自然实验法：也叫现场实验法**，在某种程度上克服了实验室实验法的缺点。例如，在教学条件下，由教师向两组学生传授相同的材料。其中，甲组学生在学习以后完全休息，而乙组学生继续进行另外的工作。一小时后，比较他们的记忆成绩，结果甲组学生比乙组学生成绩好。这说明学习后适当休息有助于知识的保持。

实验是在正常情境中进行的，因此，自然实验法的结果比较合乎实际。但是，在自然实验中，由于条件的控制不够严格，难以得到准确的实验结果。

（3）**优缺点：**

①**优点：** 可揭示因果关系；可重复，可检验；数量化指标明确。

②**缺点：** 在实验中容易产生主试效应（研究者的期待和态度等可能会对实验产生影响）和被试效应（被试对自己正在接受实验的认知可能会干扰实验结果的客观性）。

4. 试述当代心理学的研究取向。

（1）**生理心理学的研究取向。**

采用生理心理学的研究取向的心理学家关心心理与行为的生物学基础，把生理学看成描述和解释心理功能的基本手段，认为人所有的高级心理功能都和生理功能，特别是脑的功能密切相关。

研究的主要问题：①脑与心理的关系；②心理免疫学；③遗传在行为中的作用。

研究方法：临床法、局部切除法、电刺激法、生物化学法等。

近年来，随着神经生理学、影像学和计算机技术的迅猛发展，各种无创伤的脑成像技术被广泛应用于认知领域的研究，产生了认知神经科学。

（2）**认知心理学的研究取向。**

认知心理学把人看成信息加工者，一种具有丰富的内在资源，并能利用这些资源与周围环境发生相互作用的、积极的机体。

现代认知心理学发展了一些自己特有的研究方法，如反应时记录法、口语报告法、计算机模拟等。

（3）**人本主义心理学和积极心理学的研究取向。**

人本主义心理学着重人格方面的研究，反对精神分析的无意识决定论和行为主义的刺激—反应的观点。人本主义者认为：人的本质是好的、善良的，他们有自由意志和自我实现的需要；人是单独存在的，心理学家应该对人进行单个测量，而不要把他们合并在不同的范畴之内。

在人本主义心理学的基础上，一些心理学家进一步提出了积极心理学。在他们看来，心理学应该关注个体和团体的积极因素，如积极人格、积极情感和积极的社会组织系统等；心理学应该关心个体的发展、社会的繁荣，并预防问题的产生。在研究方法上，它不仅接受了人本主义心理学的现象学方法，而且接受了实验心理学的实证研究方法。

（4）进化心理学的研究取向。

进化心理学认为，人类的心理机制是自然选择的结果，如果某种行为倾向有助于个体的生存，那么这种行为倾向就会被自然选择，并且通过基因被保留下来。

5．试述 19 世纪末 20 世纪初重要的心理学派别。

（1）构造主义。

构造主义的奠基人是冯特，代表人物是铁钦纳。

构造主义主张心理学应该研究人的直接经验，即意识，并把人的直接经验分为感觉、意象和情感三种元素。感觉是知觉的元素，意象是观念的元素，情感是情绪的元素。所有复杂的心理现象都是由这些元素构成的。

在研究方法上，构造主义重视内省，这是一种自我观察的方法，主张将内省与实验法结合起来。

（2）机能主义。

机能主义的创始人是詹姆斯，代表人物有杜威和安吉尔等。

机能主义主张研究意识，把意识看成川流不息的过程。在詹姆斯看来，意识是个人的、永远变化的、连续的和有选择性的。机能主义强调意识的作用与功能，认为意识的作用就是使机体适应环境。

在研究方法上，机能主义和构造主义一样，重视内省和实验。

机能主义推动了美国心理学面向实际生活的过程。

（3）行为主义。

行为主义的创始人是华生。

行为主义反对研究意识，主张研究行为；反对内省，主张用实验的方法；主张"环境决定论"。

行为主义强调用客观方法研究可以观察的行为，这对心理学走上科学的道路有积极作用。但其主张过于极端，限制了心理学的健康发展。

20 世纪三四十年代，行为主义阵营中相继出现了以托尔曼和斯金纳为代表的新行为主义。

（4）格式塔心理学。

格式塔心理学的代表人物有韦特海默、苛勒和考夫卡。

格式塔心理学强调心理作为一个整体、一种组织的意义。格式塔心理学认为：整体不能还原为各个部分、各种元素的总和；部分相加不等于全体；整体先于部分而存在，并且制约着部分的性质和意义。

格式塔心理学很重视心理学实验，在知觉、学习、思维等方面开展了大量的实验研究。

（5）精神分析学派。

精神分析学派的创始人是弗洛伊德。

精神分析学派认为，人类的一切个体的和社会的行为都根源于心灵深处某种欲望或动机，特别是性欲的冲动。欲望或动机受到压抑，是导致精神疾病的重要原因。

精神分析学派重视动机的研究和无意识现象的研究，但是过分强调无意识的作用，并且把它与意识的作用对立起来；精神分析学派的早期理论具有泛性欲主义的特点。

20 世纪 30 年代以后，一批后弗洛伊德主义者，如安娜·弗洛伊德和埃里克森等，将精神分析的理论应用于动机和人格的研究。和弗洛伊德不同的是：后弗洛伊德主义者更关心儿童和青少年人格的正常发展；他们强调意识和自我的重要性；他们把青年期看成力必多活动的高潮时期。

🔥 第二章 心理的神经生理机制

论述脑功能学说。

（1）定位说。

脑功能的定位说开始于加尔和斯柏兹姆提出的颅相学。颅相学在许多方面是不科学的，但它推动了脑功能定位的研究。

真正的定位说开始于对失语症病人的临床研究。1825 年，波伊劳德提出语言定位于大脑额叶。布洛卡和威尔尼克关于失语症病人的研究发现使人们相信，语言是特定脑区的功能。20 世纪四五十年代，定位说得到了进一步发展。近年来，脑成像的大量研究揭示了某些脑区与执行特定认知任务的关系，在某种意义上也支持了定位说。

（2）整体说。

整体说认为，大脑本身是一个整体，并通过整体的共同活动来实现不同的功能，如感知、记忆、运动等。19世纪中叶，弗罗伦斯采用局部毁损法对鸡和鸽子等动物进行了一系列实验。根据这些实验结果，他认为，功能的丧失与皮层切除的大小有关，而与特定的部位无关。20世纪初，拉什利采取脑毁损技术对白鼠进行了一系列走迷宫的实验，并根据研究结果引申出了两条重要的原理：均势原理和总体活动原理。

（3）机能系统说。

鲁利亚认为，脑是一个动态的结构，是一个复杂的动态机能系统。他把脑分成三个紧密联系的机能系统，即调节激活与维持觉醒状态的机能系统（动力系统）、信息处理系统和行为调节系统。人的各种行为和心理活动是这三个机能系统相互作用、协同活动的结果。

（4）模块说。

模块说认为，人脑在结构和功能上是由高度专门化并相对独立的模块组成的。这些模块复杂而巧妙的结合，是实现复杂而精细的认知功能的基础。认知神经科学的许多研究成果支持了模块说。

（5）神经网络说。

神经网络说认为，脑功能的实现依赖神经元所构成的复杂的神经网络。巨量的神经元以特定的方式相互联系，形成复杂的网络。在脑网络分析中，神经元被看作网络中的结点。脑的认知功能是通过大量结点之间的连接权重和连接方式来实现的。近些年来，神经网络技术已被广泛应用于脑功能与脑结构分析，产生了重要影响。

第三章 感觉

简述色觉理论。

（1）三色说。

英国科学家托马斯·杨假定，人的视网膜上有红、绿、蓝三种感受器，每种感受器只对光谱中的一种特殊成分敏感。赫尔姆霍茨认为，每种感受器都对各种波长的光有反应，但不同的感受器对不同的光的敏感程度不同：红色感受器对长波更敏感，绿色感受器对中波更敏感，蓝色感受器对短波更敏感。

（2）对立过程理论。

黑林在19世纪晚期提出了对立过程理论，该理论也被称为四色说或拮抗加工理论。黑林假定，存在红、绿、黄、蓝四种原色，并且视网膜上存在三对对立的颜色过程：红—绿过程、黄—蓝过程、白—黑过程。它们在光刺激的作用下表现为对抗的过程，也就是说，一对颜色过程对其中的一种颜色（如红色）进行反应，就会阻断对另一种颜色（如绿色）的反应。由于红—绿过程、黄—蓝过程、白—黑过程的存在，我们看不到发红的绿、发黄的蓝和发白的黑。

对立过程理论还认为，视觉系统对一种颜色产生疲劳反应后，与之对立的颜色过程就会被激活。这就解释了为什么颜色的后像是负后像。例如，为什么先看到红色，后像就是绿色；先看到黄色，后像就是蓝色。对立过程理论还可以解释颜色互补现象。由于红—绿是对抗的过程，等量的红光和绿光混合，红—绿过程的作用相互抵消，会看到白色或灰色。

（3）两阶段理论。

基于上面的发现，有学者将三色理论和对立过程理论统一起来，提出了视觉机制的两阶段理论。该理论认为，颜色视觉加工是分阶段的，在光感受阶段，颜色加工符合三色理论：视网膜上存在三种视锥细胞，能分别对不同波长的光敏感。在信息传导阶段，颜色加工符合对立过程理论，即存在功能对立的细胞，颜色的信息加工表现为拮抗过程。三种颜色信息由视锥细胞处理后，分别被编码成两种对立的神经信号，再通过对立过程传输给更高层次的视觉中枢。

🤖 第四章　知觉

1. 简述知觉中信息加工的两种方式。

知觉的信息加工包括自下而上的加工和自上而下的加工。

知觉依赖于感觉器官提供的信息，即客观事物的特性，对这些特性的加工叫**自下而上的加工**，或叫**数据驱动加工**。知觉还依赖于主体的知识经验，包括对事物的需要、兴趣、爱好，以及对活动的预先准备状态和期待等，即需要加工头脑中已经存储的信息，这种加工叫**自上而下的加工**，或叫**概念驱动加工**。

在人的知觉活动中，非感觉信息越多，他们所需要的感觉信息就越少，因而自上而下的加工占优势；相反，非感觉信息越少，他们所需要的感觉信息就越多，因而自下而上的加工占优势。

2．简述知觉选择性及其影响因素。

知觉选择性是指由于感觉通道的限制，我们只能感觉到作用于感觉器官的一部分事物，对它们的知觉非常清晰，而把其他事物当作知觉的背景，对它们只有模糊知觉的现象。

知觉对象的选择与很多因素有关。一般来说，强度较大、色彩鲜明、具有活动性的客体易成为选择的对象。客体自身的组合规律，如简明性、对称性、规律性等，使它们容易被选择为知觉对象。此外，知觉者的经验、兴趣、爱好及职业等也都影响着知觉对象的选择。

3．简述知觉理解性的含义、影响因素及其作用。

（1）**含义**：知觉理解性是指在知觉事物的过程中，人们总要根据已知线索，用自己的知识和经验提出假设，并进行检验，最后对知觉对象做出合理的解释，使它具有一定意义的特性。

（2）**影响因素**：①个体的知识经验；②言语指导；③个人的动机与期望、情绪与兴趣以及定势等。

（3）**作用**：①帮助知觉对象从背景中分离出来。②有助于知觉整体性。人们容易把自己理解和熟悉的东西当成一个整体来感知；相反，在不理解的情况下，知觉的整体性常受到破坏。③能产生知觉期待和预测。人们已有的知识结构在当前的感知中起着重要作用。当前环境激活的知识结构不同，产生的知觉期待也不一样。

4．简述知觉的组织原则。

知觉的过程就是把对象从背景中分离出来的过程，所以，对象和背景的关系是知觉组织最基本的原则。对象和背景既相互依赖，又可以相互转换。图形组织还有一些其他原则：

（1）**邻近性**：在其他条件相同时，空间上彼此接近的部分容易组成图形。

（2）**相似性**：视野中相似的成分容易组成图形。

（3）**对称性**：视野中对称的部分容易组成图形。

（4）**良好连续**：具有良好连续的几条线段容易组成图形。

（5）**共同命运**：当视野中的某些成分按共同的方向运动或变化时，人们容易把它们知觉为一个图形。

（6）**封闭**：视野中封闭的线段容易组成图形。

（7）**线条朝向**：两种图形的形状不同，但会因为朝向相同而难以分开；两种图形是同一种图形，但会因为方向不同而容易分开。

（8）**简单性**：视野中具有简单结构的部分容易组成图形。

（9）**均质连接性**：两个相连的点子更容易被看成一组，这是比相似性和邻近性更有效的一个知觉组织原则。

5．简述时间知觉及其影响因素。

时间知觉是人对客观事物或现象的延续性和顺序性的反映。时间知觉主要包括：（1）**时序知觉**，即分辨事件发生的前后顺序。（2）**时距知觉**，即估计事件存在的持续时间，可分为**空时距**（一个事件的起止时间）和**实时距**（在某个时间间隔内包含着一个持续的事件）。（3）**时间点知觉**，也叫对时间的确认，指知道某个事件发生的具体时间。（4）**对时间的预测**。

时间知觉的影响因素：

（1）**感觉通道的性质**。

在判断时间的精确性方面，听觉最好，触觉其次，视觉较差。

（2）**从事活动的兴趣以及在一定时间内事件发生的数量和性质**。

对于感兴趣的活动，个体觉得时间过得快。

在一定时间内，发生事件的数量越多，性质越复杂，个体倾向于把时间估计得越短；而发生事件的数量越少，性质越简单，个体倾向于把时间估计得越长。在回忆往事时，情况相反。同样一段时间，经历越丰富，个体觉得时间越长；经历越简单，个体觉得时间越短。

（3）**注意的作用**。

时间的长短体验与注意有关。当一个人的注意指向信息加工的内容时，就会觉得时间过得很快；当一个人的注意指向时间本身时，就会觉得时间过得很慢。

（4）**时间知觉的年龄差异**。

随着年龄的增长，人的时间知觉和体验是不断变化的。年纪越大，会觉得时间过得越快。一个可能的解释是，人对时间的感知是通过把这段时间和经历过的时间总量自动加以比较来进行的。年龄影响时间知觉，可能与人体内某些生物化学的变化有关。

（5）**疾病**。

有些疾病会影响人的时间知觉。例如，抑郁症患者会觉得时间过得很慢，精神分裂症患者会出现丧失时间知觉的情况，而大多数躁狂症患者在发病期间报告时间过得很快。

（6）**时间知觉与空间知觉的交互作用。**

时间知觉和空间知觉既有区别，又有联系。人对空间的知觉有时受到时间知觉的影响，同样人对时间的知觉有时也受到空间知觉的影响。

6．简述似动及其主要形式。

似动是指在一定的时间和空间条件下，人们在静止的物体间看到了运动，或者在没有连续位移的地方看到了连续运动。

似动的主要形式：

（1）**动景运动：** 当两个刺激物按一定的空间距离和时间间隔相继呈现时，人们会看见一个刺激物向另一个刺激物的连续运动，也叫Φ（Phi）运动或最佳运动，如电影、电视、霓虹灯等的视觉效果。

（2）**诱发运动：** 由于一个物体的运动使相邻的一个静止物体产生运动的印象。例如，夜空中的月亮是相对静止的，浮云是运动的，而我们看到的是月亮在云中穿行。

（3）**自主运动：** 注视暗室中的光点会感觉它在动。例如，在没有月亮的夜晚，我们仰视天空，有时会发现一个细小而发亮的东西在天空游动，这就是由星星引起的自主运动。

（4）**运动后效：** 在注视向一个方向运动的物体之后，如果将注视点转向静止的物体，就会看到静止的物体似乎在朝相反的方向运动，如瀑布错觉。

7．论述深度知觉及其产生的线索。

深度知觉又叫立体知觉、远近知觉或距离知觉，即把物体知觉为立体的、三维的知觉。产生深度知觉的线索有肌肉线索、单眼线索和双眼线索。

（1）**肌肉线索。**

①**眼睛的调节作用：** 晶状体曲度的变化保证了物体通过晶状体投射的视像正好聚焦到视网膜上，而改变晶状体曲度的睫状肌的紧张度给判断物体的远近提供了肌肉运动的线索。

②**双眼视轴的辐合：** 看近处的物体，两眼的辐合角大；看远处的物体，两眼的辐合角小。双眼视轴的辐合由外展肌调节，因而外展肌的紧张度给判断物体的远近提供了线索。

（2）**单眼线索。**

①**对象的遮挡（重叠）：** 被遮挡的物体看起来离得远。

②**线条透视：** 两条向远方延伸的平行线看起来趋于接近。近处物体所占的视角大，

在视网膜上的投影大；远处物体所占的视角小，在视网膜上的投影小。

③**空气透视**：物体反射的光线在传送过程中是有变化的，其中包括空气的过滤作用和由它引起的光线的散射。因此，远处的物体显得模糊，细节不如近处的物体清晰。

④**相对高度**：在其他条件相同时，视野中两个物体相对位置较高的那一个就显得远些。

⑤**纹理梯度（结构级差）**：视野中的物体在视网膜上的投影大小和投影密度发生有层次的变化。近处的物体看起来稀疏，远处的物体看起来密集。

⑥**运动视差与运动透视**：a.运动视差是指当观察者与周围环境中的物体发生相对运动时，远近不同的物体在运动速度和运动方向上将出现差异。一般而言，近处物体看上去移动得快，方向相反；远处物体看上去移动较慢，方向相同。运动视差是由在同一时间内距离不同的物体在视网膜上运动的范围不同造成的。b.运动透视是指当观察者向前移动时，视野中的景物也会连续活动。近处物体流动的速度快，远处物体流动的速度慢。景物流动的不同速度也给判断物体的远近提供了线索。

（3）双眼线索（主要是双眼视差）。

由于人的双眼存在一定的间隔（约65毫米），物体在左右眼上的成像会有一定差异，左眼看物体的左边多一些，右眼看物体的右边多一些，物体左右眼视网膜像的差异叫作双眼视差，它是产生深度知觉的最主要的线索。立体电影就是根据这个原理制作的。双眼线索对判断深度和距离有更大的作用，其作用范围可达1 300米。当距离超过1 300米时，两眼视轴平行，双眼视差为零，对判断距离便不起作用了。

第五章　意识和注意

1．简述睡眠的阶段。

睡眠是一种与觉醒对立的意识状态。当一个人从清醒状态进入睡眠状态时，其大脑的生理电活动会发生复杂的变化。当大脑处于清醒和警觉状态时，脑电波是高频低幅的 β 波（14～30 Hz）；当大脑处于安静和休息状态时，脑电波变为低频高幅的 α 波（8～13 Hz）；当大脑处于睡眠状态时，脑电波为频率更低、波幅更大的 δ 波。在睡眠过程中，脑电波从高频低幅向低频高幅变化，可以分为四个阶段：

第一阶段：脑电成分主要为混合的、频率和波幅都较低的脑电波，个体处于浅度睡眠阶段，持续时间约10分钟。

第二阶段：偶尔会出现睡眠锭（短暂爆发的、高频高幅的纺锤形脑电波），个体较难被唤醒，持续时间约 20 分钟。

第三阶段：出现 δ 波，有时会出现睡眠锭，持续时间约 40 分钟。

第四阶段：当大多数脑电波为 δ 波时，进入深度睡眠阶段。在这个阶段，个体的肌肉进一步放松，身体功能的各项指标下降，有时发生梦游、梦呓、尿床等。深度睡眠的时间在前半夜多于后半夜。

第三、四阶段的睡眠称为"慢波睡眠"。这四个阶段共持续约 90 分钟，之后睡眠由深入浅，再次进入第三阶段和第二阶段。接着睡眠会进入**快速眼动（REM）睡眠阶段**。在该阶段，出现类似清醒状态下的高频低幅的脑电波，睡眠者的眼球开始快速做左右、上下运动，通常伴随着栩栩如生的梦境。大多数快速眼动睡眠发生于睡眠的后期，持续时间也越来越长。第一次快速眼动睡眠一般持续 5～10 分钟，在大约 90 分钟后，会有第二次快速眼动睡眠，持续时间通常长于第一次。最后一次快速眼动睡眠长达 1 小时。

2. 简述注意和意识的关系。

一方面，注意不等同于意识。注意决定什么东西可以或什么东西不可以成为意识的内容。与意识相比，注意更为主动和易于控制。在人们将注意集中于特定事物或活动时，通常包含无意识的过程。

另一方面，注意和意识密不可分。当人们处于注意状态时，意识内容比较清晰。

总之，在注意条件下，意识和心理活动指向并集中于特定的对象，从而使意识内容清晰、明确，意识过程紧张有序，并使个体的行为活动受到意识的控制，而进入注意的具体过程可能是无意识的。

3. 简述不随意注意及其影响因素。

不随意注意指的是事先没有目的，也不需要意志努力就能维持的注意，如突然开门的声音引起的注意。不随意注意既有积极作用，也有消极作用。积极作用在于它可以帮助人们对新异刺激进行定向，获得对事物的清晰认识；消极作用在于它会使人们的注意从正在进行的活动中被动地移开，干扰正在进行的活动。

影响不随意注意产生的因素：

（1）刺激物自身的特点：包括新异性、强度、运动变化等。

（2）人本身的状态：包括需要、情感、兴趣与过去的经验等。

4．简述随意注意及其影响因素。

随意注意指的是有预定目的，需要一定意志努力才能维持的注意，如专心听讲。

影响随意注意产生的因素：

（1）对注意目的和任务的依从性：目的和任务越明确、具体，越容易引起和维持注意。

（2）对兴趣的依从性：有趣的事物容易引起随意注意。

（3）对活动组织的依从性：能否正确地组织活动也关系到随意注意的引起和维持。有规律的工作和生活习惯有利于注意的维持。

（4）对过去经验的依从性：人们对非常熟悉的活动无须特别地集中注意。另外，人们想要在活动中维持自己的注意和他们的知识经验有一定关系。例如，听报告时，如果是自己专业的内容，那么就能维持注意去听；如果内容十分陌生，听不懂，就很难维持注意。

（5）对人格的依从性：顽强、坚毅的性格能够很好地使个体注意当前的目的和任务；相反，意志薄弱、害怕困难的个体，不可能有良好的随意注意。

5．简述选择性注意及反映选择性注意的抑制机制的相关研究。

选择性注意是个体在同时呈现的两种或两种以上的刺激中选择一种进行注意，而忽略另外的刺激。例如，在双耳分听实验中，用耳机分别向被试的双耳呈现不同的声音刺激，要求被试注意其中一只耳的刺激而忽略另一只耳的刺激。用这种方法可以研究选择性注意。负启动现象、返回抑制现象和注意瞬脱现象反映了选择性注意的抑制机制的特点。

负启动现象是指当探测刺激与先前被忽略的启动刺激相同或有关时，对探测刺激的反应变慢或正确率下降的现象。

返回抑制现象是对原先注意过的物体或位置进行反应时表现出的对目标刺激的反应变慢或正确率下降的现象。

注意瞬脱现象是指在识别一系列刺激流时，对某个刺激的准确识别会影响其后对特定时间间隔（一般为 500 ms 以内）的刺激的识别的现象。

6．论述注意的认知理论。

注意的认知理论包括注意选择的认知理论和注意分配的认知理论。

（1）注意选择的认知理论。

①过滤器理论。

布罗德本特根据双耳分听的一系列实验结果提出了过滤器理论。该理论认为，神经系统在加工信息的容量方面是有限的，不可能对所有的感觉刺激同时进行加工。信息在通过各种感觉通道进入神经系统时，要先经过一个过滤机制，它只允许一部分信息通过并接受进一步的加工，其他信息因被阻断在外而消失了。该理论又叫瓶颈理论或单通道理论。

②**衰减理论。**

基于日常生活观察和实验研究的结果，特瑞斯曼提出了衰减理论。该理论认为，当信息通过过滤装置时，不被注意或非追随的信息只是在强度上减弱了，并没有完全消失。不同刺激的激活阈限是不同的，有些刺激对人有重要意义，如自己的名字、火警信号等，它们的激活阈限低，容易被激活。

③**后期选择理论。**

后期选择理论认为，所有输入的信息在进入过滤或衰减装置之前都已受到充分的分析，因而对信息的选择发生在加工后期的反应阶段。该理论也叫完善加工理论、反应选择理论或记忆选择理论。

④**多阶段选择理论。**

约翰斯顿等人提出了一个较灵活的模型，认为注意的选择过程在不同的加工阶段都有可能发生。这就是多阶段选择理论。多阶段选择理论看起来更有弹性，由于强调任务要求对选择阶段的影响，避免了过于绝对化的假设所带来的难题。

（2）注意分配的认知理论。

①**认知资源理论。**

注意的认知资源理论又称中枢能量分配理论，把注意看成对刺激进行归类和识别的认知资源或中枢能量，不同的认知任务或认知活动对认知资源或中枢能量的需求是不同的，刺激越复杂或加工任务越复杂，占用的认知资源就越多。而认知资源在总体上有一定的限度，当认知资源完全被占用时，新的刺激将得不到加工。

②**双加工理论。**

在注意的认知资源理论的基础上，谢夫林等人进一步提出了双加工理论。该理论认为，人类的认知加工有两类：自动化加工和受意识控制的加工。自动化加工不受认知资源限制，不需要注意参与，是自动化进行的。这些加工过程由适当的刺激引发，发生比较快，也不影响其他加工过程。在习得或形成之后，其加工过程较难改变。而受意识控制的加工受认知资源限制，需要注意参与，可以随环境的变化而不断进行调整。受意识控制的加工在经过大量的练习后，有可能转变为自动化加工。

🧑 第六章　记忆

1. 简述艾宾浩斯遗忘曲线。

遗忘是指人对识记过的材料不能回忆或再认，或者发生错误的回忆或再认的现象。遗忘是记忆的反面。

德国心理学家艾宾浩斯的研究发现，遗忘在学习之后立即开始，而且遗忘的进程并不是均匀的：遗忘最初进展得很快，以后逐渐变得缓慢。他认为遗忘是时间的函数。他用无意义音节（由若干音节字母组成，能够读出，但无内容意义，即不是词的音节）作为记忆材料，以自己为被试，用节省法计算记忆保持量。他根据实验结果绘成描述遗忘进程的曲线，即著名的艾宾浩斯遗忘曲线。

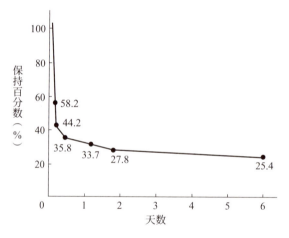

在记忆保持量的测量方面，艾宾浩斯采用了节省法，又叫重学法，即学习材料到恰能成诵时，间隔一段时间再重新进行学习，达到同样能背诵的程度，然后比较两次学习所用的时间和诵读次数，就可以得出一个绝对节省值。节省的百分数＝〔（初学所用时间－重学所用时间）/初学所用时间〕×100%。

2. 简述遗忘的理论。

（1）衰退说。

衰退说认为，遗忘是记忆痕迹得不到强化而逐渐减弱，以致最后消退的结果。

（2）干扰说。

干扰说认为，遗忘是因为在学习和回忆之间受到其他刺激的干扰。一旦干扰被排除，记忆就能恢复，而记忆痕迹并未发生任何变化。干扰说可用前摄抑制和倒摄抑制来说明。前摄抑制是指先学习的材料或从事的活动对识记和回忆后学习的材料的干扰作用。倒摄抑制是指后学习的材料或从事的活动对识记和回忆先学习的材料的干扰作用。

（3）压抑说。

压抑说认为，遗忘是由情绪或动机的压抑作用引起的，如果这种压抑被解除了，记忆也就能恢复。这种现象首先是由弗洛伊德在临床实践中发现的。

压抑说考虑了个体的需要、欲望、动机、情绪等在记忆中的作用，这是前面两种理论没有涉及的。

（4）提取失败法。

有的研究者认为，存储在长时记忆中的信息是不会丢失的，我们之所以对一些事情想不起来，是因为我们在提取有关信息时没有找到适当的提取线索。

3．简述内隐记忆和外显记忆的差异。

内隐记忆是指在个体无法意识到的情况下，过去经验对当前任务产生的无意识的影响，又叫无意识记忆。其特点是人们没有意识到自己有这种记忆，也没有有意识地去提取它，但它却在特定的任务中表现出来。外显记忆是在意识的控制下，过去经验对当前任务产生的有意识的影响，又称有意识记忆。

内隐记忆和外显记忆的差异主要体现在以下五个方面：

（1）加工深度对内隐记忆和外显记忆的影响不同。研究发现，对刺激项目的加工深度并不影响被试的内隐记忆成绩，而对外显记忆成绩有非常明显的影响。

（2）内隐记忆和外显记忆的保持时间不同。外显记忆的回忆量会随着学习和测验之间的时间间隔的延长而逐渐减少。但是，内隐记忆随时间间隔的延长而发生的消退要比外显记忆慢得多。

（3）记忆负荷量的变化对内隐记忆和外显记忆的影响不同。外显记忆的成绩随着所学词汇数目的增加而逐渐下降，而内隐记忆的成绩则不受所学词汇数目增加的影响。

（4）呈现方式的改变对内隐记忆和外显记忆的影响不同。研究发现，以听觉形式呈现的刺激以视觉形式进行测验时，这种感觉通道的改变会严重影响内隐记忆成绩，而对外显记忆成绩没有影响。

（5）干扰因素对内隐记忆和外显记忆的影响不同。外显记忆很容易受其他无关信息的干扰，前摄抑制和倒摄抑制现象的存在很好地说明了这一点。但是，内隐记忆不易受无关信息的干扰。

4. 论述遗忘进程的影响因素及提高记忆效果的记忆策略。

（1）遗忘进程的影响因素。

①**时间。**艾宾浩斯的研究发现，遗忘在学习之后立即开始，遗忘最初进展得很快，以后逐渐变得缓慢。

②**识记材料的性质与数量。**一般认为，对形象的材料比对抽象的材料遗忘得慢；对有意义的材料比对无意义的材料遗忘得慢；记忆有韵律的材料比记忆无韵律的材料效果好；在学习程度相同的情况下，识记的材料越多，遗忘得越快。

③**学习的程度。**一般认为，对材料的识记没有一次能达到准确背诵的标准，称为低度学习；如果达到恰能背诵之后还继续学习一段时间，称为过度学习。实验证明，低度学习的材料容易被遗忘，而过度学习的材料比恰能背诵的材料的记忆效果要好。150%的过度学习（达到标准后多学50%）的效率最佳。

④**识记材料的系列位置。**材料在系列里所处的位置对记忆效果的影响叫系列位置效应。最后呈现的材料最易回忆，遗忘最少，叫近因效应。最先呈现的材料较易回忆，遗忘较少，叫首因效应。

⑤**识记者的态度。**识记者对识记材料的需要、兴趣等，对遗忘的快慢也有一定的影响。

（2）提高记忆效果的记忆策略。

①**编码阶段。**

a. 在清醒状态下去记忆。觉醒状态会影响编码的效果。因此，根据自己的生物钟，在大脑最为清醒的状态下去记忆，将会事半功倍。

b. 集中注意去记忆。注意是感觉记忆转换为短时记忆的前提条件。因此，排除干扰，在允许集中注意的情境中学习，或者主动把注意集中在需要记忆的信息上，会有助于提高记忆效果。

c. 进行深层次的意义加工。克雷克等人提出的记忆加工水平理论认为，信息保持时间的长短与对信息加工的深度有关。如果对记忆材料的加工涉及更多的分析、理解、比较，也就是涉及更多意义层面的加工，那么记忆的效果就会更好。

d. 把记忆的材料形象化、韵律化。采用一定的方法，如画图、动画、使用谐音等，把要记忆的材料形象化、韵律化，有助于提高记忆效果。

②**存储阶段。**

a. 及时复习、经常复习。根据艾宾浩斯遗忘曲线，复习要及时。因此，及时复习可以防止信息的快速遗忘。另外，记忆的巩固需要一个过程，一般来说，学习的材料需要多次复习才能进入长时记忆，因此需要经常复习。

b.使用精细复述。精细复述是短时记忆转换为长时记忆最为有效的复述策略。因此，为提高记忆效果，尽量把要记忆的材料和已有的知识经验联系起来；可以把一些要记忆的字母组合、数字等无意义的信息人为地赋予一定的意义；可以把要记忆的信息分类、列成提纲等。

c.正确分配复习的时间。连续不断进行的复习被称为集中复习（集中练习），前后间隔一定时间的复习被称为分散复习（分散练习）。大量研究表明，分散复习优于集中复习。为了提高记忆效果，在学习过程中应该分散复习。

d.阅读与回忆交替进行。阅读与回忆交替进行可以提高复习的效率。也就是说，对于记忆的材料，阅读一定的时间后，尝试去回忆，然后再次阅读。

e.适当地过度学习。过度学习是指在记住的基础上再次学习一段时间。研究表明，过度学习有助于信息的保持，减少遗忘。因此，适当地过度学习有助于记忆，也有助于个体减轻考试焦虑，从而在考试时更加自信。

③提取阶段。

a.利用编码特异性原则。提取和编码时的情境越相似，回忆效果越好。因此，在提取阶段，可尽量利用编码阶段建立的各种情境或者线索帮助回忆。

b.利用测试效应帮助记忆。大量研究发现了测试效应，即在学习某一内容后，进行再认和回忆等提取测试比简单的重复学习能够更好地提高记忆效果。

第七章　思维

1. 简述思维及其特性。

思维是借助语言、概念、表象或动作等实现的，对客观事物间接的、概括的反映，它是认识的高级形式，能揭示事物的本质特征和内在联系。概念、表象以及动作等是思维的基本构建单位，而推理、问题解决和决策等则体现了思维的过程。思维有以下一些特征：

（1）**概括性**：在大量感性材料的基础上，把一类事物的共同特征和规律抽取出来，加以概括。

（2）**间接性**：人们借助一定的媒介或已有的知识经验对客观事物进行间接的认识。

（3）**对经验的改组**：思维是一种探索和发现新事物的心理过程，常常指向事物的新特征和新关系，这就需要人们对头脑中已有的知识经验不断进行更新和改组。

2．简述思维的过程。

思维过程是指人脑中心智的一系列复杂的认知操作，包括多种思维活动，它们交错而有机地结合在一起。

（1）**分析与综合。**

①**分析**：在思想上把客观事物的整体分解为各个部分、各种特性的思维过程。它是人的基本思维活动。

②**综合**：在思想上把客观事物的各个部分、各种特性或个别联系和关系总和起来形成整体的思维过程。

（2）**比较与归类。**

①**比较**：在头脑中确定客观事物之间的异同及其关系的思维过程。客观事物之间存在着差异点和共同点是比较的客观基础。比较以分析与综合为前提。通过分析，人们在思想上把事物的某些特征或某些方面区分出来，对它们进行比较，从而确定它们的异同。

②**归类**：在头脑中根据客观事物的异同把它们区分为不同种类或类型的思维过程。比较是分类的基础。根据客观事物的共同点，可以把客观事物归并为比较大的类；根据客观事物的差异点，可以把客观事物划分为较小的类。

（3）**抽象与概括。**

①**抽象**：在分析、综合和比较的基础上，在思想中抽取出同类客观事物具有的本质特征，舍弃个别的非本质特征的思维过程。

②**概括**：在比较和抽象的基础上，在头脑中把抽象出来的客观事物的共同的本质特征或本质属性综合起来，并推广到同类事物上去的思维过程。

（4）**体系化与具体化。**

①**体系化**：在头脑中将知识的各个要素分门别类地构成一个有机的、层次分明的整体的思维过程。

②**具体化**：在头脑中把抽象和概括化了的一般原理应用到具体对象上去的思维过程。

3．简述三段论推理出现错误的原因。

三段论推理是由两个假定真实的前提和一个可能符合也可能不符合这两个前提的

结论所组成的。

三段论推理出现错误的原因：

（1）武德沃斯等人认为，在三段论推理中，前提所使用的逻辑量词（如所有、一些等）产生了一种"气氛"，使人们容易接受包含同一逻辑量词的结论，但这一结论不一定是正确的。这种效应称为**气氛效应**。

（2）查普曼等人认为，人们的推理是合乎逻辑的。三段论推理中出现的错误不是由前提的气氛造成的，而是由于人们错误地解释了前提。这种观点称为**换位理论**。

（3）约翰逊－莱尔德等人认为，三段论推理中的错误是由于人们对前提的信息加工不充分，或者说受工作记忆容量限制，人们只根据前提创建了一个心理模型，而没有考虑建立更多的心理模型。这种观点称为**心理模型理论**。

（4）胡竹菁的研究发现，在三段论推理的过程中，**推理的内容**也会影响三段论推理。

4．简述决策的前景理论及人们在决策时常用的启发策略。

卡尼曼等人提出了决策的前景理论。该理论力图描述人们是如何进行决策的。前景理论认为，大多数人在面临获得时是"风险规避"的，而在面临损失时是"风险偏好"的。人们对损失比对获得更敏感。

卡尼曼等人继承了西蒙的启发式策略研究成果，认为人在决策时采用的启发策略主要有：

（1）代表性启发法：人们估计事件发生的概率时，受它与其所属总体的基本特性的相似性程度的影响。

（2）易得性启发法：人们倾向于根据事件或现象在记忆中获得的难易程度来评估其发生的概率。

（3）锚定和调整启发法：人们根据给定的信息做出最初的评估后，根据当前的问题对最初的估计做出调整，但是调整的幅度不大。

5．试述并评价概念组织的理论。

（1）层次网络模型。

层次网络模型由柯林斯等人提出，主要观点为：

①概念以结点的形式存储在概念网络中，每个概念具有一定的特征，这些特征实际上也是概念。

②各类属概念按逻辑的上下位关系组织在一起，概念间通过连线表示它们的类属关系，这样彼此具有类属关系的概念组成了一个概念的网络。在网络中，层次越高的概

念，其抽象概括的水平越高。

③每个概念的特征实行分级存储，即在每一层概念的结点上只存储该概念的独有特征，而同层各概念共有的特征存储在上一层的概念结点上。

④提取概念的意义就是网络搜索的过程。搜索的距离越长，反应时间越长，搜索距离的长短用连线的长短来表示。

评价：层次网络模型得到了一些实验的支持，简洁地说明了概念间的相互关系，但是，它所概括的概念间的关系类型较少。而且许多实验证实，这种严格按照类属概念上下位关系组织概念的方式不一定具有心理现实性。

（2）激活扩散模型。

柯林斯等人在层次网络模型的基础上提出了激活扩散模型，主要观点为：

①由于经验的作用，各种概念组成一个相互联系的概念网络。在概念网络中，连线的长短表示概念联系的紧密程度，连线越短，概念间的联系越紧密。

②当一个概念被加工时，其意义激活会自动传递到相关的概念，使相关概念的意义也得到激活，而且激活的强度随着传递距离的增加或者传递时间的延长而降低。

评价：激活扩散模型不仅较好地说明了概念的组织，而且成功地解释了心理学研究中的一个重要现象 —— 语义启动效应。

6．论述问题解决的策略及影响因素。

问题解决是由一定的情景引起的，按照一定的目标，应用各种认知活动、技能等，经过一系列的认知操作，使问题得以解决的过程。

（1）问题解决的策略。

①**算法**：根据一定的规则或程序等一步一步地解决问题的方法。

②**启发法**：根据一定的知识经验，在问题空间内进行较少的搜索，以解决问题的一种方法。常用的启发法有：

a.手段－目的分析：将需要达到的问题的目标状态分成若干子目标，通过实现一系列子目标最终达到总目标，如解决河内塔问题（汉诺塔问题）。

b.逆向搜索：从问题的目标状态开始搜索，直至找到通往初始状态的通路或方法。

c.爬山法：采用一定的方法，逐步缩短初始状态和目标状态的距离，以达到问题解决的一种方法。

（2）问题解决的影响因素。

①**解决问题的策略**。对不同的问题要采用不同的解决策略，策略得当有利于问题

的解决。

②**知识因素**。研究表明，专家和新手在知识的数量及组织方式上的差别，可能是造成问题解决效率不同的主要原因。

③**问题的表征方式**。问题表征得越显著，干扰的因素越少，对人思维的局限越小，越有利于问题的解决。

④**无谓的限制**。有效的问题解决需要明确问题的已知条件或限定条件，但有时我们会受到并不存在的限定条件的影响。在解决问题时，明确问题的条件，去除不必要的条条框框和自我设限，将有助于问题的解决。

⑤**定势**。定势是指重复先前的心理操作所引起的对当前活动的准备状态。它对问题解决的影响有积极的，也有消极的。陆钦斯用实验（量水实验）证明了定势对思维的影响。定势使人的思维活动刻板化，使人局限于某个解决问题的方法或思路不能自拔。而顿悟能够帮助人们打破定势，使人茅塞顿开、豁然开朗。

⑥**功能固着**。人们把某种功能赋予某种物体的倾向称为功能固着。在功能固着的影响下，人们不易摆脱事物用途的固有观念，因而直接影响到人们灵活地解决问题。邓克的实验（蜡烛实验）证实了这种影响。

⑦**动机和情绪**。动机的强度不同，对问题解决的影响的大小也不同。心理学实验表明，在一定的限度内，动机的强度和解决问题的效率成正比，但动机太强或太弱都会降低解决问题的效果。

情绪对问题解决也有一定影响，紧张、惶恐、烦躁、压抑等消极情绪会阻碍问题的解决，而乐观、平静等积极情绪将有助于问题的解决。

⑧**人际关系**。团体内的相互协作和互相帮助，是使问题得以迅速解决的积极因素；相反，互不信任、人际关系紧张则会妨碍问题的解决。

第八章　语言

简述乔姆斯基的转换生成语法理论。

乔姆斯基提出了转换生成语法理论。在他看来，任何一个语句都包含两个层次的结构：**表层结构**是指我们实际上所听到或看到的语句形式，或说话时所发出的声音以及书写时所采用的书面形式；而**深层结构**是指说话者试图表达的句子的意思。表层结构决定句子的形式，深层结构决定句子的意义。同一个深层结构可以用不同的表层结构来体现。同样，一个表层结构也可以包含两个或多个深层结构。从深层结构到表层结构的转换，是通过转换规则来实现的。

第九章 动机

1. 简述需要层次理论。

（1）马斯洛认为，人的需要是由以下**五个等级**构成的。

①**生理的需要：**人对食物、水分、空气、睡眠、性的需要等。

②**安全的需要：**表现为人们要求稳定、安全、受到保护、有秩序、能免除恐惧和焦虑等。

③**归属与爱的需要：**一个人要求与其他人建立感情的联系。

④**尊重的需要：**包括自尊和希望受到别人的尊重。

⑤**自我实现的需要：**人们追求自己的能力或潜能和实现，并使之完善化。

马斯洛认为，这些需要是天生的、与生俱来的，它们构成了不同的等级或水平，并成为激励和指引个体行为的力量。

（2）**低级需要与高级需要的关系。**

马斯洛认为，需要的层次越低，它的力量越强，潜力越大。随着需要层次的上升，需要的力量相应减弱。在高级需要出现之前，必须先满足低级需要。在从动物到人的进化中，高级需要出现得较晚。

在个体发展过程中，高级需要出现较晚。低级需要直接关系到个体的生存，因而也叫缺失需要。高级需要也叫生长需要，满足这种需要能使人健康、精力旺盛，能扩展人的经验，充实人的生命。高级需要比低级需要复杂，因此满足高级需要必须具备较好的外部条件，如社会条件、经济条件和政治条件等。

2. 简述动机与行为效率的关系。

心理学研究表明，动机强度与行为效率之间不是呈线性关系，而是呈**倒 U 形曲线关系**。中等强度的动机最有利于任务的完成，一旦动机强度超过了这个水平，反而会对行为产生一定的阻碍作用。

心理学家耶克斯和道德森的研究表明，各种活动都存在一个最佳的动机水平。动机不足或过强，都会使行为效率下降。

研究还发现，动机的最佳水平随任务性质的不同而不同。在比较容易的任务中，行为效率随动机水平的提高而上升；随着任务难度的增加，动机的最佳水平有逐渐下降的趋势，也就是说，在难度较大的任务中，较低的动机水平有利于任务的完成。这就是著名的耶克斯－道德森定律。

3．简述动机的归因理论。

归因是指从人们行为的结果寻求行为的内在动力因素。归因理论的代表人物是海德、韦纳等。

按照海德的观点，行为的结果可以归因于个人因素（内部原因）和环境因素（外部原因），或者同时归因于这两种因素。有效的个人因素是由"能力"和"努力"构成的，而环境因素是由"任务难度"和"运气"构成的。这些因素结合起来将影响一个人的行为结果。

韦纳等人系统地提出了动机的归因理论，证明了成功和失败的归因是成就活动过程的中心要素。如海德一样，韦纳也把成就行为的归因划分为内部原因和外部原因，即"内外源"维度，同时把"稳定性"作为一个新的维度，把行为原因分为稳定的和不稳定的。例如，能力、任务难度是稳定的，而努力和运气是不稳定的。之后，韦纳又增加了"可控性"维度，即该原因是否能够为个人所掌控，如努力是可以由个人掌控的，而能力、任务难度、运气、身心状况和外界环境等是个人不可控的，形成了归因的三维模型。

	内外源		稳定性		可控性	
	内部	外部	稳定	不稳定	可控	不可控
能力	√		√			√
努力	√			√	√	
任务难度		√	√			√
运气		√		√		√
身心状况	√			√		√
外界环境		√		√		√

韦纳提出，如果现在的结果和过去的结果不同，人们一般归因于不稳定的因素，如努力和运气等；如果现在的结果与过去的结果一致，人们一般归因于稳定的因素，如任务难度和能力等。这种归因会使人们对下一次的行为结果产生预期。具体来说，如果将成就行为归因为不稳定的因素，人们就会预期结果与上一次不一致；如果将成就行为归因为稳定的因素，人们就会预期结果可能与上一次一致。

韦纳发现，归因会使人出现情绪反应。如果把成就行为归结为内部原因，那么个体在成功时会感到满意和自豪，在失败时会感到内疚和羞愧。但是，如果把成就行为归结为外部原因，不论成功还是失败，个体都不会产生太突然的情绪反应。

韦纳指出，如果行为动因是可控的，如努力，表明个体可以通过主观努力改变行为及其结果，人们有可能对行为做出变化的预测。如果行为动因是不可控的，如能力、工作难度等，人们则可以对未来行为做出较为准确的预测。

4. 简述成就目标理论。

尼科尔斯和德韦克等人将成就目标概念引入成就动机领域，并使之成为20世纪90年代动机研究的一个热点。

平崔克认为，成就目标是一种有组织的信念系统，反映了个体对成就任务的一种普遍取向，与目的、胜任、成功、能力、努力、错误和成就标准等有关。换句话说，成就目标是个体对成就情境的一种认知倾向，是个体对自己从事的成就活动的目的和意义的知觉。

成就目标理论把成就目标分为两种类型：一种是**掌握目标**，即个体的目标定位在掌握知识和提高能力上，认为达到这个目标就是成功；另一种是**成绩目标**，即个体的目标定位在好名次和好成绩上，认为只有赢了才算成功。

研究发现，不同的成就目标对应着不同的动机和行为模式。持掌握目标的个体往往会采取主动、积极的行为，选择适当的、具有挑战性的任务，并使用深层加工策略等；而持成绩目标的个体往往有较高的焦虑水平，有时不敢接受具有挑战性的任务，遇到困难容易退缩。

5. 试述动机的早期理论。

（1）本能理论。

代表人物：詹姆斯、麦独孤、洛伦茨、弗洛伊德等。

本能理论认为，人的行为是由本能决定的，本能是在进化过程中形成的、由遗传固定下来的一种不学而能的行为模式。

①詹姆斯认为，人的行为依赖本能的指引，人除具有与动物一样的生物本能外，还具有社会本能。

②麦独孤认为，本能是人类一切思想与行为的基本源泉和动力，包括能量、行为和目标指向三个成分。个人和民族的性格与意志也是由本能逐渐发展形成的。

③洛伦茨认为，本能是由遗传决定的、受特异能量驱动的、物种特有的固定动作模式；个体的经验可以转化成本能行为，行为是本能与学习交互作用的结果（印刻现象）。

④弗洛伊德认为，本能是行为的推动力和内在动力，人的一切行为由生物本能直接或间接驱动，人有生本能和死本能。

评价： 本能理论受到一些怀疑与批评，因为它不能确切地解释行为差异的原因，且有循环论证之嫌。

（2）驱力理论。

代表人物：武德沃斯、赫尔等。

驱力是指由生理需要引起的一种紧张状态，它能激发个体行为以满足需要、消除紧张，从而恢复机体的平衡状态。驱力理论由武德沃斯提出，之后又由赫尔发展为驱力减少理论。赫尔认为，驱力（D）、习惯强度（H）共同决定了个体的有效行为潜能（P），即 $P = D \times H$。

评价： 驱力理论不能解释某些行为。例如，一个人通宵工作，他的驱力不是减少了，而是增加了。驱力理论强调个体的活动来自内在动力，却忽略了外在环境在引发行为上的作用。

（3）唤醒理论。

代表人物：赫布、柏林等。

该理论认为，人们总是被唤醒，并维持着生理激活的最佳水平，不是太高，也不是太低。对唤醒水平的偏好是决定个体行为的一个重要因素。一般来说，个体偏好中等强度的刺激水平。

该理论提出了三个原理：①人们偏好最佳的唤醒水平，高于这个水平就需要减少刺激，低于这个水平就需要增加刺激。②简化原理，即重复进行刺激能使唤醒水平降低，如一首流行歌曲听多了以后，人们对它的喜欢程度可能就下降了。③个人经验对偏好的影响。富有经验的个体偏好复杂的刺激，如有经验的音乐爱好者喜欢复杂的音乐。经验能够帮助个体更好地组织刺激。

（4）诱因理论。

诱因是指能满足个体需要的刺激物，它具有激发或诱使个体朝向目标的作用。诱因可以是物质的，如美食等；也可以是精神性的，如获得名誉、地位等。凡是人们希望得到的、具有吸引力的刺激都可能成为诱因。诱因和驱力是分不开的，诱因是由外在目标激发的，只有当它变成个体的内在需要时，才能推动个体的行为，并具有持久的推动力。赫尔在驱力理论的基础上，加上诱因（K）这个变量，修改了自己的公式：$P = D \times H \times K$。

6．试述自我功效理论及影响自我效能感形成的因素。

班杜拉提出了自我功效理论，认为：（1）期待是决定行为的先行因素。（2）期待分为结果期待和效果期待两种。结果期待是个体对自己行为结果的估计。例如，相信只要认真听课并完成作业，就能取得好成绩。效果期待是个体对自己是否有能力完成某一行为的推测和判断，这种推测和判断就是个体的自我效能感。例如，对自己是否有能力学好英语的估计。（3）个体自我效能感的高低，直接决定着个体进行某种活动时的动机水平。

影响自我效能感形成的因素：**（1）行为的成败经验**，成功的经验可以提高自我效能感；**（2）替代性经验**，指个体通过观察他人的行为获得关于自我可能性的认识，对自我效能感的形成影响巨大；**（3）言语劝说**，包括他人的暗示、告诫、建议、劝告和自我规劝；**（4）情绪的唤起**；**（5）情境条件**，当一个人进入一个陌生且易引起个体焦虑的情境中时，会降低自我效能感的水平与强度。

第十章　情绪

1．简述情绪状态及其分类。

情绪状态是指在某种事件或情境的影响下，在一定时间内所产生的某种情绪。较典型的情绪状态有三种：

（1）**心境**：微弱的、平静的、持久的，而又具有弥漫性的情绪状态，相当于平时所说的心情。

（2）**激情**：强烈的、爆发性的、持续时间较短的情绪状态，有明显的生理变化和外部行为表现。

（3）**应激**：在出现意外事件或遇到危险情境时出现的高度紧张的情绪状态。长时间的应激会破坏人的免疫力，对身体造成极大的伤害。应激状态能够引起机体的一系列生物性反应，如血压、心率等出现明显的变化，这些变化有助于机体适应急剧变化的环境。塞里把这种变化称为适应性综合征，并指出其包括三个阶段：①警觉阶段，机体在面临有威胁性的外界刺激时，会通过自身生理机能的变化来进行适应性防御；②阻抗阶段，机体的生理机能进一步变化，充分调动潜能，以应对环境突变；③衰竭阶段，引起紧张的刺激依然存在，阻抗继续发生，但必需的适应能力已经用尽，机体会被自身的防御力量损害，导致适应性疾病。

2．简述伊扎德的情绪动机 – 分化理论。

首先，**情绪是人格系统的组成成分之一**。伊扎德认为，人格系统由体内平衡系统、内驱力系统、情绪系统、知觉系统、认知系统和动作系统六个子系统组成。其中，情绪系统是人格系统的**核心动力**。

其次，**情绪的分化是进化过程的产物**。具有不同体验和功能的具体情绪（基本情绪）有动机的特征。伊扎德假定存在十一种基本情绪，即兴趣、愉快、惊奇、悲伤、愤怒、厌恶、轻蔑、恐惧、害羞、自罪感与胆怯，它们组成了人类的情绪系统。情绪具有灵活多样的适应功能，在机体的适应和生存中起着核心作用。

最后，**情绪包含神经生理、表情、情绪体验三个子系统**，它们相互作用和联结，并与情绪系统之外的认知系统、动作系统等人格子系统建立联系，实现情绪系统与其他子系统的相互作用。

3．论述情绪的早期理论。

（1）詹姆斯 – 兰格情绪理论（情绪外周理论）。

詹姆斯认为，情绪就是对身体变化的知觉。当一个情绪刺激物作用于感官时，身体会立刻发生某种变化，使神经冲动传至中枢神经系统而产生情绪。

兰格认为，情绪是内脏活动的结果。他特别强调情绪与血管变化的关系。情绪取决于血管受神经支配的状态、血管容积的改变等。

两人都认为情绪刺激引起身体的生理反应，而生理反应进一步导致情绪体验的产生。

评价：詹姆斯和兰格揭示了情绪与机体变化的直接关系，强调自主神经系统在情绪产生中的作用，有其合理的一面；但是，他们忽视了中枢神经系统的调节和控制作用，因而引起了很多争议。

（2）坎农 – 巴德学说（情绪丘脑理论）。

坎农认为，情绪的中心不在外周神经系统，而在中枢神经系统的丘脑。坎农进一步描述了这一神经系统的活动过程，由外界刺激引起的神经冲动，通过传入神经传至丘脑；再由丘脑同时向上、向下发出神经冲动，向上传至大脑，产生情绪的主观体验，向下传至交感神经，引起机体的生理变化，使个体在生理上进入应激状态。因此，情绪体验和生理变化是同时产生的，它们都受丘脑控制。

坎农的情绪理论得到了巴德的支持和发展，故后人称坎农的情绪理论为坎农 – 巴德学说。

4．论述情绪的认知理论。

（1）阿诺德的"评定－兴奋"说。

该理论认为，刺激情境并不直接决定情绪的性质，从刺激的出现到情绪的产生，要经过对刺激的估量和评定，情绪产生的基本过程是刺激情境—评估—情绪。同一刺激情境，由于对它的评估不同，会引起不同的情绪反应。

阿诺德认为，情绪的产生是大脑皮层和皮下组织协同活动的结果，大脑皮层的兴奋是情绪行为的重要条件。她提出情绪产生的理论模式，即引起情绪的外界刺激作用于感受器，产生神经冲动，通过传入神经送至丘脑，在丘脑更换神经元后，再送到大脑皮层，在大脑皮层上，刺激情境得到评估，形成一种特殊的态度。这种态度通过传出神经将大脑皮层的神经冲动传至丘脑的交感神经，进而发放到血管或内脏，所产生的变化使大脑皮层获得外周的反馈信息，在大脑皮层中把认知评价和外周生理反馈结合起来，使认知经验转化为被感受到的情绪。

（2）沙赫特－辛格情绪理论。

沙赫特和辛格提出，对于特定的情绪来说，有三个因素是必不可少的：第一，个体必须体验到高度的生理唤醒，如心率加快、手出汗、胃收缩、呼吸急促等；第二，个体必须对生理唤醒进行认知性的解释；第三，相应的环境因素。因此，该理论又叫情绪的三因素理论。

事实上，情绪状态是生理因素、认知因素和环境因素在大脑皮层中整合的结果。环境中的刺激因素通过感受器向大脑皮层输入外界信息；生理因素通过内部器官、骨骼肌的活动向大脑皮层输入生理状态变化的信息；认知因素是对生理唤醒的解释和对当前情境的评估。来自这三个方面的信息经过大脑皮层的整合作用，产生了某种情绪体验。

将上述理论转化为一个工作系统，称为情绪唤醒模型。这个工作系统包括三个亚系统：第一个亚系统——对来自环境的输入信息的知觉分析；第二个亚系统——在长期生活经验中建立起来的对外部影响的内部模式，包括过去、现在和对将来的期望；第三个亚系统——现实情境的知觉分析与基于过去经验的认知加工间的比较系统，称为认知比较器，它带有庞大的生化系统和神经系统的激活机构，并与效应器相联系。

（3）拉扎勒斯的认知－评价理论。

拉扎勒斯认为，情绪是人与环境相互作用的产物。在情绪活动中，人不仅要接受环境中的刺激事件的影响，而且要调节自己对刺激的反应。人们需要不断评价刺激事件与自身的关系。具体来说，有三个层次的评价：

①**初评价**：人确认刺激事件与自己是否有利害关系，以及这种关系的程度。

②**次评价**：人对自己反应行为的调节和控制，主要涉及人们能否控制刺激事件，以及控制的程度。

③**再评价**：人对自己的情绪和行为反应的有效性和适宜性的评价，实际上是一种反馈性行为。

5．简述情绪调节的策略。

（1）**回避和接近策略**：也叫情境选择策略，通过选择有利情境、回避不利情境来实现。

（2）**控制和修正策略**：一种更为积极的策略，通过改变情境中各种不利的情绪事件来控制情绪的过程或结果。

（3）**注意转换策略**：包括分心和专注两种策略。分心是将注意集中于与情绪无关的方面，或者将注意从目前的情境中转移；专注是对情境中的某一个方面长时间地集中注意，这时个体可以创造一种自我维持的状态。

（4）**认知重评策略**：也叫认知改变，通过改变对情绪事件的理解和评价来进行情绪调节。

（5）**表达抑制策略**：调动自我控制能力，抑制将要发生或正在发生的情绪行为，启动自我控制过程以抑制自己的情绪行为。当然，在人际交往中，个体并非一定要压抑自己的情绪，有时也需要通过一定的方式恰当地表达出来，如通过言语表达出来。当然，这种言语表达是有一定策略的表达。

（6）**合理宣泄策略**：承认不良情绪并把它适当地表达出来。宣泄有直接表达和间接表达两种。直接表达是指面对激发情绪的事物或人，直接表达自己情绪的一种调节方式；间接表达是通过一些替代物使情绪得到释放的一种调节方式。

6．简述梅耶和萨洛维的情绪智力理论。

梅耶和萨洛维提出了情绪智力结构的四维模型。这四个维度分别是：

（1）**情绪知觉、评价和表达的能力**：从自己的生理状态、感情和思想中确认情绪的能力；通过语言、声音、外貌和行为，从他人、各种设计和艺术作品中确认情绪的能力；精确表达情绪和与这些情绪相关的需要的能力；区分表情的精确性和真实性的能力。

（2）**情绪对思维的促进能力**：情绪促进思维，将注意指向重要信息的能力；产生生动和有效情绪的能力，从而有助于感情判断和回忆；当心境从乐观转向悲观时，促使个体从多个角度考虑问题的能力；在不同情绪状态下，个体采用特定的问题解决方法的能力。

（3）理解、分析情绪，运用情绪知识的能力： 标识情绪的能力；解释情绪所传递的意义的能力；理解复杂感情的能力；识别情绪转换的能力。

（4）对情绪自我调节的能力： 对各种情绪保持开放心态的能力；根据对信息的判断，支配情绪的能力；控制自己和他人情绪的能力；通过减少消极情绪和增加积极情绪以调节自身和他人情绪的能力。

第十一章　能力

1．简述流体能力和晶体能力。

（1）流体能力。

①流体能力是指在信息加工和问题解决过程中所表现出来的能力，如对关系的认识，类比、演绎推理的能力，形成抽象概念的能力，等等。

②流体能力取决于个人的禀赋，较少依赖文化和知识的内容。

③流体能力的发展与年龄有密切的关系。一般人的流体能力在20岁以后的发展达到顶峰，在30岁以后将随年龄的增长而降低。

（2）晶体能力。

①晶体能力是指经过教育培养，通过掌握社会文化经验而获得的智力，由个体习得的知识、技能以及将它们用于特定情境的能力组成。

②晶体能力主要取决于后天学习，如词汇识别、言语理解、数学知识等。

③晶体能力在人的一生中一直在发展，但在25岁以后发展速度渐趋平缓。

2．简述能力的二因素论。

（1）理论观点。

斯皮尔曼根据人们完成智力任务时成绩的相关程度，提出能力由两种因素组成：

①一般能力或叫一般因素，简称G因素，它代表人的基本心理潜能，是决定一个人能力高低的主要因素。正是由于这种因素，人们在完成不同智力任务时，成绩才会出现某种正相关。

②特殊能力或叫特殊因素，简称S因素，它是人们完成某些特定的任务或活动所必需的。正是由于这种因素，人们的任务成绩才没有完全的相关。

人们在完成任何一种任务时，都有 G 和 S 两种因素参加。

（2）评价。

①区分了一般因素与特殊因素，为研究一般能力与特殊能力的实质及其相互关系，制定测量这些能力的措施奠定了基础。

②将一般因素与特殊因素绝对对立起来，没有看到二者之间的关系，因而不太科学。

3．简述多元智力理论。

加德纳认为，智力的内涵是多元的，由八种相对独立的智力成分构成。每一种智力因社会对它的需要、奖赏以及它对社会的作用不同，其价值也不同。

（1）言语智力： 包括阅读、写文章或小说，以及用于日常会话的能力。

（2）逻辑－数学智力： 包括数学运算与逻辑思考的能力，如做数学证明题等。

（3）空间智力： 包括认识环境、辨别方向的能力，如查阅地图等。

（4）运动智力： 包括支配肢体完成精密动作的能力，如打篮球、跳舞等。

（5）音乐智力： 包括对声音的辨别与韵律表达的能力，如拉小提琴或写曲。

（6）人际智力： 包括与人交往且能和睦相处的能力，如理解别人的行为、动机或情绪。

（7）自知智力： 包括认识自己并选择自己生活方向的能力。

（8）自然智力： 包括认识、感知自然界事物的各种能力，如敏锐地觉知周围环境的改变，善于将自然界中看似无关的基本元素有机地联系起来。

4．简述并评价斯滕伯格的智力的三因素理论。

（1）理论观点。

美国心理学家斯滕伯格提出了智力的三因素理论。该理论关注个体能否使用智力更好地应对生活中各种各样的问题，完成人生的主要目标，因此这种智力也称为成功智力。

智力的三因素理论认为，智力包括三种类型：分析性智力、创造性智力、实践性智力。这些智力能够帮助人们更好地适应环境，取得成功。

①分析性智力是我们用来解决问题的关键，涉及对问题的正确表征以及对信息的加工处理过程。分析性智力与学业紧密相关。因此，使用传统的智力测验就能很好地测量个体的分析性智力。

②创造性智力与我们熟知的创造力关系密切，涉及发现、创造、想象和假设等创造性思维的能力。它体现的是一个人能否创新性地解决问题。创造性智力同样需要基本的认知能力，但更强调发散性思维。

　　③实践性智力涉及解决实际生活中问题的能力，它被喻为"街头智慧"，因为它通常不是通过学校教育获得的，而是来自个体自身的生活。我们在特定文化中习得生活经验，并用它来解决实际生活问题。通常这种能力在与人打交道时得到体现。实践性智力高的人可以更好地融入当前的环境中，在必要时选择可以更好地发挥自己才能的新环境。斯滕伯格认为，实践性智力比其他类型的智力能够更好地预测学业及工作表现。

　　（2）评价。

　　一方面，该理论可能夸大了实践性智力与传统智力理论的差异。另一方面，有研究表明，分析性智力、创造性智力以及实践性智力测验的结果之间存在高相关，并且和标准智力测验的结果也相关。因此，研究者认为三种测验测量的可能是相同的认知过程，这样的结果其实也证实了 G 因素的存在。

5．简述智力的 PASS 模型。

　　PASS 模型建立在鲁利亚的机能系统说的基础上。PASS 模型包含四个认知加工过程，即"计划—注意—同时性加工—继时性加工"，这些认知加工过程形成了三个相互协调的认知功能系统：**（1）注意系统**，又称注意–唤醒系统，是整个系统的基础；**（2）同时性加工和继时性加工统称为信息加工系统**，处于中间层次；**（3）计划系统**，处于最高层次，负责监督、管理、调节其他心理过程。

　　四个认知加工过程是智力活动最一般、最普遍的加工过程。三个认知功能系统间存在着动态联系，它们相互影响、相互作用、协调合作，保证智力活动的完成。

6．简述能力发展的一般趋势。

　　（1）童年期和青少年期是能力发展非常重要的时期。从三四岁到十二三岁，能力的发展几乎和年龄的增长等速，以后随着年龄的增长，能力的发展呈负加速变化，即发展日趋平缓。

　　（2）能力在 18～25 岁达到顶峰（也有人认为到 40 岁），但能力的不同成分达到顶峰的时间不同。

　　（3）流体能力在中年之后有下降趋势，晶体能力在人的一生中是逐渐增长的。

　　（4）成年期是能力发展最稳定的时期。在 25～40 岁，人们常出现富有创造性的活动。

　　（5）能力发展的趋势存在个体差异。能力高的发展快，达到顶峰的时间晚；能力低的发展慢，达到顶峰的时间早。

7. 简述智力发展的个体差异。

（1）智力水平的个体差异。

智力在全人口中呈现正态分布，即高水平和低水平的人数比率较小，中等水平的人数比率较大。智力的高度发展被称为智力超常或天才，智力发展低于一般人的水平被称为智力落后或智力低下，中等智力水平又被分为不同的层次。

（2）智力结构的差异。

智力包含各种能力成分，它们可以按不同的方式结合起来。这种特定能力的结合体现了智力在结构上的差异。例如，在认知能力方面，有的人善于抽象推理，有的人善于记忆，有的人善于言语理解。

（3）智力的性别差异。

20世纪30年代的许多研究发现，男性和女性在一般智力水平上没有差异。20世纪40年代后，随着韦克斯勒智力量表的问世，以及测量特定领域的智力水平成为可能，研究者对智力性别差异的理解有所变化。综合已有研究结果，智力的性别差异可能不表现在总体智力水平上，而表现在某些特定的智力水平上。

8. 试述影响能力的因素。

（1）遗传的影响。

遗传对能力的影响主要表现在身体素质上，如感官的特征、四肢及运动器官的特征、脑的形态和结构的特征等。身体素质是能力发展的自然前提，对能力的发展有重要影响。

（2）环境和教育的影响。

①**产前环境**。胎儿出生前所处的母体环境对胎儿的生长发育以及出生后的能力发展有重要影响。

②**早期经验**。儿童身体发育的资料表明，人的神经系统在出生后的头四年内获得迅速发展，为能力的发展提供了物质基础。发展能力要重视早期环境的作用，这已被越来越多的事实证明。

③**学校教育**。学校教育能够对年青一代施加有目的、有计划、有组织的影响。学生通过系统地接受教育，不仅要掌握知识和技能，而且要发展能力和其他心理品质。

（3）人的主观能动性的影响。

能力的提高离不开个体自身的努力，即人的主观能动性。如果一个人刻苦努力，积极向上，具有广泛的兴趣和强烈的求知欲，那么他的能力就可能得到更好的发展。

第十二章　人格

1．简述气质与性格的区别和联系。

气质是表现在心理活动的强度、速度、灵活性与指向性等方面的一种稳定的心理特征，即我们平时所说的脾气、禀性。

性格是一种与社会相关最密切的人格特征，含有许多社会道德评价含义，代表了人们对现实和周围世界的态度，并表现在其行为举止中。

（1）气质与性格的区别：①人的气质类型主要是先天形成的；人的性格是在后天环境中形成的。②气质更多地体现了人格的生物属性；性格更多地体现了人格的社会属性。③气质并无好坏之分，不直接具有社会道德评价含义；性格有好坏之分，包含许多社会道德评价含义。④个体之间的人格差异的核心是性格的差异。⑤气质的可塑性小，变化慢，不容易改变；而性格的可塑性大，社会实践活动与环境对性格的影响是明显的，较容易发生变化。

（2）性格与气质的联系：①性格可以掩蔽和改造气质。②一个人的气质会影响其性格的形成。③气质可以按照自己的动力方式渲染性格特征，使个体的性格带有某种色彩，或者说带有某种特点。④在行为活动中，性格与气质是融合为一个整体的。

2．简述自我调控系统。

自我调控系统是人格中的内控系统或自控系统，具有自我认知、自我体验和自我控制三个子系统，其作用是对人格的各种成分进行调控，保证人格的完整、统一与和谐。

（1）自我认知：对自己的洞察和理解，包括自我观察和自我评价。

（2）自我体验：伴随自我认知而产生的内心体验，是自我意识在情感上的表现。当一个人对自己做积极评价时，会产生自尊感；对自己做消极评价时，会产生自卑感。

（3）自我控制：自我意识在行为上的表现，是实现自我意识调节的最后环节。

3．简述气质类型学说及其生理基础。

古希腊医生希波克拉底认为，人体内有四种液体，即黄胆汁、黑胆汁、血液和黏液。这四种液体在一个人体内所占的比例不同，形成了四种不同的气质类型：胆汁质（黄胆汁占优势）、抑郁质（黑胆汁占优势）、多血质（血液占优势）、黏液质（黏液占优势）。

巴甫洛夫用**高级神经活动类型说**解释气质的生理基础。他根据神经活动的兴奋过程和抑制过程的**强度、平衡性和灵活性**，划分了四种基本的神经活动类型。强度是大脑皮层神经细胞工作的耐力或能力的标志，有强与弱之分；平衡性是兴奋过程和抑制过程的相对力量，有平衡与不平衡之分；灵活性是兴奋过程和抑制过程相互转换的速度，有灵活与不灵活之分。

高级神经活动过程的三种特性的不同组合构成了不同的高级神经活动类型，而高级神经活动类型就是气质类型的生理基础：强、不平衡的特性构成高级神经活动的兴奋型，它是胆汁质的生理基础；强、平衡、灵活的特性构成高级神经活动的活泼型，它是多血质的生理基础；强、平衡、不灵活的特性构成高级神经活动的安静型，它是黏液质的生理基础；弱的特性构成高级神经活动的抑制型，它是抑郁质的生理基础。

高级神经活动过程的特性			高级神经活动类型	气质类型
强度	平衡性	灵活性		
强	不平衡		兴奋型	胆汁质
强	平衡	灵活	活泼型	多血质
强	平衡	不灵活	安静型	黏液质
弱			抑制型	抑郁质

4. 简述人格的整合理论。

艾森克是整合理论的代表人物，他提出了人格结构的四层次模型，将类型理论和特质理论有机地结合起来，使两种理论的特点互为补充，能更全面、更系统、更富有层次性地描述一个人的人格。他主张从自然科学的角度看待心理学，把人看作一个生物性和社会性的机体。

艾森克用因素分析法提出三个基本的人格维度：外倾性、神经质和精神质。每一个人格维度都是一个多层次的人格结构。人格结构的四层次模型，即类型水平、特质水平、习惯反应水平和特殊反应水平。三个人格维度不是相互排斥、非此即彼的，每个人在这三个维度上都有不同程度的表现，而极少有单纯类型的人。

（1）外倾性，表现为内外倾的差异。外倾性是人类性格的基本类型。外倾者不易受周围环境影响，难以形成条件反射，具有情绪冲动且难以控制、爱交际、渴求刺激、喜欢冒险、粗心大意和爱发脾气等特点；内倾者则相反。

（2）神经质，表现为情绪稳定性的差异，表明从异常到正常的连续特征。情绪不稳定的人表现为高焦虑，喜怒无常，容易激动；情绪稳定的人表现为情绪反应轻微而缓慢，并且容易恢复平静，不容易焦虑，稳重温和，容易自我克制。

（3）精神质，表现为孤独、冷酷、敌视、怪异等偏于负面的人格特征。 高分者具有倔强固执、凶残强横和铁石心肠等特点，这种人有强烈的愚弄和惊扰他人的需求；低分者具有温柔心肠的特点。艾森克认为，所有精神质者的共性是在思维活动和行为表现方面都非常迟缓。

5．论述人格成因。

（1）人格形成的生物学基础。

①人格的基因基础。

行为遗传学的研究者以同卵双生子、异卵双生子为对象开展了大量研究，为人格差异的基因基础提供了依据。

尽管没有研究发现特定人格特质的特异性基因，但以往的研究均表明人格特质具有较强的遗传性，五因素人格特质的遗传基因的影响大小在不同文化（如欧洲、北美和亚洲东部）的样本中具有一致性。

②人格的神经生理基础。

艾森克认为，内外倾与神经唤醒相联系，内倾者的大脑的上行网状激活系统的活动水平比外倾者高，即内倾者的大脑皮层基线唤醒水平高，外倾者的大脑皮层基线唤醒水平低。

格雷提出的强化敏感性理论认为，大脑中存在两种生理系统：一种是行为激活系统，对奖励信号敏感，控制着趋近行为；另一种是行为抑制系统，对惩罚、失败与不确定的线索敏感，控制着行为抑制或回避行为。

（2）后天环境在人格形成中的作用。

①家庭环境。

家庭是个体成长的第一个社会化场所，早期的家庭环境对个体人格的塑造具有重要影响。家庭环境主要包括父母的教养方式、家庭结构的功能、父母关系的质量、亲子关系的质量等，对儿童期人格的形成起着重要作用。其中，父母的教养方式是影响人格发展的重要因素。

②学校环境。

学校是学生成长的重要场所，学生通过与教师和同学的互动体验着社会和人际关系，并进行客观的自我评价。教师的言传身教、师生关系、同伴关系都会影响个体的人格发展。

③社会文化环境。

每个人都处在稳定的社会文化环境中，文化对人格的影响非常重要。社会文化塑造了社会成员的人格特征，使其具有相似性。社会文化环境主要包括大众传媒、社会风气、文化因素以及个体经历的社会生活事件等。

（3）自我因素在人格形成中的作用。

如果说生物学因素是人格形成和发展的物质基础，后天环境因素是人格形成和发展的现实情境，那么自我因素就是人格形成和发展的内部因素。任何环境都无法直接塑造人格，只有基于已有的心理发展水平和心理活动才能发挥作用。随着个体的成长，在各种生活任务以及人际关系中逐渐形成相对独立的自我，个体的认知、情感、动机和行为都在自我的统合下发挥作用，并且实现一种动态平衡。在人格的发展过程中，自我的调控和建构作用支配着个体的言行举止，并通过表情、语言、行为等表达出来。

第十三章　学习

1. 简述建构主义的学习理论。

建构主义对学习和学习者提出了新的看法。和行为主义不同，建构主义更重视新旧知识经验间反复的、双向的交互作用。同时，社会互动在知识建构过程中是非常重要的。

（1）个体建构主义。

从信息加工的角度来看，学习就是个体建构可被记忆和提取的内部表征（如概念、命题、表象、图式等）的过程。根据这种观点，虽然外部世界是信息输入的来源，但是一旦外部信息被感知，并进入工作记忆中，对信息的加工就只发生在人脑中了。个体建构主义强调个体的作用，没有强调社会环境的作用。

个体建构主义的主要观点：①知识不是对现实的准确表征，只是一种解释、假设；知识不是问题的最终答案，会随着人类的进步而不断得到更新。②学习过程不是由教师向学生传递知识的过程，而是学生主动建构知识的过程。建构就是学习者通过新旧知识经验间反复的、双向的相互作用来形成和调整自己的经验结构的过程。③学习者在日常生活和以往的学习中已经具有了一定的经验。他们可能没有接触过某些问题，对这些问题没有现成的经验，但是一旦问题出现，他们就能基于以往的经验和自己的认知能力形成对问题的某种解释。在教学中，教师应该把儿童现有的知识经验作为新知识的生长点，引导儿童从原有的知识经验中"生长"出新的知识经验。教学不是知识的传递，而是知识的相互作用和转换。

（2）社会建构主义。

维果茨基认为，社会互动和文化塑造了个体的发展与学习。通过与他人共同参与各种活动，个体能内化通过共同活动获得的东西，包括新策略和新知识。这种观点将学习置于社会和文化背景中，因而被称为社会建构主义。

2．什么是学习曲线？简述学习进程的特点以及如何提高学习效率。

（1）学习进程可以通过学习曲线来表示。学习曲线用图解的形式来表现练习期间学习效率的变化，有时也被称为练习曲线。

（2）学习进程的特点：①学习成绩随学习的进程逐步提高。②学习进程中存在高原现象。学习成绩的进步并非直线式上升的，有时会出现暂时停顿的现象，叫"高原现象"。③学习进程是不均匀的。④学习中存在个别差异。

（3）提高学习效率的方法：①明确学习目标。②灵活应用整体学习和分解学习。③恰当安排学习时间。④过度学习。⑤加强反馈。⑥发挥原有知识在学习中的作用。⑦发挥元认知的作用。⑧发挥情绪的作用。⑨发挥动机和性格特征的作用。

3．论述经典条件反射及其规律。

（1）巴甫洛夫的经典实验。

实验方法：把食物呈现给狗，并测量其唾液分泌。在这个过程中，他发现如果随同食物反复给一个中性刺激，狗就会逐渐学会在只有那个中性刺激出现但没有食物的情况下分泌唾液。

（2）经典条件反射的形成。

巴甫洛夫认为，条件反射形成的条件是：

①无条件刺激（UCS）和无条件反应（UR）。食物吃到嘴里，引起唾液分泌增加，这是自然的生理反应，不需要学习，这种反应叫作无条件反应；引起这种反应的刺激是食物，称为无条件刺激。

②条件刺激（CS）和条件反应（CR）。铃声与狗的唾液分泌增加本来没有必然的联系，是一种无关刺激，或称中性刺激（NS）；当铃声与食物同时、多次重复出现后，狗听到铃声，唾液分泌就开始增加，这时中性刺激由于与无条件刺激结合而变成了条件刺激，由此引起的唾液分泌就是条件反应。

（3）经典条件反射的规律。

①**习得**。在条件刺激与无条件刺激之间建立联结的过程叫作条件反射的习得过程。在这个过程中，根据条件刺激与无条件刺激呈现的时间关系可以分成同时性条件作用、延迟性条件作用与痕迹条件作用。在这三种不同的时间关系中，延迟性条件作用最易形成条件反射；其次是同时性条件作用；最后是痕迹条件作用。如果条件刺激在无条件刺激之后才出现，即使有条件反射形成，其效果也是微弱的。

②**消退**。条件反射形成以后，如果得不到强化，条件反应会逐渐削弱，直至消失。

③**泛化与分化**。泛化指在条件反射形成后，另外一些类似的刺激也会引起条件反应。例如，狗形成了对三声铃声的条件反射后，也会对一声或两声铃声做出相同的反应。与泛化互补的是分化，是指对事物的差异进行反应。例如，狗学会只对三声铃声做出唾液分泌的反应，而对一声或两声铃声没有做出唾液分泌的反应。实现分化的手段可以是选择性强化或消退。

④**二级条件作用：一个条件刺激使一个中性刺激条件化的过程**。例如，在铃声成为唾液分泌的条件刺激之后，将铃声与灯光反复伴随（无食物）出现，经过学习，灯光也会引起狗的唾液分泌。

4．论述操作性条件作用。

（1）**桑代克的尝试–错误学习**。

通过"饿猫开迷笼"实验，桑代克提出了尝试–错误学习理论。这一理论认为，学习的实质是通过尝试，在一定的情境与特定的反应之间建立某种联结。在尝试中，个体会犯很多错误，通过环境给予的反馈，个体放弃错误的尝试而保留正确的尝试，从而建立起正确的联结，这就是学习。桑代克认为，在尝试–错误学习中，行为的后果是影响学习的关键因素，如果行为得到了强化，证明尝试是正确的，行为就会被保留下来，否则就会作为错误尝试而被放弃。总之，强化会促进行为，惩罚会削弱行为，桑代克称之为"效果律"。桑代克认为，效果律是学习的基本定律。

（2）**斯金纳的操作性条件作用**。

斯金纳认为存在两种类型的学习，即**应答性反应**（由刺激情境引发的反应）和**操作性行为**（机体自发的行为）。在日常生活中，人的绝大多数行为都是操作性行为。影响行为巩固或再次出现的关键因素是行为发生后所得到的结果，即强化。

斯金纳区别了两种类型的强化，即**正强化与负强化**。当环境中的某种刺激增加而行为反应出现的概率也增加时，这就是正强化。当环境中的某种刺激减少而行为反应出现的概率增加时，这就是负强化。负强化是机体力图回避的。强化的类型包括连续强化和间隔强化、固定比例强化和变化比例强化、固定时间强化和变化时间强化等。强化既能影响行为的习得速度与反应速度，也能影响行为的消退速度。

第十四章　人生全程发展

略

发展
心理学

背诵打卡表

章节	一轮打卡	耗时/min	二轮打卡	耗时/min	三轮打卡	耗时/min	背诵要求
发展心理学的研究方法	☐		☐		☐		
发展心理学的主要理论	☐		☐		☐		
认知发展	☐		☐		☐		答题逻辑和要点要记熟，细枝末节需要理解记忆
语言获得	☐		☐		☐		
社会性发展	☐		☐		☐		
性别发展	☐		☐		☐		
道德发展	☐		☐		☐		

绪论

略

第一章　发展心理学的研究方法

1．简述双生子研究及其优缺点。

双生子研究： 以双生子为样本，通过特征的差异来研究遗传与环境对个体心理和生理特征发展的影响，多用于智力、人格的研究。

（1）优点。

通过比较同卵双生子之间和异卵双生子之间在心理发展特征上相似程度的差异，我们可以了解遗传和环境对这种心理发展特征的影响程度。同卵双生子具有相同的基因，他们之间的任何差异都可以归结为环境的作用；异卵双生子的基因不同，但他们所处的环境有许多相似之处，因此也提供了环境控制的可能性。

（2）缺点。

双生子研究只孤立地考虑了遗传和环境的影响，未考虑二者动态的交互作用。具体而言，双生子研究假设同卵双生子的成长环境一样，但研究表明，这个假设并不完全正确。儿童的特点会影响环境对他们的反应方式，儿童自身也会选择环境的影响，这就使得同卵双生子在环境影响上的相似程度要大于异卵双生子在环境影响上的相似程度。因此，同卵双生子在某种发展特征上的相似程度高于异卵双生子，部分原因应归于同卵双生子在环境影响上的相似程度更高，在解释双生子研究的结果时应持有谨慎的态度。

2．试述并评价横断研究、纵向研究与聚合交叉研究。

（1）横断研究。

横断研究是指在同一时间对不同年龄的被试的心理发展水平进行测量和比较，以探讨其心理发展的特点和规律的研究设计。

优点： ①可以在短时间内获取大量数据资料，比较节省时间和经费，易于实施。②可以对较多被试进行研究，故被试的代表性往往较强，研究所得结果具有较好的概括性。③时效性比较强，可以较快获得研究结果，同时避免了被试流失。

缺点：①可能存在组群效应。组群是指年龄接近、所受社会环境影响相似的人群。组群效应是指将因社会环境影响不同造成的差异当成因年龄增长而引起的发展变化。横断研究的前提是假设个体心理发展的年龄特征是稳定的，但在某些情况下，这个假设是不正确的。②不适用于研究发展的稳定性问题和早期影响的作用问题等。③无法获得个体发展趋势或发展变化的数据资料，难以得出个体心理的连续性变化过程和事件间的因果关系，因而不能反映全面的、本质的问题。

（2）纵向研究。

纵向研究是指在比较长的时间内，对同一组被试进行追踪研究，以考察随着年龄的增长，其心理发展的进程和水平的变化的研究设计。

优点：①能提供个体发展方面的数据，看到比较完整的发展过程以及其中的一些关键转折点。②能揭示早期经历与后来发展结果的关系，适用于研究发展的稳定性问题和早期影响的作用问题等。③能揭示个体某些方面有跨时间的相似性及个体变化方式上的差异，适用于个案研究。

缺点：①比较耗费时间、经费和人力。②时效性比较差，有时需要等待很久才能得到研究结果，有时研究课题的意义随着时间的推移而逐渐减弱，或研究手段逐渐变得落后。③可能发生被试流失的情况，从而影响被试的代表性和研究结果的概括性。④需要对同一批被试重复进行研究，有时可能出现练习效应或疲劳效应。⑤长期追踪要经历时代、社会的变迁，可能导致变量增多。⑥存在跨代问题。追踪研究的目标群体来自某一特殊年代，该年代的显著特征为该群体带来了特定的影响，从而使研究结果难以推广。

（3）聚合交叉研究。

聚合交叉研究是指在纵向研究中分段进行横断研究，选择不同年龄的群体为研究对象，在一定时期内重复观察这些对象的研究设计。这种方法既能在较短的时间内了解各年龄阶段儿童心理发展的总体情况，又能从发展的角度了解样本中个体随年龄的增长出现的各种变化以及社会历史因素对儿童心理发展的影响。可以说，聚合交叉研究是横断研究和纵向研究的完美结合。

优点：①既有纵向研究系统、详尽的特点，使我们能掌握心理发展的连续过程及其特点，又具有横断研究能够进行大面积测查的特点，克服了纵向研究被试样本小、受时间限制等问题。②不仅可以排除组群效应，而且可以通过不断补充被试，避免被试流失所造成的影响。③通过比较同时代出生但先后参加实验的被试，可以了解是否存在练习效应或疲劳效应。④耗时比典型的纵向研究少。⑤可以对发展的稳定性和早期影响的作用问题等进行研究。

第二章　发展心理学的主要理论

1. 简述弗洛伊德和埃里克森的发展理论的联系与区别。

　　联系：埃里克森从弗洛伊德的理论中汲取了营养，完善了自己的观点，形成了新精神分析理论。他修正了弗洛伊德的性心理发展理论，整合了现代社会心理学和人类学研究发现的结果。

　　区别：（1）在弗洛伊德看来，发展在青少年期大体上就结束了，而埃里克森则认为，发展持续人的一生。（2）埃里克森强调儿童是积极而有好奇心的探索者，他们努力适应自己的环境，而不是被动的生物冲动的奴隶。（3）埃里克森不太重视性冲动，他更加强调文化的影响，认为个体的正常发展必须放到其生活的文化情境中来理解，认为人格发展是由内在的成熟和外在的社会要求的交互作用决定的。

2. 简述华生的发展心理学理论。

　　华生认为，心理的本质是行为。各种心理现象是行为的组成因素，都可用客观的刺激（S）—反应（R）公式来论证。

　　华生在心理发展问题上突出的观点是环境决定论，主要体现在两个方面：

　　（1）否认遗传的作用：①行为发生的公式是刺激—反应，行为的反应是由刺激引起的，刺激来自客观而不是取决于遗传，因此行为不可能取决于遗传；②生理构造上的遗传作用并不能导致机能上的遗传作用；③华生的心理学以控制行为作为研究目的，而遗传是不能控制的，所以遗传的作用越小，控制行为的可能性就越大。

　　（2）夸大环境和教育的作用：①提出了一个重要的论断，即个体构造上的差异及幼年时期训练上的差异足以说明其后来行为上的差异；②提出了教育万能论；③认为学习的决定条件是外部刺激，不管多么复杂的行为，都可以通过控制外部刺激而形成。

3. 简述皮亚杰的认知发展阶段论。

　　皮亚杰认为，心理发展过程具有连续性、阶段性和顺序性。每个阶段具有其独特的认知结构。儿童的心理或思维发展依次经历四个阶段：

　　（1）感知运动阶段：0～2岁。特征：①思维通过看、听、触摸等动作方式实现。

②获得客体永久性概念，克服"A 非 B"错误。③从无意行为向有意行为转化。

（2）**前运算阶段：2 ~ 7 岁**。特征：①语言能力和运用象征符号的能力逐步发展。②思维具有单维性（不理解客体守恒）、不可逆性和自我中心性（三山实验）。

（3）**具体运算阶段：7 ~ 12 岁**。特征：①能用逻辑方式解决遇到的具体问题。②能理解客体守恒的规律。③能理解可逆性。

（4）**形式运算阶段：12 岁以后**。特征：①能用逻辑方式解决各种抽象问题。②思维更具科学性。③对一些社会问题、身份更加关注。

4. 试述埃里克森的心理社会发展阶段理论的观点。

埃里克森认为，在人格发展中，逐渐形成的自我在个人与周围环境的交互作用中起着主导和整合的作用。每个人在成长过程中，都普遍体验着生物的、生理的、社会的事件的发展顺序，按一定的成熟程度分阶段地向前发展。他提出了人的心理发展的八个阶段以及每个阶段的发展任务，建立了自己的发展理论。

（1）**婴儿期（0 ~ 2 岁）：发展信任感，克服不信任感，体验着希望的实现**。本阶段的婴儿从生理需要的满足中，体验着身体的康宁，感受到安全，于是对周围环境产生一种基本信任感；反之，婴儿便对周围环境产生不信任感。

（2）**儿童早期（2 ~ 4 岁）：获得自主感，克服羞怯和疑虑感，体验着意志的实现**。本阶段的儿童已经有了更多的自由，要求他的行动发挥主动性并且具有目的性。

（3）**学前期或游戏期（4 ~ 7 岁）：获得主动感，克服内疚感，体验着目的的实现**。本阶段的儿童主要通过游戏来获得性别角色。

（4）**学龄期（7 ~ 12 岁）：获得勤奋感，克服自卑感，体验着能力的实现**。本阶段的儿童继续投入精力和欲力，尽自己最大的努力来改造自我。

（5）**青年期（12 ~ 18 岁）：建立同一感，防止同一感混乱，体验着忠实的实现**。在本阶段，埃里克森提出了"合法延缓期"的概念。

（6）**成年早期（18 ~ 25 岁）：获得亲密感，避免孤独感，体验着爱情的实现**。本阶段的青年男女已具备能力并自愿准备着去相互信任、分担工作、生儿育女等，以期最充分而满意地进入社会。

（7）**成年中期（25 ~ 50 岁）：获得繁殖感，避免停滞感，体验着关怀的实现**。本阶段的男女建立家庭，他们的兴趣扩展到对下一代的关怀和指导，缺乏这种体验的人会沉浸于自己的天地之中，专注于自己而产生停滞感。

（8）**成年晚期（50 岁至死亡）：获得完善感，避免失望、厌倦感，体验着智慧的实**

现。这时人生进入最后阶段，如果个体对自己的一生比较满意，则会产生一种完善感；反之，个体就会恐惧死亡，对人生感到厌倦和失望。

5. 试述斯金纳的行为强化控制原理。

斯金纳在自己的理论体系中区分了应答性行为和操作性行为。由可观察到的刺激引起的行为反应称作应答性行为；没有任何可观察到的刺激引起的行为反应称作操作性行为。斯金纳的操作性条件作用强调塑造、强化与消退、及时强化等原则。

首先，斯金纳认为强化作用是塑造行为的基础。只要了解强化效应和操纵好强化技术，就能控制行为反应，就能塑造出一个教育者所期望的儿童的行为。但是，如果通过操作性条件作用习得的行为出现后不再有强化刺激跟随，则该行为发生的概率就会逐渐降低，甚至完全消失，这就是反应的消退。

其次，斯金纳将强化分为正强化（积极强化作用）与负强化（消极强化作用）。二者的作用都是增加反应发生的概率。正强化是指由于一种喜爱刺激的加入而增加了反应发生的概率；负强化是指由于一种厌恶刺激的撤销而增加了反应发生的概率。负强化不同于惩罚，惩罚是指由于厌恶刺激的加入或喜爱刺激的撤销而减少了反应发生的概率。斯金纳提倡以消退法或负强化来代替惩罚。此外，斯金纳强调及时强化的原则，认为强化不及时是不利于人的行为发展的，教育者要及时强化那些希望在儿童身上看到的行为。

最后，斯金纳将强化的程式分为连续强化和间隔强化。其中，间隔强化按照出现的时间可分为定时强化、不定时强化；按照出现的频率可分为定比强化和不定比强化。研究表明，连续强化的方式有利于快速建立一种行为模式，但这种行为模式也容易消退；而间隔强化的方式虽然建立行为模式较慢，但有利于行为的保持。在教育中应注意连续强化和间隔强化的结合使用。

6. 试述班杜拉的观察学习理论。

观察学习，也称榜样学习、模仿学习、替代学习，是指人们通过观察他人（榜样）所表现的行为及其结果而进行的学习。它不同于学习者亲自参与的刺激－反应学习。观察学习的学习者不必直接做出反应，也不需要亲自体验强化，只是通过观察他人在一定环境中的行为，并观察他人接受一定的强化就能完成学习。

（1）观察学习的四个阶段包括注意过程、保持过程、动作再现过程和动机过程。

①**注意过程**：调节学习者对示范活动的探索与知觉。

②**保持过程**：使得学习者把瞬间的经验转变为符号概念，形成示范活动的内部表征。

③**动作再现过程**：以内部表征为指导，把原有的行为成分组合成信念的反应模式。

④**动机过程**：决定所习得的行为中哪一种将被表现出来，受到强化的影响。

（2）班杜拉认为，强化可以分为直接强化、替代强化和自我强化。

①**直接强化**：通过外界因素对学习者的行为直接进行干预。

②**替代强化**：通过对榜样进行强化来提高学习者某种特定行为出现的概率。

③**自我强化**：行为达到自己设定的标准时，以自己能支配的报酬来维持或增强自己行为的过程。

7. 试述维果茨基的心理发展观。

（1）文化–历史发展理论。

维果茨基创立了文化–历史发展理论，用以解释人类心理本质上与动物不同的那些高级的心理机能。维果茨基认为，由于工具的使用，人类产生了新的适应方式，即物质生产的间接方式，人类不再像动物一样以身体的直接方式来适应自然。人类的工具生产中凝结着人类的间接经验，即社会文化知识经验，这就使得人类的心理发展规律不再受生物进化规律所制约，而受社会历史发展的规律所制约。这种间接的物质生产的工具会导致在人类的心理上出现精神生产的工具，即人类社会所特有的语言和符号。生产工具和语言、符号的相同点在于它们使间接的心理活动得以产生和发展。二者的不同之处在于，生产工具指向外部，引起客体的变化；而语言、符号指向于内部，影响人的行为。

（2）发展的实质。

维果茨基认为，心理的发展指的是一个人的心理（从出生到成年）在环境与教育的影响下，在低级心理机能的基础上，逐渐向高级心理机能转化的过程。他强调，心理发展的高级机能是人类物质生产过程中发生的人与人之间的关系和文化历史发展的产物。

心理机能由低级向高级发展的标志：①心理活动的随意机能；②心理活动的抽象概括机能，也就是说各种机能由于思维（主要是指抽象逻辑思维）的参与而高级化；③各种心理机能之间的关系不断地变化、组合，形成间接的、以符号或词为中介的心理结构；④心理活动的个性化。

心理机能由低级向高级发展的原因：①起源于文化历史的发展，是受社会规律所制约的；②儿童在与成人交往的过程中掌握了高级心理机能的工具——语言、符号这一中介环节，使其在低级的心理机能的基础上形成了各种新质的心理机能；③高级的心理机能是不断内化的结果。

（3）教学与发展的关系。

维果茨基研究了教学与发展的关系，特别是教学与儿童智力发展的关系，提出了以下三个重要思想：①**最近发展区**。最近发展区是儿童的现有发展水平与在得到他人的一定支持或指导的条件下可能达到的潜在发展水平之间的范围。维果茨基认为，与儿童当前的发展水平相比，最近发展区能够更好地反映心理发展中的个体差异。②**教学应当走在发展的前面**。教学可以决定智力发展的内容、水平、速度，以及智力活动的特点。③**学习存在最佳期限**。要发挥教学的最大作用，就不能脱离儿童学习某一技能的最佳年龄。

（4）内化学说。

智力是外部形式的活动"内化"到人脑的结果。内化学说的基础是工具理论。工具分为两类：一类是物质工具，如各种器具、机械等；另一类是心理工具，如符号、标记和语言等。儿童通过对工具的掌握，将人类社会发展的产物——文化，转化为自己的内部心理结构，这个过程就是内化过程。

8．皮亚杰的发生认识论如何看待发展的实质和原因、发展的因素和结构？

皮亚杰的理论属于内因与外因相互作用的发展观，既强调内因与外因的相互作用，又强调在这种相互作用中心理不断产生量和质的变化。

（1）发展的实质和原因。

皮亚杰认为，心理、智力、思维起源于主体的动作。这种动作的本质是主体对客体的适应。主体通过动作达到对客体的适应是心理发展的真正原因。个体的任何心理反应，不论是指向外部动作还是指向内化了的思维动作，都是一种适应。适应的本质在于取得机体与环境的平衡。适应是通过同化与顺应两种形式来完成的。

（2）发展的因素和结构。

皮亚杰认为，支配心理发展的因素有成熟、物理因素、社会环境、平衡。

皮亚杰认为，心理结构的发展涉及图式、同化、顺应、平衡。其中，图式为核心概念。

①**图式**：动作的结构或组织，这些动作在相同或类似环境中因不断重复而得到迁移或概括。图式最初来自先天遗传（反射），之后在适应环境（同化和顺应）的过程中不断地得到改变和丰富，即低级的动作图式经过同化、顺应、平衡而逐步构成新的图式。

②**同化**：把环境因素纳入机体已有的图式或结构之中，以加强和丰富主体的动作。同化只是数量上的变化（量变），不能引起图式的改变或创新。

③**顺应**：改变主体的动作（图式）以适应客体（环境）的变化。顺应是质量上的

变化（质变），能促进创立新图式或调整原有图式。

④平衡：同化与顺应导致的适应，使机体暂时达到平衡，但这只是下一个较高水平的平衡运动的开始。平衡既是发展中的因素，又是心理结构。心理发展的过程：平衡—不平衡—平衡（适应）。

9. 请说明布朗芬布伦纳提出的生态系统理论，并对该理论做出评价。

生态系统理论是由布朗芬布伦纳提出的个体发展模型，强调发展的个体嵌套于相互影响的一系列环境系统之中。每一系统都与其他系统以及个体交互作用，影响着个体发展的许多重要方面。

第一个环境层次是微观系统，它处于最里层，是指个体活动和交往的直接环境。这个环境是不断变化和发展的。对大多数婴儿来说，微观系统仅限于家庭。随着婴儿不断成长，其活动范围不断扩展，幼儿园、学校和同伴关系不断被纳入婴幼儿的微观系统中。对学生来说，学校是除家庭以外对其影响最大的微观系统。

第二个环境层次是中间系统，是指各微观系统之间的联系或相互关系。布朗芬布伦纳认为，如果微观系统之间有较强的支持性关系，发展可能实现最优化。相反，微观系统之间的非支持性关系会导致消极的后果。

第三个环境层次是外层系统，是指那些儿童并未直接参与，但对他们的发展产生影响的系统。例如，父母的工作环境就是一个外层系统，儿童在家庭中的情感关系可能会受到父母是否喜欢其工作的影响。

布朗芬布伦纳强调发展也出现在宏观系统——微观系统、中间系统和外层系统嵌套于其中的文化、亚文化和社会阶层背景中。宏观系统实际上是一个广阔的意识形态。它规定如何对待儿童、教给儿童什么以及儿童应该努力的目标。在不同文化（或亚文化和社会阶层）中，这些观念是不同的，但是它们都在很大程度上影响着儿童在家庭、学校、社区和其他直接或间接影响儿童的机构中获得的经验。

布朗芬布伦纳的模型还包括时间维度，或称历时系统，强调儿童的变化或发展。生态环境的任何变化都影响着个体发展的方向。

评价：（1）生态系统理论改变了发展心理学家思考儿童发展环境的方式，但它未能全面地解释人类的发展。（2）布朗芬布伦纳认为其理论的特点是生物生态模型，但他很少论述具体的生物因素对人类发展的影响。（3）布朗芬布伦纳强调发展中的个体与不断变化的环境之间有着复杂的互动。这既是他理论的优点，也是其缺点。总之，生态系统理论过分强调了变化的特征性，以至于不能勾勒出一个人类发展的连贯的一般模式。正是这个原因，它只是其他人类发展理论的补充，而并非替代。

🧑 第三章　生理发展

略

🧑 第四章　认知发展

1.　"视崖"实验如何研究婴儿的知觉能力？

　　为了解婴儿是否能够知觉到深度，吉布森和沃克设计了"视崖"。"视崖"是一个高出地面的玻璃平台，它被一块木板（中间板）从中间分成两个区域。在其中一个区域，一块红白格图案的活动板被直接放在玻璃的下面，即为"浅"区；而在另一个区域，相同图案的活动板被放在玻璃下相隔一定距离的地方，即为"深"区。

　　研究者将婴儿放在中间板上，让妈妈在对面想办法哄婴儿爬过"视崖"的"深"区和"浅"区，从而测查他们的深度知觉。研究发现，6个月及更大的婴儿会爬过"浅"区，而不愿意爬过"深"区。这表明6个月的婴儿已经具备深度知觉，并且对高度表现出害怕。

　　6个月的婴儿已经会爬，那不会爬的婴儿也能知觉到深度吗？为此，坎普斯等人将2个月的婴儿脸朝下放到"视崖"的"深"区和"浅"区，并记录其心率的变化。研究发现，婴儿被放到"深"区时心率会下降，而被放到"浅"区时心率没有变化。心率下降是婴儿对事物感兴趣的表现。由此可知，2个月的婴儿能够觉察到"深"区和"浅"区的差异，但是还没有学会害怕"视崖"。

2.　简述婴儿知觉发展的研究范式。

　　（1）视觉偏爱法： 通过探究婴儿对刺激物的注视时间的长短，可研究婴儿的感知觉能力。

　　（2）习惯化与去习惯化法： 给婴儿反复呈现同一刺激，若干次后，婴儿就不会再注意该刺激，或者其注视时间明显变短，乃至消失，这一现象称作习惯化；如果这时给予一个新的刺激，婴儿的注意时间又恢复或变长的现象称作去习惯化。通过对习惯化和去习惯化现象的观察可了解婴儿对某些事物的感知觉能力、记忆能力。

　　（3）经典条件反射法和操作性条件反射法： 通过研究婴儿的条件反射的建立来研

究其感知觉能力、记忆能力、学习能力。

（4）**生理心理学方法**：通过收集婴儿脑电的变化或吮吸奶嘴的频率来研究其感知觉能力、记忆能力。

3．简述幼儿记忆发展的特点。

（1）记忆容量的增加：3 岁时约为 4 个组块，6 岁时约为 6 个组块。

（2）幼儿初期的儿童无意识记占优势。在教育的影响下，幼儿晚期的儿童有意识记和追忆的能力逐步发展起来。有意识记的出现标志着儿童记忆发展的一个质变。

（3）形象记忆仍占主导地位，语词记忆发展更快。

（4）自传式记忆在 3 岁以后有一定的准确性，并且其准确性在整个幼儿期逐步缓慢地提高。

（5）弗拉维尔等人提出记忆策略的发展可以分为三个阶段：第一个阶段是没有策略（0～5 岁）；第二个阶段是不能主动应用策略，但经过诱导，可以使用策略（5～7 岁，过渡期）；第三个阶段是能主动、自觉地采用策略（10 岁以后）。常用的记忆策略为复述、组织（系统化）。

（6）开始对元记忆有初步认识。弗拉维尔认为，元记忆包括有关记忆主体方面的知识、有关记忆任务方面的知识和有关记忆策略方面的知识。

4．请说明从幼儿期到童年期思维发展的特点。

（1）幼儿期思维的特点。

①思维的具体形象性是主要特点。②思维的抽象逻辑性开始萌芽。③言语在幼儿思维发展中的作用日益增强。

（2）童年期思维的特点。

童年期儿童的思维处于具体运算阶段。此阶段的特点是儿童产生了逻辑思维能力，但是这种逻辑思维能力仅仅局限在儿童已有的经验范围内。脱离了经验，童年期儿童就不能运用假设－演绎推理的思维方式来获得对事物内在本质属性的认识。

童年期思维的特点表现为：①逐渐过渡到以抽象逻辑思维为主要形式，但仍带有很大的具体形象性。②从具体形象思维过渡到抽象逻辑思维存在着明显的关键期（小学四年级，10～11 岁）。③思维结构趋于完整，但有待完善；9～11 岁儿童表现出辩证思维的萌芽。④思维发展过程中存在着不平衡性，表现在概括能力、比较能力和分类能力三个方面上。

5．列出皮亚杰关于幼儿思维的研究。

（1）**"三山实验"：表明儿童的思维具有自我中心的特点。** 自我中心是指从自我的角度去解释世界，很难想象从别人的观点看事物是怎样的。

（2）**守恒：** 物质从一种形态转变为另一种形态时，有关物质含量保持不变的认识，包括液体守恒、数量守恒、长度守恒、体积守恒等。皮亚杰认为，5～6岁的儿童处于守恒的转折阶段，儿童一般在8岁左右达到守恒。

（3）**类包含：** 一类事物与其子类的关系。皮亚杰认为，前运算阶段的儿童缺乏这种推理能力，不能同时想到一个子类和整个一类。

6．青少年思维发展的特点有哪些？

（1）**抽象逻辑思维的发展特点。**

抽象逻辑思维是一种通过假设进行的、形式的、反省的思维。在少年期的思维中，抽象逻辑思维虽然开始占优势，但是在很大程度上还属于经验型，需要感性经验的直接支持。青年早期的抽象逻辑思维属于理论型，表现为个体能在头脑中进行完全属于抽象符号的推导，能用理论作指导来分析、综合各种事实材料，从而不断扩大自己的知识领域或解决各种问题。

（2）**形式逻辑思维的发展特点。**

形式逻辑思维是个体抽象逻辑思维发展的初级形式。青少年形式逻辑思维的发展主要表现在概念的发展和推理能力的发展两个方面。

①**概念的发展。**

初中生对有关概念能够正确分类，但不能从本质上说明分类的依据，仅能从事物的某些外部特征或功用特点来说明分类的依据；高中生对概念所说明的分类依据能揭露事物的本质，理论性较强。

②**推理能力的发展。**

从初中一年级开始，青少年就开始具备各种逻辑推理能力。初中生逻辑推理能力的发展是不平衡的。到了高中二年级，推理能力已基本成熟。

（3）**辩证逻辑思维的发展特点。**

辩证逻辑思维是个体抽象逻辑思维发展的高级形式。处于青年早期的高中生，辩证逻辑思维的发展与其自身的实践活动有密切的关系。在高中生的思维过程中，抽象与具体获得了一定程度的统一。

7．什么是心理理论？试述三种不同的心理理论的观点。

"心理理论"一词最早由普雷马克和伍德洛夫提出，是指个体凭借一定的知识系统对他人的心理状态进行推测，并据此对他人的行为做出因果性的预测和解释的能力。关于心理理论发展的理论解释，主要分为理论论、模拟论和模块论。

（1）理论论：核心观点是儿童对心理的认识或理解在本质上如同理论，具有一般科学理论的基本特征；强调经验在心理理论发展中的作用，认为经验能为儿童提供其不能理解的心理状态的信息，儿童据此修正和改进自己已有的心理理论。

（2）模拟论：强调儿童自我反思的经验，强调信念和愿望是儿童真正在体验的心理状态；认为儿童不是直接根据自己的信念和愿望的有关规律来预测他人的行为的，他们通常会先假装自己具有跟他人一样的心理状态，进而想象或在心理上模拟他人的愿望和信念，然后设想他人会如何行动。模拟论同理论论一样，强调经验在儿童心理理论发展中的重要作用，但模拟论更强调儿童通过假装游戏和角色采择练习来提高他们自己的模拟技能，从而帮助他们形成越来越高级的心理理论。

（3）模块论：强调先天基础；认为影响儿童心理理论发展的是神经成熟，而不是来自理论的修正，经验只不过在身体成熟期间对心理理论起着某种触发作用。模块论对自闭症儿童做出了比较合理的解释。自闭症患者普遍缺乏心理理论，同时他们还有相应的神经生理缺陷，这支持了先天存在心理理论特化模块的观点。

8．认知老化的理论有哪些？

认知老化的理论主要包括加工资源理论、感觉功能理论、执行功能减退假说等。

（1）加工资源理论。

加工资源理论认为，认知加工能否成功进行受数量有限的加工资源限制，而加工资源直接受年龄影响。因此，认知功能的年老减退归因于老年人加工资源的减少。加工资源理论主要有加工速度理论、工作记忆理论和抑制功能理论。

①加工速度理论是认知老化研究领域内最为成熟和影响力最大的一种理论。该理论认为，认知加工速度减慢是认知功能年老减退的主要原因。认知加工速度减慢对认知加工可能造成的影响包括：对信息的编码较浅和组织程度较低；对信息提取的时间延长；因建立新、旧信息关联的速度减慢而造成理解困难；依赖于早期深层加工的进行。

②工作记忆理论认为，工作记忆的下降是导致认知功能年老减退的一个主要原因。巴德利将工作记忆系统划分为四个成分，包括一个中央执行器和三个存储子系统——语音环路、视觉空间模板和情景缓冲器。工作记忆是年龄与认知变量之间的另一个主

要的中介因子，在认知老化过程中可能起一种重要作用；而工作记忆的年老减退主要是由中央执行功能减退引起的。

③**抑制功能理论**认为，有效的加工不但需要激活与当前任务相关的信息，更需要同时抑制与当前任务无关的信息。老年人认知功能的减退往往是因为不能有效地抑制无关信息。

（2）**感觉功能理论**。

感觉功能理论把认知老化归因于老年人的各种感觉器官的功能衰退。

（3）**执行功能减退假说**。

执行功能负责对认知操作进行协调和控制，对认知活动的影响广泛。近年来神经生物学的研究表明，额叶（尤其是前额叶）是老化最敏感的一个脑区，并且发现认知功能的年老减退与额叶皮层功能或执行功能的减退关系密切。

🦷 第五章　语言获得

简述婴儿的语言发展理论。

（1）**习得论（经验论、后天论）**。

该理论认为，语言是后天习得的，强调家庭和社会环境对语言发展的重要作用。

①**强化说**认为，语言的习得是通过条件反射实现的，强化是学习语言的必要条件，强化程序是渐进的。语言发展表现为儿童习得的口头反应增加。（以斯金纳为代表）

②**模仿说**认为，儿童是通过观察、模仿来学习语言的。（以班杜拉为代表）

（2）**先天论**。

该理论认为，语言能力是人类与生俱来的。

①**乔姆斯基提出的先天语言能力说**认为，语言是普遍语法能力（知识）的表现，语言获得过程就是由深层语义向表层语义、由普遍语法向个别语法转换的过程，这个转换是通过语言获得装置实现的。儿童获得的是一套支配语言行为的特定的规则系统，因而能产生和理解无限多的新句子，表现出很大的创造性。

②**自然成熟说**认为，生物遗传是人类获得语言的决定性因素。语言获得是大脑机能成熟的产物，最容易获得语言的时期是从出生到青春期。

（3）**相互作用论**。

该理论认为，语言发展是生理成熟、认知发展与不断变化的语言环境之间进行复

杂的相互作用的结果。（以皮亚杰为代表）

①**认知相互作用论**认为，语言是儿童许多符号功能的一种，认知结构是语言发展的基础，语言结构随着认知结构的发展而发展，个体的认知结构和认知能力的发展源于主体和客体的相互作用。

②**社会相互作用论**强调儿童与同伴或成人的交往在语言获得中的作用。

第六章　社会性发展

1. 结合发展心理学知识，分析婴儿最初的情绪的特点。

（1）**最初的情绪反应。**

伊扎德认为，人的原始情绪有五种，即惊奇、伤心、厌恶、最初步的微笑和兴趣。我国心理学家孟昭兰指出，新生儿已具有兴趣、痛苦、厌恶和微笑四种表情。

（2）**婴儿情绪的社会化。**

①**微笑的发展：**内源性微笑（0～5周）；无选择的社会性微笑（5周～3.5个月）；有差别、有选择的社会性微笑（从3.5个月尤其从4个月开始）。3～4个月时，婴儿出现愤怒、悲伤。约1.5岁时，个体出现与自我意识相关的情绪，如羞愧、骄傲等。（客体我的出现是自我意识发展的第一次飞跃）

②**陌生人焦虑：**一般在婴儿6～8个月时发生。有研究者认为，陌生人焦虑是因为婴儿在头脑中建立了母亲的表象，把陌生人的表象与母亲的表象进行比较，敏锐地觉察到二者的区别而产生的。还有研究者认为，婴儿是否产生陌生人焦虑与婴儿能否对当时的情境做出某些反应有关。

③**分离焦虑：**婴儿与某个人产生了亲密的情感联结以后，又要与之分离，就会表现出伤心或痛苦，并拒绝分离。分离焦虑在婴儿6～7个月时产生。

④**情绪的社会性参照：**当婴儿处于陌生的、不确定的情境中时，他们往往从成人的面孔上搜索表情信息，然后决定自己的行动。婴儿情绪的社会性参照包括四个水平：水平1，无面部知觉；水平2，不具备情绪理解的面部知觉；水平3，对表情意义的情绪反应；水平4，在因果关系参照中运用表情信号。

2. 简述游戏的种类。

（1）**按游戏的目的性划分。**

①**创造性游戏：**包括角色游戏、建筑性游戏、表演游戏等，是儿童独自想出来的

游戏，有利于发展儿童的主动性和创造性。

②**教学游戏**：结合一定的教育目的而编制的游戏。

③**活动性游戏**：能发展儿童体力的游戏。

（2）皮亚杰按儿童的认知发展阶段划分。

①**练习性游戏**：由简单的、重复的动作构成的游戏。

②**象征性游戏（建筑性游戏、假装游戏）**：出现在 2 岁以后，主要特征是假装，包括以物代替物、以动作代替动作、角色扮演等。

③**有规则游戏（结构性游戏）**：儿童按照一定的计划或目的来组织物体或游戏材料，使之呈现出一定的形式或结构的活动。

（3）帕腾按社会化程度划分。

①**无所用心的行为**：儿童年龄小，行为没有目的性，往往表现出无所事事、独自发呆、东游西逛、不参加游戏等行为，主要花费时间于自发行为、无休止的随机活动中。

②**旁观者行为**：儿童几乎自始至终都在近处观察同伴的活动，听他们谈话或向游戏的参加者提出问题和建议。

③**单独游戏**：儿童自己一个人玩，没有接近其他儿童的意图。

④**平行游戏**：几个儿童在一起玩相似的玩具，但彼此之间的游戏是独立的，没有真正的交往与合作。

⑤**联合游戏**：几个儿童共同进行一个游戏，进行游戏时，儿童之间有言语交流，但没有角色分工，也不受任何总目标制约。

⑥**合作游戏**：一组儿童有组织地进行游戏，有一定的目的，为达到该目的，儿童协调彼此间的行为。

3．简述婴儿早期的同伴交往的发展阶段。

（1）婴儿早期同伴交往的三个发展阶段。

① **"以客体为中心"阶段**。6～8 个月的婴儿通常互不理睬，只有极短暂的接触。

② **"简单交往"阶段**。婴儿的行为有了应答的性质。研究者提出了"社交指向行为"的概念，即婴儿意在指向同伴的各种具体行为，婴儿在做出这些行为时，总是伴随着对同伴的注意，也总能得到同伴的反应。

③ **"互补性交往"阶段**。婴儿之间相互影响的持续时间更长，其内容和形式也更为复杂。

（2）心理学家缪勒和范德从**社会技能发展**的角度，把婴儿早期的同伴交往划分为四个阶段：①**简单社交行为**；②**社会性相互影响**；③**同伴游戏**；④**早期友谊**。

4．简述皮亚杰基于对偶故事法的研究提出的道德认知发展理论。

皮亚杰使用对偶故事法对儿童道德认知的发展进行了研究。对偶故事的基本结构：故事 A——主人公的无意行为，造成较大的损失；故事 B——主人公的有意行为，造成较小的损失。在儿童听完故事后，实验者会让儿童判断哪个故事中的主人公的过失更严重。皮亚杰的研究设计的主要课题是客观责任和惩罚问题。据此，他将儿童的道德认知发展分为以下三个阶段：

阶段一：前道德阶段（2～4岁）。由于认识的局限，儿童的行为多与本能需要的满足有关。儿童还不理解、不重视成人或周围环境对他们的要求，在游戏时，规则或成人的要求对他们还没有约束力，他们只按照自己的意愿去执行游戏规则。

阶段二：他律道德阶段（5～7岁）。儿童认为应该尊重权威和年长者的命令。一方面，他们绝对遵从成人、权威者的命令；另一方面，他们也服从周围环境对他们所制定的规则或提出的要求。

阶段三：自律或合作道德阶段（8～11岁）。儿童的思维已达到具有可逆性的具体运算思维，有了自律的萌芽，公正感不再以"服从"为特征，而以"平等"的观念为主要特征。儿童意识到准则是一种保证共同利益的、契约性的、自愿接受的行为准则，并表现出合作互惠的精神。他们开始以动机作为道德判断的依据，认为公平的行为都是好的。关于惩罚，他们认为只有回报的惩罚才是合理的。

5．同伴关系对幼儿心理发展有什么作用？小学儿童的同伴关系有怎样的发展？

（1）同伴关系对幼儿心理发展的作用：第一，同伴可以满足儿童归属和爱的需要以及尊重的需要。第二，同伴交往为儿童提供了学习的机会。第三，同伴是儿童特殊的信息渠道和参照框架。第四，同伴是儿童得到情感支持的一个来源。

（2）小学儿童的同伴关系的发展：在这一时期，随着运动能力和交流技能的发展，儿童的社会领域比婴儿期扩大了许多。儿童能够更好地表达自己的想法、理解他人的想法，并可以对不同的社会对象采取不同的行为，从而形成不同的同伴关系。

6．小学儿童的同伴交往有哪些基本特点？同伴团体又有哪些特点？

（1）小学儿童的同伴交往的基本特点：①与同伴交往的时间更多，交往形式更复杂；②在同伴交往中传递信息的技能增强；③更善于利用各种信息来决定自己对他人所采取的行动；④更善于协调与其他儿童的活动；⑤开始形成同伴团体。

（2）**同伴团体的特点**：①在一定规则的基础上相互交往；②具有明确或暗含的行为标准；③限制了成员的归属感；④发展了使成员朝向完成共同目标而一起工作的组织。

7．简述小学儿童的观点采择能力的发展阶段。

观点采择能力是指采取他人的观点来理解他人的思想与情感的一种认知技能。儿童在7岁时已经克服思维上的自我中心性，因此，观点采择能力在童年期有明显发展。

（1）弗拉维尔认为，儿童的观点采择能力的发展模式是：**存在阶段—需要阶段—推断阶段—应用阶段**。

（2）塞尔曼的两难故事法研究表明，观点采择能力的发展存在以下阶段：

阶段0：自我中心的或无差别的观点（3～6岁），个体不能认识到他人的观点与自己不同。

阶段1：社会－信息角色采择（6～8岁），个体开始意识到他人有不同的观点，但不能理解产生这种差异的原因。

阶段2：自我反省角色采择（8～10岁），个体能考虑他人的观点，并预期他人的行为，但还不能同时考虑自己和他人的观点。

阶段3：相互角色采择（10～12岁），个体能同时考虑自己和他人的观点。

阶段4：社会和习俗系统的角色替换（12～15岁），个体开始运用社会系统和信息来分析、比较、评价自己和他人的观点。

8．小学儿童的友谊发展有哪些阶段？

塞尔曼提出了儿童友谊发展的五个阶段：

第一阶段（3～7岁），无友谊概念阶段。这个阶段的儿童还没有形成友谊的概念，儿童间的关系只是短暂的游戏同伴关系。对这个阶段的儿童来说，朋友往往与实利、物质属性以及邻近性相关联。他们认为朋友就是与自己一起玩的人、与自己住在一起的人。

第二阶段（4～9岁），单向帮助阶段。这个阶段的儿童要求朋友能够服从自己的愿望和要求。顺从自己就是朋友，否则就不是朋友。

第三阶段（6～12岁），双向帮助，但不能共患难的合作阶段。这个阶段的儿童对友谊的交互性有了一定的了解，但仍具有明显的功利性。

第四阶段（9～15岁），亲密的共享阶段。这个阶段的友谊具有强烈的排他性和独占性。儿童发展了朋友的概念，认为朋友之间是可以相互分享的，友谊是随时间的推移而逐渐形成和发展起来的，朋友之间应相互信任和忠诚，同甘共苦。他们开始从品质方面来描述朋友，认为自己与朋友的共同兴趣是友谊的基础。儿童的友谊开始具有一定的稳定性。朋友之间可以倾诉秘密，讨论、制订计划，互相帮助，解决问题。

第五阶段（12岁以后），友谊发展的最高阶段。它以双方互相提供心理支持和精神力量，互相获得自我的身份为特征。由于择友更加严格，建立起来的朋友关系持续时间都比较长。

9．青少年的自我意识有哪些基本特点？青少年的自我意识的发展包括哪几个方面？

（1）青少年的自我意识的基本特点。

伴随成人感的出现，青少年更加渴望加入成人世界，希望他人将其当作成人看待，并力争享有与成人同等的权利。青春期自我意识高涨的一个表现是青少年的内心世界越发丰富，他们在日常生活中将很多心智用于内省。另一个表现是个体个性上的主观偏执性：一方面，他们总认为自己正确，听不进别人的建议；另一方面，他们又感到别人似乎总在用挑剔的态度对待他们。

青年早期的自我意识的特点体现在许多方面，祝蓓里将其总结为六点：第一，自我意识中独立意向的发展。第二，自我意识成分的分化。青少年关注自己的内心活动，在心理上把自我分成了"理想自我"和"现实自我"两部分。第三，强烈地关心自己的个性成长。第四，自我评价的成熟。第五，有较强的自尊心。第六，道德意识高度发展。

（2）青少年的自我意识的发展。

①**自我概念**。自我概念主要指一个人对自身的连续性、同一性的认识，这个认识包括三个相互联系的成分：认识成分 —— 对自身品质和特质的了解和认识；情感成分 —— 对自身品质的评价及与此相关联的自尊体验；品行成分 —— 从上述两个成分中派生出来的对自身行为的实际态度。与早期个体的自我概念相比，有以下特点：更加抽象；有正负性的转变；更加具有整合性和组织性；结构更加分化。

②**自我评价**。自我评价是指与个体认识能力发展相关的一种自我意识的表现，是一种包含社会行为准则的知识和主观经验的复杂心理与行为。自我评价能力的增长及对自我分析要求的提高，不仅是青少年个性高度发展的重要标志，也是有目的地进行自我教育的前提。

10．请说明青少年的反社会行为和反抗心理的表现及产生原因。

（1）反社会行为。

反社会行为是和亲社会行为相对的社会行为，是侵犯行为发展到青少年期的高级别体现。其原因在于青少年期的冲动和这一时期的个体已经具备的一定能力。据国外研究表明，13~14岁的青少年的犯罪率最高。

Dodge的社会信息加工模型认为，个体对沮丧、愤怒、挑衅的反应并不过多依赖于出现在情境中的社会线索，而是取决于个体对社会线索的加工和解释。

Patterson的高压家庭环境理论认为，高度反社会的青少年往往经历高压的家庭环境。

（2）反抗心理。

反抗心理是青少年普遍存在的一种个性心理特征。这种特征主要表现为对一切外在力量予以排斥的意识和行为倾向。反抗心理产生的原因有自我意识的突然高涨、中枢神经系统的兴奋性过强和独立意识增强。在个体发展过程中，第一个反抗期在2~4岁（幼儿期），这时的反抗主要指向身体方面；第二个反抗期则在初中阶段（青春期），这时的反抗主要针对某些心理内容。这两个反抗期与自我意识的两个飞跃期基本重叠。

11．试述不同学者对婴儿的气质类型的划分。

（1）托马斯和切斯的三类型说。

托马斯和切斯按照气质九维度标准，将婴儿的气质类型划分为以下三种：

①**容易型：**这类婴儿心境愉快，生活有规律，容易接受新事物，活动水平中等。容易型婴儿令他们的父母有成就感，父母更多地给孩子积极的反馈。

②**困难型：**这类婴儿的心境常常是烦躁不安的，生活没有规律，非常害怕和排斥新事物，反应常常是过度的。困难型婴儿令他们的父母感到疲劳、沮丧和不自信，父母更多地回避孩子。

③**迟缓型：**这类婴儿的心境倾向于烦躁，面对新事物先是退缩或抗拒，但慢慢能适应新事物，活动水平较低。迟缓型婴儿引起的父母的反应是比较混合的。

部分婴儿属于混合型。一个婴儿的气质特点完全与某种气质类型吻合的情况是比较少的，常常是在一些主要的方面符合某种气质类型，同时又具有其他气质类型的一些特点。

（2）布雷泽尔顿的三类型学说。

①**活泼型：**这类婴儿是"连哭带斗"地来到人世的。他们不像一般婴儿那样要靠

外力的帮助才哭，他们等不及任何外界刺激就开始呼吸和哭喊。护士给他们穿衣服时，他们大喊大叫，脚挺直或用脚踢，用手推开护士。他们睡醒后立即就哭，从深睡到大哭之间似乎没有较长的过渡阶段。每次喂奶对母亲来说都是一场战斗。

②**安静型：**这类婴儿从出生起就不活跃，出生后就安安静静地躺在小床上，很少哭，动作柔和、缓慢，眼睛睁得大大的，四处环视。他们第一次洗澡时只是睁大眼睛、皱皱眉，没有惊跳，也不哭，甚至连打针时也较安静。

③**一般型：**这类婴儿介于前两类之间。大多数婴儿都属于这一类。

布雷泽尔顿指出，活泼型婴儿和安静型婴儿的父母常常忧虑自己孩子的身心是否正常，其实这是没有必要的，婴儿的气质是各不相同的，但这些婴儿都是正常的。

（3）巴斯的活动特性说。

①**活动性：**这类婴儿总是忙于探索外在世界和做一些大肌肉运动，乐于并经常从事一些运动性游戏。其中，有些婴儿会显得很霸道，经常与人争吵；而有些婴儿则常从事一些有益而富有刺激性、启发性，但不带攻击性的活动。活动性婴儿比其他类型的婴儿更易引起与他人的冲突，导致成人对其采取限制、干预或强制性行为。巴斯认为，活动性婴儿在儿童期表现为坐不住、爱活动，而到青年期则表现为精力充沛、活动能力强、有事业心、竞争心强等。

②**冲动性：**这类婴儿的突出表现为在各种场合或活动中极易冲动，情绪、行为缺乏控制，行为反应的产生、转换和消失都很快。冲动性婴儿的活动、情绪都不稳定且多变化，冲动性强。

③**情绪性：**这类婴儿常通过行为或心理、生理变化而表现出悲伤、恐惧或愤怒的反应。与其他类型的婴儿相比，他们可能对更细微的厌恶性刺激做出反应并且不易被安抚。他们的恐惧水平和愤怒水平之间存在负相关。其中，有一部分婴儿的主导情绪也许是恐惧，并伴随一般的唤起水平或悲伤水平；而另一部分婴儿的主导情绪也许是愤怒，同时伴随较少的恐惧和悲伤。

④**社交性：**这类婴儿常愿意与不同的人接触，不愿独处，在社会交往中反应积极，在追求家庭成员或不相关人员的接纳上都同样积极。但是，他们这种强烈的社交要求常会受到挫折或伤害，有时甚至被当成神经过敏而遭拒绝。

（4）卡根的抑制 – 非抑制说。

卡根经过长期的追踪研究后认为，在婴儿期气质特质中只有"抑制—非抑制"这一项内容可以一直保持到青春期以后而不变。这表明"抑制—非抑制"才有可能是划分婴儿气质的真正的、实质性的内容，才有可能是划分婴儿气质类型的可靠标准。据此，卡根把婴儿划分为两种气质类型，即抑制型和非抑制型。抑制型婴儿的主要特征是拘束克制、谨慎小心、温和谦让；而非抑制型婴儿则相反，他们无拘无束、自由自在、精力旺盛。婴儿的这些不同的行为反应主要并集中地体现在他们对"不确定性"的反应中。

（5）传统体液说：多血质、胆汁质、黏液质、抑郁质。

（6）巴甫洛夫的高级神经活动类型说：强、不平衡型（兴奋型、胆汁质）；强、平衡、灵活型（活泼型、多血质）；强、平衡、不灵活型（安静型、黏液质）；弱型（抑制型、抑郁质）。

12．论述婴儿依恋的发展阶段、类型和影响因素。

（1）依恋的概念。

依恋是婴儿与主要抚养者（通常是母亲）之间最初的社会性联结，也是情感社会化的重要标志。婴儿是否同母亲形成依恋及依恋性质如何，直接影响婴儿的情绪情感、社会性行为、性格特征和对人际交往的基本态度。

（2）依恋的发展阶段。

鲍尔比、艾斯沃斯等人将婴儿依恋的发展分为四个阶段：

第一阶段：无差别的社会反应阶段（0~3个月）。此阶段的婴儿对人的反应的最大特点是不加区分、无差别。

第二阶段：有差别的社会反应阶段（3~6个月）。此阶段的婴儿对母亲、熟悉的人、陌生人的反应有了区别和选择，对母亲更为偏爱，但还不怯生。

第三阶段：特殊的情感联结阶段（6个月~2岁）。此阶段的婴儿出现了对母亲的依恋，形成了专门的对母亲的情感联结，同时出现"陌生人焦虑"。

第四阶段：目标调整的伙伴关系阶段（2岁以后）。此阶段的婴儿能认识并理解母亲的情感、需要、愿望，知道她爱自己，不会抛弃自己，交往时应考虑她的需要和兴趣，据此调整自己的情绪和行为反应。这时婴儿把母亲作为一个交往伙伴。

（3）依恋的类型。

艾斯沃斯等人通过陌生情境法，根据婴儿在陌生情境中的不同反应，认为婴儿依恋存在三种类型：

①**安全型依恋：**这类婴儿与母亲在一起时，能安逸地操作玩具，并不总是依偎在母亲身旁，只是偶尔需要靠近或接触母亲，更多的是用眼睛看母亲、对母亲微笑或与

母亲有距离地交谈。

②**回避型依恋：**这类婴儿对母亲在不在场都无所谓，对母亲没有依恋。

③**反抗型依恋：**又称矛盾型依恋，这类婴儿在母亲要离开前就显得很警惕。当母亲离开时，他们表现出非常苦恼、极度反抗，任何一次短暂的分离都会引起其大喊大叫；当母亲回来时，他们对母亲的态度是矛盾的，既寻求与母亲的接触，又反抗与母亲的接触。

（4）**影响依恋的因素：早期的观点认为，婴儿的依恋是由母亲的喂食引起的。**

①抚养质量，即主要抚养者的敏感性和反应性。

②婴儿的特点，如外貌、健康状况和气质等。

③文化因素。

13．论述游戏对儿童心理发展的影响。

（1）**早期的游戏理论。**

①**霍尔的复演说：**游戏是远古时代人类祖先的生活特征在儿童身上的重演。

②**席勒和斯宾塞的精力过剩说：**游戏是儿童借以发泄体内过剩精力的一种方式。

③**彪勒夫妇的机能快乐说：**游戏是儿童从行动中获得机体愉快的手段。

④**格罗斯的生活准备说：**游戏是儿童对未来生活的无意识准备，是一种本能的练习活动。

⑤**拉扎勒斯和帕特里克的娱乐放松说：**游戏来自放松的需要。

⑥**博伊千介克的成熟说：**游戏不是本能，而是一般欲望的表现。

⑦**帕特里克的能量匮乏论：**游戏的作用是在儿童为完成新任务而消耗能量的情况下为儿童补充能量。

（2）**当代的游戏理论。**

①**精神分析理论：**弗洛伊德认为，游戏是补偿现实生活中不能满足的愿望和克服创伤性事件的手段；埃里克森认为，游戏是思想与情感的一种健康的发泄方式，是自我的机能。

②**认知理论：**皮亚杰认为，游戏是儿童认识新的复杂客体和事件的方法，是巩固和扩大概念、技能的方法，是使思维和行为结合起来的手段。儿童在游戏时并不发展新的认知结构，而是努力使自己的经验适合于先前存在的结构。

③**学习理论：**桑代克认为，游戏是一种学习行为，遵循效果律和练习律，受到社会文化和教育要求的影响。各种文化和亚文化对不同类型的行为的重视和奖励，其差

别反映在生活于不同文化社会中的儿童的游戏中。

④其他理论：中国心理学家认为，游戏是适合幼儿特点的一种独特的活动形式，也是促进幼儿心理发展的一种最好的活动形式。首先，游戏具有社会性，是人的社会活动的一种初级模拟形式，反映了儿童周围的社会生活。其次，游戏是想象与现实生活的一种独特结合，而不是社会生活简单的翻版。再次，游戏是儿童主动参与的、伴有愉快体验的活动，既不像劳动那样要求创造财富，又不像学习那样具有强制的义务性，因而深受儿童喜爱。最后，儿童在游戏中学习，在游戏中成长。在游戏过程中，儿童既可以体验到开放、自由、宽松的心理环境，又可以发展适应生活和解决问题的能力。

14．从心理学视角论述校园霸凌的产生原因、影响因素及管理策略。

校园霸凌又称侵犯行为，是针对他人的敌视、伤害或破坏性行为，可以是对他人身体的侵犯、言语的侵犯，也可以是对他人权利的侵犯。侵犯行为可以分为工具性侵犯和敌意性侵犯。

（1）侵犯行为的理论。

①精神分析理论：人生来具有的死本能，是敌意、攻击性冲动产生的根源。

②生态学理论：人有基本的侵犯本能。

③挫折－侵犯理论：新行为主义者把侵犯行为作为挫折的结果，侵犯行为可以减轻挫折的痛苦。

④社会学习理论：侵犯行为是通过直接强化或观察学习习得的。

⑤社会信息加工理论强调认知在侵犯行为中的作用，认为一个人对挫折或明显的挑衅的反应并不过多地依赖于实际呈现的社会线索，而是取决于他怎样加工和解释这一信息。

（2）影响侵犯行为的社会因素。

①儿童的侵犯行为倾向部分取决于他所生活的文化或亚文化的鼓励和宽容。放任型的父母不约束儿童的侵犯行为，实际上使得这种行为合法化，同时没有为儿童提供控制侵犯冲动的机会。

②家庭的情绪氛围影响儿童的侵犯倾向。

③大众传播媒介的暴力内容给儿童提供了侵犯榜样，减弱了儿童对侵犯行为的控制。

（3）侵犯行为的管理策略。

①消除对侵犯行为的奖赏和关注；②榜样和认知训练策略；③移情训练；④创造

减少冲突的环境。

15．从心理学视角论述亲社会行为的产生原因、发展和培养方法。

亲社会行为是指任何符合社会期望而对他人、群体或社会有益的行为及趋向，又称"向社会行为""利他行为"，可分为自主的利他行为（出于对他人的关心）和规范的利他行为（期待个人报酬或避免惩罚）。

（1）亲社会行为的理论。

①社会生物学观点：用"族内适宜性"解释利他行为的进化，即种族的繁衍需要牺牲个体以换取族内适宜性。

②弗洛伊德的观点：亲社会行为发展的必要条件是良好的亲子关系，认同起重要作用。

③社会学习理论：人们往往重复被强化的行为，而避免重复付出代价和受到惩罚的行为。

④认知发展理论：随着智力的发展，儿童获得了重要的认知技能，这将影响他们对亲社会问题的推理和行为的动机。

⑤社会规范理论：社会规范是个体社会行为的价值标准，对人的亲社会行为有引导作用。

（2）亲社会行为的发展。

①亲社会行为在幼儿期逐渐增加，6～12岁时增加显著。亲社会行为具有稳定性。

②产生年龄差异的原因可能与儿童的社会信息加工能力的增长（如设身处地考虑对方）、社会责任感及提供亲社会行为的能力的提高和知识的增加有关。

（3）亲社会行为的培养方法。

①角色扮演训练；②行为强化训练；③自我概念训练；④榜样示范；⑤创造良好的社会氛围。

16．论述青少年的自我同一性发展的四种状态，并说明影响自我同一性形成的因素。

自我同一性是埃里克森提出来的，是指个体在特定环境中的自我整合与适应之感，是个体寻求内在一致性和连续性的能力，是对"我是谁""我将来的发展方向""我如何适应社会"等问题的主观感受和意识。

（1）自我同一性发展的四种状态。

马西娅按照危机和自我投入两个维度，将自我同一性发展划分为四种主要方式：

①同一性弥散（无危机、无投入）：也称同一性混乱。此类青少年既没有经历同一性危机，也没有进行各种生活上的尝试与选择，他们对自己的未来尚没有明确的个人

打算。

②**同一性封闭（有投入、无危机）**：此类青少年在没有出现同一性困惑的情况下对自己的生活做出了个人选择。但他们的人生选择常常由权威性的父母做出，而不是通过自己探索获得的。

③**同一性延迟（有危机、无投入）**：此类青少年处于同一性危机之中，他们的选择尚未做出或界定十分模糊。

④**同一性获得（有投入、有危机）**：此类青少年在经历同一性危机后做出了个人的选择。

（2）影响自我同一性形成的因素。

①认知发展水平对青少年的自我同一性的形成具有一定的影响，那些对形式运算思维掌握牢固并且以复杂和抽象的方式思考的青少年比那些认知不那么成熟的青少年更有可能提出和解决同一性问题。

②与父母关系的远近以及父母的教养方式会影响青少年的自我同一性的形成。

③和同伴群体的相处以及友谊的建立对青少年的自我同一性的形成有重要作用。

④学校、社会以及更广泛的文化背景会对青少年自我同一性的形成及发展产生影响。

第七章　性别发展

关于儿童性别角色社会化的形成有哪些理论解释？

（1）社会生物学理论：强调两性间发生学和荷尔蒙的差异在儿童性别化中的决定作用，认为儿童的性别决定了父母或其他人怎样对儿童实施性别化的教育。

（2）精神分析理论：性别化是儿童对同性别父母产生认同的结果之一。

（3）社会学习理论：儿童获得性别化态度和行为的两种机制是直接训练与观察学习；儿童之所以表现出与其性别相一致的行为，主要原因是他人强化了他们的此类行为，形成了基本的性别认同。

（4）认知理论：儿童性别角色的发展部分依赖于儿童的认知发展。

（5）性别图式理论：儿童会建构一种自我性别图式，并根据自我性别图式评价信息以及环境刺激等对自己是否合适。

🎓 第八章　道德发展

试述科尔伯格的道德推理阶段理论并做出评价。

（1）科尔伯格的道德推理阶段理论。

科尔伯格以两难故事实验为基础，提出了道德发展的三水平六阶段理论。每个阶段都有不同的做出道德判断的基础。道德推理的最低水平以自我的利益为基础，最高的层次则围绕社会利益。

①**前习俗水平（4～10岁）。**儿童处于外在控制时期，服从得到奖赏、逃避惩罚的道德原则。这一时期又分为两个阶段：

阶段一：惩罚与服从定向阶段。儿童专注于行为的结果，遵从他人的规则以避免惩罚、得到奖赏。

阶段二：相对功利阶段。儿童开始基于自己的利益和他人将给予的回报来考虑服从原则，以被满足的程度来评价行为。

②**习俗水平（10～13岁）。**儿童将权威的标准加以内化，服从法则以取悦他人或维持秩序。这一时期又分为两个阶段：

阶段三：寻求认可阶段（"好孩子"定向阶段）。儿童希望取悦他人、帮助他人，会根据行为的动机、行为者的特点以及当前情境评估行为。

阶段四：顺从权威阶段（维护权威和社会秩序阶段）。儿童开始考虑到社会体系、良心以及自己的责任，显示出对较高权威的尊重，并力图维持社会秩序。

③**后习俗水平（13岁以后）。**道德观完全内化，儿童认识到道德原则之间的冲突以及如何从中进行选择。这一时期又分为两个阶段：

阶段五：法制观念阶段（社会契约定向阶段）。儿童以理性方式思考，重视多数人的意愿和社会福利，认为依法行事是最好的行为方式。

阶段六：价值观念阶段（普遍的伦理原则阶段）。儿童依据自己内在的标准行事，行为受到自我良心的约束。

有四个原则制约着科尔伯格的阶段模型：第一，个体在某个时间只能处于某一个阶段；第二，每个人都以相同的顺序经历每个阶段；第三，每个阶段都比前一个阶段更为全面、复杂；第四，每个文化中都有相同的阶段。

科尔伯格认为，并不是每个人都会经历所有这些发展时期，事实上，有些人直到成年也没有超越寻求认可阶段或顺从权威阶段。

（2）评价。

在科尔伯格的理论中，后面的阶段没有认识到成人道德判断可以反映不同的但同样道德的原则。吉丽根指出，科尔伯格最初的工作仅仅出自对男孩的观察。她认为，这种研究方法忽略了男性和女性在习惯性道德判断上可能存在的差异。吉丽根认为，女性的道德判断以"爱护他人"为基础，逐渐过渡到自我实现阶段；而男性的道德判断以"公正"为基础。因此，吉丽根的理论扩展了科尔伯格的看法，考虑到了更为广泛的、与童年期以后的道德判断有关的因素。

跨文化比较向这样的研究提出了一系列的批评：文化之间的比较表明，即使是仅对与道德判断有关的情形做出普遍性的说法也是不可能的。因为不同的文化对什么样的情形和行为是道德的或不道德的有着不同的标准。

实验
心理学

背诵打卡表

章节	一轮打卡	耗时／min	二轮打卡	耗时／min	三轮打卡	耗时／min	背诵要求
实验心理学概述	☐		☐		☐		答题逻辑和要点要记熟，细枝末节需要理解记忆
心理学实验的变量与设计	☐		☐		☐		
反应时法	☐		☐		☐		
心理物理学方法	☐		☐		☐		
主要的心理学实验	☐		☐		☐		

第一章 实验心理学概述

简述以人为被试的研究的基本原则及注意事项。

（1）**基本原则**。

①**对人的尊重**：个人应被视为一个有自主权利的个体。

②**有益性**：研究不仅应避免被试在研究中受到伤害，而且应尽力使被试从研究中受益。

③**公正**：研究者应平等地对待被试，对不同团体的被试，实验的风险和受益是无偏向的。

（2）**注意事项**。

①保障被试的知情同意权。

②保障被试有随时退出研究的自由。

③为被试提供免遭伤害的保护和信息咨询，消除有害后果。

④保护个人隐私。

⑤其他方面：以礼对待被试，营造一个轻松的实验环境和氛围，等等。

第二章 心理学实验的变量与设计

1. 操纵自变量的步骤有哪些？

自变量是指实验者所操纵的，对被试反应产生影响的变量。操纵自变量的步骤如下：

（1）**对自变量下操作定义**：在心理学中，对一个心理现象根据测定它的程序下的定义就叫作操作定义。采用明确、统一、可以量化的术语对自变量进行严格的规定，这就是对自变量下操作定义的过程。操作定义要能够敏感地反映出自变量的变化，能够真正揭示自变量的内在本质。在实验中规定操作定义的好处有三点：①可以使研究者的思考具体而清晰；②可以增加科学研究者之间沟通的正确性；③可减少一门学科所用概念或变量的数目。

（2）**确定自变量的各个水平**：自变量的水平是指自变量的一个取值（或操纵结果），取几个值就意味着自变量有几个水平。确定自变量的水平包括确定数量、间距和范围。因素型实验的自变量一般不超过 4 个水平，并应尽量使自变量的变化范围（全距）较大，且各个水平在全距上平均分布。函数型实验的自变量的水平可以多一些，可以取 3 ~ 5 个水平。

（3）校准测量自变量的仪器：这是获得可靠数据的保证。

（4）控制刺激的呈现方式：包括控制刺激的呈现时间、时间间隔、呈现顺序、空间方位等。

2．如何控制因变量？

（1）反应控制。

反应控制的目的是让反应确实发生在主试感兴趣的因变量维度上。以人为被试的实验中，主试往往用指导语来控制被试的反应。指导语是心理学实验中主试给被试交代任务时说的话。规范的指导语应该符合以下要求：内容确定、完全、简单明确、标准化。

（2）选择恰当的因变量指标。

因变量的控制依赖于明确的操作定义。一个恰当的因变量指标必须满足以下标准：①有效性，即指标充分代表当时的现象或过程的程度，也称效度。②可信度，即对同一被试重复观测的结果应是相同或相近的，也称信度。③客观性，即指标是客观存在的，可以通过一定的方法观察到。④数量化，即指标能够数量化，便于记录与统计，并且量化的指标可以进行比较。

（3）避免量程限制。

量程限制是指因反应指标的量程不够大，反应停留在指标量表的最顶端（天花板效应）或最底端（地板效应），从而使指标的有效性遭受损失的现象。天花板效应和地板效应也被称为量表衰减效应。

避免量程限制的方法：①尝试通过实验设计来避免出现极端的反应；②进行预实验。

3．试述多因素实验设计。

多因素实验设计是指在一个实验中包含两个或两个以上自变量的实验设计。

多因素实验设计的优点：（1）效率高；（2）实验控制较好，与进行两个或多个实验相比，做一个实验时，某些控制变量更易于控制和保持恒定；（3）在几个自变量同时并存的情形下所概括的实验结果比从几个单独的实验中所概括的结果更有价值，更接近实际生活；（4）可以获得交互作用。

多因素实验设计可以考察实验的主效应、交互作用以及简单效应。主效应是指由每个自变量单独引起的因变量的变化；交互作用是指当一个自变量对因变量的影响大小因其他自变量的水平的不同而有所不同的效应；简单效应是指一个自变量的各个水平在另一个自变量的某个水平上的效应。

4．请对区组设计做出评价。

区组是指在同一实验组或控制组中的被试通过"匹配"按不同特质水平分成的小组。

（1）**意义**：实验中的个体差异会带来因变量测量数据的变异，当这些变异无法从残差中分离出来时，方差分析的敏感性就会大大降低，自变量的效应也难以显现出来。区组设计可将个体差异带来的数据变异从残差中分离出来，提高方差分析的敏感性。此外，研究者还可以将其他对因变量有影响的，但不是我们所要研究的因素作为区组变量，如测试时间、测试地点、不同的施测者等。

（2）**优点**：考虑到了个体差异等无关变量对实验结果的影响，并在统计分析时将这种影响从组内误差中分离出来，提高了方差分析的敏感性，节省了大量被试，省时、省力。

（3）**缺点**：划分区组存在一定困难。

5．什么是内部效度？影响内部效度的因素有哪些？

（1）**含义**：内部效度是指实验中的自变量与因变量之间的因果关系的明确程度。如果确实是自变量而不是其他因素引起了因变量的变化，那么这个实验就具有较高的内部效度。因此，内部效度与无关变量的控制有关。

（2）**影响因素**：①**历史**，指在实验过程中，与实验变量同时发生，并对实验结果产生影响的特定事件。②**被试的选择与分配**。由于没有采用随机化的方法选择和分配被试，各组在接受实验处理之前就存在差异。③**成熟**。随着时间的推移，被试的内部历程发生了改变，从而影响了实验结果的真实性。④**测验经验的增长**。前测可能会对实验结果产生影响。⑤**测量工具的稳定性**。⑥**统计回归**。在取样时，选取某些特质位于两极端的被试，接受实验处理后，分数高的一组的测验分数降低，分数低的一组的测验分数升高，即两组被试的测验分数向均值回归的现象。⑦**被试流失**。⑧**选择与成熟之间的交互作用**。⑨**实验者效应、要求特征**。⑩**疲劳**。⑪**上述诸多因素的交互作用**等。

6．影响外部效度的因素有哪些？请介绍内部效度和外部效度的关系。

（1）**含义**：外部效度是指实验结果能够普遍推论到样本的总体和其他同类现象中去的程度，即实验结果的普遍代表性和适用性，也称生态效度。

（2）**影响因素**：①实验环境的人为性；②被试样本缺乏代表性；③测量工具的局限性。

（3）**内部效度与外部效度的关系**：实验的内部效度和外部效度是相互联系、相互影响的。提高实验的内部效度的措施可能会降低其外部效度，而提高实验的外部效度的措施又可能会降低其内部效度。一般而言，研究者通常会在保证实验的内部效度的前提下，采取适当措施以提高其外部效度。

7. 额外变量的类型有哪些？有哪些控制额外变量的方法？

额外变量又叫控制变量、无关变量，是与实验目的无关，但对被试的反应有一定影响的变量。

（1）额外变量的类别。

①**被试方面：**在实验中，被试会自发地对实验目的产生一个假设或猜想，然后用一种自以为能满足这一假想的实验目的的方式进行反应，这种现象称为要求特征。例如，霍桑效应、安慰剂效应、约翰·亨利效应。

②**主试方面：**主试在实验中可能以某种方式（如表情、手势、语气等）有意或无意地影响被试，使他们的反应符合主试的期望，这种现象称为实验者效应。例如，罗森塔尔效应（又称期望效应、皮格马利翁效应）。

③**设计方面：**包括研究方法本身不完善、实验程序安排不当、测量仪器布置与安排不当等。例如，练习效应、疲劳效应、方位效应。

④**环境方面：**实验环境中的许多物理因素，如温度、光线、空间大小等，都可能影响被试的行为及操作水平。另外，实验过程中的意外事件，如停电、喧哗等，也会影响被试的反应。

⑤**数据处理方面：**数据处理方法不当、数据分类不当、评价标准不统一、统计方法错误等都会影响实验结果。

（2）额外变量的控制。

①**排除法：**把额外变量直接排除的方法，如声光实验在隔音室、暗室中进行，双盲控制，等等。双盲实验是一种严格的实验方法，旨在消除可能出现在主试和被试的意识中的主观偏差和个人偏好。

②**恒定法：**当额外变量无法消除时，让它在整个实验过程中保持相对恒定的方法，如在实验中使用同样的实验仪器。恒定法的局限：实验结果不能推广到额外变量的其他水平上去；操纵的自变量和保持恒定的额外变量可能产生交互作用。

③**匹配法：**使实验组和控制组中的被试属性相等的一种方法。匹配法在理论上是可行的，但在实际操作中比较难实行。因为使所有因素或特性相匹配是很难实现的，而且某些因素无法找到可靠的依据进行匹配。

④**随机化法：**把被试随机分配到各处理组中去，从而平衡被试间的个体差异的方法。这种方法从理论上保证了被试具有代表性，被试数量一般大于30。

⑤**抵消平衡法：**有些额外变量不能消除也不能恒定，如顺序误差、空间误差、习惯误差、疲劳效应和练习效应等。对此，可以采取某些综合平衡的方法，使额外变量的效果相互抵消，以达到控制额外变量的目的。常见的抵消平衡法有ABBA法和拉丁方设计。

⑥**统计控制法：**在实验完成后通过一定的统计技术来事后避免实验中额外变量的干扰的方法。常用的统计控制法有协方差分析、剔除极端数据、分别加权等事后控制技术。

8．简述被试间设计和被试内设计的优缺点，以及消除缺点的方法。

（1）被试间设计。

被试间设计要求每位被试只接受一个自变量水平的处理，因此参加实验的被试数量是自变量水平数乘积的倍数。

优点：每位被试只参与一种处理，因此不会受到其他处理的干扰，避免了练习效应、疲劳效应等由实验顺序造成的误差。

缺点：需要较多的被试；被试间的个体差异可能会影响实验结果。

消除缺点的方法：可采用随机化法和匹配法来减少被试间的个体差异对实验结果的影响。

（2）被试内设计。

被试内设计要求每位被试接受自变量所有水平的处理，因此需要的被试数量与实验设计中的自变量数和水平数无关，只与研究本身要求的样本数有关。

优点：节省被试人数；能够较好地控制被试间的个体差异对实验结果的影响。

缺点：存在实验处理之间相互干扰的问题，具体表现为存在位置效应、延续效应和差异延续效应。位置效应是指实验处理的序列位置会影响被试的反应。延续效应是指在实验过程中，前一阶段的处理对后一阶段的处理产生影响。差异延续效应是指不同的前一阶段的处理对后一阶段的处理产生影响。

消除缺点的方法：可采用ABBA法和拉丁方设计来平衡或减小上述各种效应。

9．某心理学家计划研究手机使用时间的长短对人们工作和家庭生活的影响，请回答下列问题。

（1）如果采用单因素被试间设计，请指出该研究的自变量、因变量、控制变量，并提供一个设计方案及其统计方法。

（2）如果采用单因素被试内设计，请指出该研究的自变量、因变量、控制变量，

并提供一个设计方案及其统计方法。

（3）如果增加一个年龄自变量，请提供一个多因素实验设计的方案及其统计方法。

（1）单因素被试间设计。

自变量：手机使用时间。

因变量：生活满意度。

控制变量：生活中的应激性事件、性别和年龄。

设计方案：从初始生活满意度相近的青年群体中选取三组被试（A组、B组、C组），每组各有60名被试（男女各半），允许三组被试每天使用手机的时间分别为1小时、2小时、4小时及以上。接受实验处理一个月以后，测量被试的生活满意度。

统计方法：单因素方差分析。

（2）单因素被试内设计。

自变量：手机使用时间。

因变量：生活满意度。

控制变量：生活中的应激性事件、性别、年龄和实验顺序。

设计方案：从初始生活满意度相近的青年群体中选取被试共60名，男女各半。有三种实验条件：持续一个月每天使用手机1小时、持续一个月每天使用手机2小时、持续一个月每天使用手机4小时及以上。每名被试都需要接受三种条件的实验处理，一共需要参与三个月的实验，被试接受实验处理的顺序随机。每次接受一种实验处理后（一个月后）都需要测量被试的生活满意度。

统计方法：单因素方差分析。

（3）多因素实验设计。

自变量：手机使用时间、年龄。

因变量：生活满意度。

控制变量：生活中的应激性事件。

设计方案：从初始生活满意度相近的群体中选取被试共180名，分为三组，即A组、B组、C组，每组各有60名被试，且青年、中年、老年各20名，男女各半。三组被试每天使用手机的时间分别为1小时、2小时和4小时及以上。接受实验处理一个月之后，测量所有被试的生活满意度。

统计方法：多因素方差分析。

第三章　反应时法

1. 反应时的影响因素包括哪些?

（1）外部因素。

①**刺激的类型**：触觉反应时＜听觉反应时＜视觉反应时。反应时的通道效应是指反应时因刺激的感觉通道不同而不同。②**刺激强度**：随刺激强度增大，反应时缩短，但达到最短反应时后就不再缩短了。③**刺激的复杂程度**：刺激越复杂，反应时越长。④**刺激的呈现方式**：刺激偏离视野中心的距离越远，反应时越长。刺激在视野正下方时，反应时最短；在视野右上方和左上方时，反应时最长。⑤**刺激的时空特征**：刺激持续时间延长，反应时缩短；刺激面积增加，反应时缩短。⑥**环境因素**：实验室的声光控制要符合实验要求，以被试感到舒适和符合正常的生活与工作环境为标准，对环境因素进行有效控制，避免实验背景中光和噪声对实验可能造成的不利影响。⑦**实验仪器**：如实验仪器的精确度是否达到实验要求、反应键的设计是否合理、实验设计是否符合被试的反应习惯等。

（2）机体因素。

①**机体的适应水平**。②**准备状态**：预备时间太短或太长都不利于被试的反应，最佳预备时间是 1.5 s。③**练习次数**：练习次数越多，反应越快，最后趋于一个稳定值。④**动机和态度**：惩罚条件下的反应时最短，其次是激励条件下的反应时，常态条件下的反应时最长。⑤**年龄因素和个体差异**：25 岁前，个体的反应时随年龄的增长而缩短，起初缩短较快，以后缩短较慢。学前期儿童的反应时很不稳定，且不易得到较快的反应；7～8 岁儿童的反应时缩短明显；25～60 岁，个体的反应时逐渐增长且极为缓慢；60 岁以后，个体的反应时开始有较大增长。⑥**酒精及药物作用**。⑦**速度与准确性权衡**：被试有时会以牺牲反应速度为代价去追求反应的准确性，或者以牺牲反应的准确性为代价去追求反应速度。反应时实验中的一个突出问题就是反应速度和反应的准确性间的反向关系，这使我们必须在它们之间做出权衡。⑧**反应过程中的心理不应期**：如果两个刺激呈现的时间间隔较长，那么第二个反应的反应时比第一个反应的反应时短；但是，如果两个刺激呈现的时间间隔较短，那么第二个反应的反应时会明显长于第一个反应的反应时。

2．简述减数法的原理。

减数法是一种用减法方式将反应时分解成各个成分，然后来分析信息加工过程的方法，它由唐德斯首先提出，因而又称唐德斯减数法。其**实验逻辑**是：如果一种作业包含另一种作业所没有的某个特定的心理过程，且除此之外二者在其他方面均相同，那么这两种反应时的差即此心理过程所需的时间。

唐德斯将反应时分为三类，即简单反应时（A反应时）、选择反应时（B反应时）和辨别反应时（C反应时）。

简单反应时：呈现单一的刺激，要求被试在看到或听到刺激后立即做出单一的反应的时间间隔，又称基线时间。例如，运动员听到发令枪响后立即起跑所需的时间。

选择反应时：根据不同的刺激物，在各种可能性中选择一种符合要求的反应，并执行该反应所需的时间。

辨别反应时：当呈现两个或两个以上的刺激时，要求被试对某一特定的刺激做出反应，对其他刺激不做出反应，刺激呈现到被试做出辨别反应的这段时间。例如，呈现两种或两种以上色光，要求被试只对红光做出按键反应所需的时间。

所以，C反应时 −A反应时 = 辨别时间，B反应时 −C反应时 = 选择时间。

3．简述证明心理旋转存在的实验的过程和实验结果。

库伯和谢帕德用减数法反应时实验证明了心理旋转的存在。

库伯等人取非对称性的字母或数字（如J、G、R、2、5、7等）为实验材料，根据"正""反"以及不同的倾斜度，构成了12种情况。被试的任务是判定字母或数字是正的还是反的，并做出反应。

根据是否有提示、是单项提示还是双项提示、是先后提示还是同时提示，构成五种实验条件：①完全没有提示，即测验前呈现空白信号，持续2 s；②提示正或反，即测验前呈现正或反的提示信号，持续2 s；③提示倾斜度，即测验前用箭头提示倾斜度数，持续2 s；④分别提示正、反和倾斜度，正、反的提示时间固定为2 s，倾斜度的提示时间是变化的，有100 ms、400 ms、700 ms和1 000 ms四种情况；⑤同时提示正、反和倾斜度，持续2 s。

实验结果显示，字母倾斜度越大（越偏离0°和360°），反应时越长。

4．简述证明短时记忆视觉编码实验的过程，并对其结果进行解释。

Posner运用减数法证明短时记忆存在听觉编码和视觉编码。实验使用了两种材料：（1）形同音同字母对，如AA；（2）形异音同字母对，如Aa。实验安排了两种材料呈现方式：同时呈现和继时呈现。此外还设置了几个时间间隔，如 0.5 s、1 s 或 1 s、2 s 等。要求被试判定所呈现的两个字母是否相同并做出按键反应，同时记录被试的反应时。

实验结果：字母同时呈现时，对形同音同字母对（AA）的反应时短于对形异音同字母对（Aa）的反应时；字母继时呈现时，随着两个字母呈现的时间间隔增加，形同音同字母对的反应时急剧增加，而形异音同字母对的反应时却变化不大。二者的反应时的差别逐渐缩小，当两个字母呈现的时间间隔为 2 s 时，二者的反应时的差别很小。

实验结果解释：在同时呈现条件下，对 AA 的反应时之所以较短，是因为可直接按字母对的视觉特征来判定，而不像对 Aa 必须按其读音来判定。这表明，形同音同字母对的匹配是在视觉编码的基础上进行的；而形异音同字母对则需从视觉编码过渡到听觉编码，在听觉编码的基础上才能判定，所以其用时较长。在继时呈现条件下，随着两个字母呈现的时间间隔增加，形同音同字母对的视觉编码效应逐渐减弱，而听觉编码的作用增大，其反应时也随之增加，从而缩短了与依赖听觉编码的形异音同字母对的反应时的差别。

5. 简述加因素法的原理和实验逻辑。

斯滕伯格提出了加法法则，并称之为加因素法。他认为，完成一个作业所需要的时间是一系列信息加工阶段分别需要的时间的总和，如果发现可以影响完成作业所需要的时间的一些因素，那么单独地或成对地应用这些因素进行实验，就可以观察到完成作业的时间变化。在加因素法反应时实验中，重要的不是测量每个加工阶段的时间，而是要探测加工的阶段及顺序。

实验逻辑：如果两个因素对某一个信息加工任务的影响具有交互作用，它们导致信息加工时间的变化具有不可加性，那么这两个因素作用于同一信息加工阶段；如果两个因素对某一个信息加工任务的影响是相互独立的，它们导致信息加工时间的变化具有可加性，那么这两个因素作用于不同的信息加工阶段。

6. 斯滕伯格运用加因素法进行了短时记忆信息提取的研究。简述该实验的过程和结果。

（1）实验过程：先给被试看 1～6 个数字（识记项目），然后再看 1 个数字（测试项目），同时开始计时，要求被试回答该测试项目是否是刚才识记过的，并按键做出是或否的反应。被试按键时计时也随即停止。这样就能够确定被试能否正确提取以及提取所需的时间（反应时）。

（2）实验结果：斯滕伯格在一系列实验研究的基础上，确定了短时记忆信息提取过程中有独立作用的四个因素：测试项目的质量、识记项目的数量、反应类型和每种反应类型的相对频率。同时，他确定了分别对这四个因素起作用的四个独立的加工阶段：测试项目编码阶段（此阶段所用时间为 e）、顺序比较阶段（若每一项目的比较耗时为 b，则 N 个项目所需时间为 Nb）、二择一的决策阶段和反应组织阶段（这两个阶段共需时间为 C）。

7. 请结合具体的实验说明开窗实验的原理。

（1）含义。

开窗实验是较晚出现的一种反应时法，这种方法能够直接测量每个加工阶段的时间，而且也能够明显地看出这些加工阶段，就好像打开了窗户一样。

（2）应用。

典型的实验例证是汉密尔顿和霍克基开展的字母转换实验。在实验中，研究者给被试呈现 1~4 个字母，并在字母后面加上一个数字，如 "EAGB+3"，被试的任务是说出 "EAGB" 各个字母在字母表中位置之后的第三个字母，即 "HDJE"。

实验程序：先呈现字母或字母串与数字，然后将字母相继呈现，被试自己按键控制字母呈现的速度和时间，即按一下键就可以看到一个字母，首次按键后开始计时。被试在看到字母后出声进行转换，直到所有字母转换完毕并做出总的回答，计时结束。

根据实验结果，我们可以清楚地看出完成字母转换作业的三个加工阶段：第一，编码阶段，即从被试按键看到一个字母到开始出声转换的时间。在这一阶段，被试对所看到的字母进行编码，并在记忆中找到该字母在字母表中的位置。第二，转换阶段，即被试进行字母转换所需的时间。第三，存储阶段，即从出声转换结束到按键看下一个字母的时间。在这一阶段，被试将转换结果存储到记忆中。

8. 简述内隐联想测验的基本原理。

内隐联想测验由格林沃尔德等人提出，它以反应时为指标，通过一种计算机化的分类任务来测量概念词与属性词之间的自动化联系的紧密程度，继而对个体的内隐社会认知进行测量。

实验中包含相容任务和不相容任务。在相容任务中，概念词和属性词的关系与被试的内隐态度一致或二者联系较紧密，此时辨别任务更多地依赖自动化加工，因而反应速度快，反应时短；在不相容任务中，概念词和属性词的关系与被试的内隐态度不一致或二者缺乏紧密联系，这往往会导致被试的认知冲突，此时辨别任务更多地依赖复杂的意识加工，因而反应速度慢，反应时长。所以，两种联合任务的反应时之差可以作为概念词和属性词的关系与被试的内隐态度相对一致性的指标，即内隐联想测验效应。例如，在格林沃尔德的花－虫内隐联想测验中，两种联合任务间的反应时的差异显著，被试对"花＋褒义词"的联合的反应明显快于对"虫＋褒义词"的联合的反应，这表明"花＋褒义词"的联合与被试的内隐态度更一致，被试对花的态度更为正向。

第四章　心理物理学方法

1. 简述信号检测论的基本原理。

（1）信号检测论的基本概念。

信号和噪声是信号检测论中最基本的两个概念。信号就是刺激，对信号检测起干扰作用的所有背景都是噪声。信号总是伴随噪声，在噪声背景中出现。

信号检测论的基本前提假设：①重复呈现同一刺激并不产生相同的感觉量，多次呈现同一刺激会形成一个感觉分布，而且由信号（SN）和噪声（N）引起的感觉分布都是正态的，两个分布的标准差相等，但信号分布的平均数要大于噪声分布的平均数。②被试在判断某一个感觉是由信号还是噪声引起时，是以自己的主观标准为依据的，这个判断标准受信号呈现的先验概率和对判断结果的奖惩办法的影响。

（2）统计决策理论。

如果正确检测出噪声背景中的信号，则称为"击中"；如果没有检测出噪声背景中的信号，则称为"漏报"；如果正确判断出噪声中没有信号，则称为"正确拒绝"；如果把噪声报告为有信号，则称为"虚报"。

（3）最优决策原则。

个体在对信号或噪声进行判断时，一般以判断标准为依据，而判断标准是按最优决策原则确定的，即提高击中率、降低虚报率，也就是要求个体反应快且准确。个体在判断信号标准时，受到如下几个因素的影响：①信号和噪声的先验概率；②个体判定结果奖惩的严格程度；③被试的主观目标、信号与噪声的强度差异等；④其他因素，如速度与准确性权衡、有关实验的知识与经验、主观预期概率等。

2. 简述信号检测论的两个独立指标。

信号检测论把对刺激的判断看成对信号的侦察并做出抉择的过程，其中包括相互独立的感觉过程和决策过程。感觉过程取决于被试的感受性大小，以辨别力指数（d'）作为反映客观感受性的指标。决策过程受主观因素影响，决定被试决策的反应偏向。

（1）反应偏向指标。

①似然比 β。

信号检测论假设，被试在对刺激进行判断时，会选择一个似然比作为信号和噪声两种判断反应的分界点，即决策标准（β），其公式为：

$$\beta = \frac{O_{SN}}{O_N} = \frac{O_{击中}}{O_{虚报}}$$

当判断标准向右移动时，被试的判断标准趋向严格，β 值增大；当判断标准向左移动时，被试的判断标准趋向宽松，β 值减小。一般来说，β 值大于 1 时，说明被试的判断标准较为严格；β 值接近 1 时，说明被试的判断标准不严格也不宽松；β 值小于 1 时，说明被试的判断标准较宽松。

②报告标准 C。

报告标准是另一个反应偏向指标，C 是横轴上的判断标准位置，即某一感受经验强度，其单位是刺激强度，公式为：

$$C = \frac{I_2 - I_1}{d'} \times Z_1 + I_1$$

其中，I_2 是高强度刺激，I_1 是低强度刺激，d' 是辨别力指数，Z_1 为低强度刺激时的正确否定概率的 Z 值。C 靠近 I_2，说明被试掌握的判断标准较严；C 靠近 I_1，说明被试掌握的判断标准较松。

（2）辨别力指数 d'。

被试的辨别力或敏感性可以用噪声分布与信号分布之间的分离程度来表示，信号检测论用两个分布之间的距离作为被试的辨别力指标，称为辨别力指数 d'，其公式为：

$$d' = Z_{SN} - Z_N = Z_{击中} - Z_{虚报}$$

3．什么是接收者操作特性曲线？接收者操作特性曲线的特点有哪些？

以虚报率为横坐标、击中率为纵坐标作图，就可得到几个点，连接各点可得到一条曲线，即**接收者操作特性曲线**，或 **ROC 曲线**、**等感受性曲线**。通过这条曲线，我们可以看到随着判断标准的变化，击中率与虚报率也相应地发生变化，而 d' 保持不变。

特点：（1）ROC 曲线上各点反映的感受性相同、判断标准不同，靠近左下角的点表示被试的判断标准高、严。（2）ROC 曲线反映 d' 的大小。ROC 曲线离偶然事件对角线越远，表明被试的辨别力越强，d' 越大。（3）ROC 曲线的曲率由被试的感受性和信号强度共同决定。（4）ROC 曲线能反映出信号呈现的先验概率对击中率和虚报率的影响、判断标准变化时击中率和虚报率的变化、不同观察者的d'。（5）β值的改变独立于d'的变化。

第五章　主要的心理学实验

1．Stroop 启动实验是如何证明无觉察知觉的？

Stroop 要求被试报告书写每个单词所使用的墨水颜色，而呈现的单词中包括有关颜色的词汇和其他中性词汇。当单词词义与墨水颜色一致时，被试报告的速度最快；当单词词义与墨水颜色不一致时，被试报告的速度最慢。这一效应就是 Stroop 效应。

马塞尔将上述实验范式改为启动形式，即 Stroop 启动实验。在实验中，启动词为一个表示颜色的形容词，提示将要出现的目标色块的颜色，被试要快速地报告出这个色块的颜色。实验的目的是探讨启动词对之后出现的刺激是否有明显的启动效应。

在实验中，马塞尔采用掩蔽技术来操纵被试对启动词的觉察程度。掩蔽是指在呈现启动词后紧接着呈现无序的字母图案来阻断被试对启动词的觉察。由于不同被试觉察到启动词出现的时间阈限不同，在检验启动效应之前，通常要使用极限法来确定启动词和掩蔽刺激的时间间隔。马塞尔的研究发现：在觉察和无觉察条件下，被试都显示出 Stroop 效应。也就是说，即使被试对启动词没有觉察，启动效应仍然出现。由此，马塞尔认为对意义的知觉可以不通过觉察。这里需要注意的是，马塞尔使用的觉察阈限是被试有 60% 的概率觉察到启动词的点。

2．请结合实验范式说明任务分离的逻辑。

（1）分离逻辑的方法学含义。

分离逻辑认为，我们可以找到某些指标来对应内隐记忆，同时又找到另一些指标来对应外显记忆。由此发展出两类测验：直接测验和间接测验。直接测验在指导语上明确要求被试有意识地回想他们经历过的某些事件，并把它们从记忆中提取出来；间接测验在指导语上不要求被试有意识地提取过去学习的信息，而是通过他们在一些特定任务上的表现来间接推断被试是否对某些信息拥有记忆。

如果同一自变量使不同测验任务有不一致的结果，我们就可以据此推测完成这些不同测验任务的心理状态和过程之间存在差异。因此，当直接测验和间接测验的结果相反时，我们就能推断内隐记忆和外显记忆是不同的心理过程。

（2）任务分离中的间接测验。

①**词干补笔**：被试学习一系列单词后，测验时提供单词的头几个字母，让被试补

写其余几个字母而构成一个有意义的单词。补笔的另一种形式为残词补全，是让被试学习一系列单词后，给缺一些字母的残词填上适当的字母而构成一个有意义的单词。

②**知觉辨认**：被试先学习一系列单词，然后在速示条件下（如30 ms）对学过的单词以及另外一些未学过的单词进行辨认。知觉辨认的另一种变式为模糊字辨认，是指在测验时所呈现单词的字母很模糊，要求被试辨认是什么单词。

3．请结合具体的实验阐述单通道过滤器模型。

（1）理论内容。

该模型认为，注意瓶颈位于信息加工的早期阶段，以避免中枢系统超载。在这个瓶颈中，作为过滤器的注意对进入的信息加以调节，选择一些信息进入高级分析水平，其余信息则可能暂存于记忆中，然后迅速衰退。通过过滤器并进入高级分析水平的信息接受进一步的加工，从而被识别和存储。这种过滤器类似于高保真听力设备中的交义滤波器，按"全或无"的方式进行工作，即接通一个通道的同时关闭所有其他通道。该模型还认为，过滤器位于语义分析（知觉）之前。因此，过滤器模型也被称为早期选择模型。

（2）实验证据。

在布罗德本特的双耳分听实验中，被试双耳同时听到一定的刺激，例如，左耳听到"6、2、7"，右耳听到"4、9、3"，其中"6"和"4"、"2"和"9"、"7"和"3"是分别同时出现的。数字的呈现速度为2个/秒。要求被试：①以耳朵为单位分别再现；②以双耳同时接收信息的时间顺序成对再现；③随意再现。

结果：分别再现的正确率为65%，成对再现的正确率为20%，随意再现时被试多采取分别再现。

结论：布罗德本特认为，这样的实验结果支持了早期选择模型。每只耳朵都可以看成一个通道，每一个通道的信息都是单独存储的，过滤器允许每个通道的信息单独通过，所以以耳朵为单位的分别再现被优先选择，且其效果也优于通道之间不停转换的成对再现的效果。

4．请结合具体的实验阐述衰减模型。

（1）理论内容。

特瑞斯曼认为，过滤器并非按"全或无"的方式进行工作的，而是按"衰减"的方式进行工作的；不是只允许一个通道（追随耳）的信息通过，而是既允许追随耳的信息通过，也允许非追随耳的信息通过，只是非追随耳的信息受到衰减，强度减弱了。

但若这些减弱的非追随耳的信息具有特别的意义（如自己的名字），即具有较低的阈值，那么仍可得到高级加工而被最终识别。

（2）实验证据。

在特瑞斯曼的双耳分听实验中，当她给被试的双耳呈现的材料同为英文小说时，非追随耳的信息可以得到一定的识别；但当给非追随耳呈现的信息为生物化学材料时，则难以识别。前者是因为追随耳信息所激活的项目使得非追随耳相同或相近的项目的阈限降低了。在英法双语被试的实验中，她再次证明了这个问题。因为法语差者中只有 2% 的被试知道非追随耳呈现的法语信息，而法语好者中则有 55% 的被试知道。

总之，特瑞斯曼的衰减模型强调：信息是大量输入的，这与早期选择模型一致；加工过程是"衰减"式的；过滤器的位置有两个，一个是语义分析之前的外周过滤器，另一个是语义分析之后的中枢过滤器。可见，特瑞斯曼强调了中枢过滤器的作用，因此衰减模型又被称为中期选择模型。

第六章　心理学实验中常用的仪器设备

略

心理
统计学

背诵打卡表

章节	一轮打卡	耗时 / min	二轮打卡	耗时 / min	三轮打卡	耗时 / min	背诵要求
描述统计	☐		☐		☐		答题逻辑和要点要记熟，细枝末节需要理解记忆
推断统计	☐		☐		☐		

🔖 第一章　描述统计

1．在解释相关系数时需要注意哪些问题？

　　相关系数是两个变量间相关程度的数量化指标，作为样本统计量用 r 表示，作为总体参数一般用 ρ 表示。其取值范围是 $[-1, 1]$，正负号表示方向，绝对值大小表示相关程度。

　　解释相关系数时需要注意：（1）两个变量相关不能得出二者存在因果关系。（2）一般来说，相关系数的绝对值越大，表示相关程度越高。但需要注意相关系数受样本容量 n 影响，如果 n 很小，可能完全没有关系的两个事物之间也能计算出较大的相关系数（伪相关或虚假相关）。因此，一般情况下，在计算相关时要求样本容量 $n \geq 30$。（3）相关系数是顺序数据，只能比较大小，不能用倍数关系说明。（4）计算相关系数时要求成对数据。（5）没有线性相关（零相关），不代表两个变量一定没有关系，它们之间的关系可能是非线性的。

2．简述几种常见的相关计算方法对数据资料的要求。

　　（1）积差相关：①数据要成对出现，即若干个体中每个个体都有两种不同的观测值，并且每对数据与其他对数据相互独立。②两列变量各自总体的分布都是正态的，或至少是接近正态的单峰分布。③两个相关的变量是连续变量，即两列数据都是测量数据。④两列变量之间的关系应是直线性的。

　　（2）等级相关。

　　①斯皮尔曼等级相关：其相关系数常用符号 r_R 或 r_S 表示，有时也把这一统计量称为斯皮尔曼 ρ 系数。它适用于只有两列变量，而且是属于等级变量性质的具有线性关系的资料；对属于等距或等比性质的连续变量数据，若按其取值大小，赋予等级顺序，转换为顺序变量数据，亦可计算等级相关。

　　②肯德尔 W 系数：也叫肯德尔和谐系数，适用于两列以上的等级变量。计算肯德尔 W 系数，原始数据资料的获得一般采用等级评定法，即让 K 个评价者对 N 件事物或作品进行等级评定，或让一个评价者采用等级评定的方法先后 K 次评价 N 件事物或作品。

　　③肯德尔 U 系数：适用于对 K 个评价者的一致性进行统计分析。若评价者采用对偶比较的方法，将 N 件事物两两配对，然后对每一对中的两事物进行比较，择优选择，优者记 1，非优者记 0，最后整理成相对应的评价结果，则应计算肯德尔 U 系数。

（3）点二列相关与二列相关。

①点二列相关：适用于一列变量为正态等距变量或等比变量，另一列变量为二分称名变量。

②二列相关：适用于两列变量都是正态等距变量或等比变量，但其中一列变量被人为地分成两类。

（4）Φ相关：适用于两个变量都是真正的二分变量。

3. 简述各类相关系数的计算公式。

（1）积差相关。

①定义公式：

$$r = \frac{\sum xy}{N S_X S_Y} = \frac{\sum (X - \bar{X})(Y - \bar{Y})}{N S_X S_Y}$$

②运用标准分数的计算公式：

$$r = \frac{1}{N} \cdot \sum Z_X Z_Y$$

③运用原始数据的计算公式：

$$r = \frac{\sum XY - \dfrac{\sum X \cdot \sum Y}{N}}{\sqrt{\sum X^2 - \dfrac{(\sum X)^2}{N}} \cdot \sqrt{\sum Y^2 - \dfrac{(\sum Y)^2}{N}}}$$

④减差法公式：

$$r = \frac{S_X^2 + S_Y^2 - S_{X-Y}^2}{2 S_X S_Y}$$

⑤加差法公式：

$$r = \frac{S_{X+Y}^2 - S_X^2 - S_Y^2}{2 S_X S_Y}$$

（2）斯皮尔曼等级相关。

①无相同等级：

$$r_R = 1 - \frac{6 \sum D^2}{N(N^2 - 1)} \quad (N < 30)$$

②有相同等级：

$$r_{RC} = \frac{\sum x^2 + \sum y^2 - \sum D^2}{2\sqrt{\sum x^2 \cdot \sum y^2}}$$

$$\sum x^2 = \frac{N(N^2 - 1)}{12} - \sum \frac{n(n^2 - 1)}{12}, \quad \sum y^2 = \frac{N(N^2 - 1)}{12} - \sum \frac{n(n^2 - 1)}{12}$$

（3）肯德尔 *W* 系数。

①无相同等级：

$$W=\frac{\sum R_i^2-\dfrac{(\sum R_i)^2}{N}}{\dfrac{1}{12}K^2(N^3-N)}$$

②有相同等级：

$$W=\frac{\sum R_i^2-\dfrac{(\sum R_i)^2}{N}}{\dfrac{1}{12}K^2(N^3-N)-K\sum\dfrac{n^3-n}{12}}$$

（4）肯德尔 *U* 系数。

$$U=\frac{8\left(\sum r_{ij}^2-K\sum r_{ij}\right)}{N(N-1)\cdot K(K-1)}+1$$

（5）点二列相关。

$$r_{pb}=\frac{\overline{X}_p-\overline{X}_q}{S_t}\cdot\sqrt{pq}$$

（6）二列相关。

$$r_b=\frac{\overline{X}_p-\overline{X}_q}{S_t}\cdot\frac{pq}{y}$$

（7）*Φ* 相关。

$$r_\Phi=\frac{ad-bc}{\sqrt{(a+b)(a+c)(b+d)(c+d)}}$$

4．试述标准分数的性质、优缺点及其应用。

（1）含义和性质。

含义：标准分数是以标准差为单位表示一个原始分数在团体中所处位置的相对位置量数，也叫 *Z* 分数。离平均数有多远，即表示原始分数在平均数以上或以下几个标准差的位置。其计算公式为：

$$Z=\frac{X-\overline{X}}{S}$$

性质：① *Z* 分数无实际单位，是以平均数为参照点，以标准差为单位的一个相对量；②一组原始分数转换所得的 *Z* 分数之和为 0，*Z* 分数的平均数也为 0；③一组原始数据转换所得的 *Z* 分数的标准差为 1；④若原始数据呈正态分布，则转换所得的所有 *Z* 分数呈均值为 0、标准差为 1 的标准正态分布。

（2）优缺点。

优点： ①可比性。不同性质的成绩，转换为标准分数后，就可在同一背景下进行比较。②可加性。标准分数能使不同性质的原始分数具有相同的参照点，因此可以相加。③明确性。知道了某一被试的标准分数，利用标准正态分布函数值表就能知道其百分等级。④稳定性。原始分数转换成标准分数后，规定标准差为1，保证了不同性质的分数在总分数中的权重一样。

缺点： ①标准分数的计算相对比较复杂，概念较为抽象，不易理解。②标准分数有负值、零值，常常还会有许多小数，不便计算。③在进行比较时，必须满足原始分数的分布形态相同这一条件。

（3）应用。

①比较几个分属性质不同的观测值在各自数据分布中相对位置的高低。②计算不同质的观测值的总和或平均值，以表示在团体中的相对位置。③若标准分数中有小数、负数等不易被人接受的问题，可通过 $Z' = aZ + b$ 线性公式将其转化成新的分数（如韦氏成人智力量表）。

第二章　推断统计

1. 简述正态分布的特点。

正态分布的形态是由其平均数和方差决定的，平均数决定了曲线在 X 轴上的位置，方差决定了曲线的形态。若变量 X 服从正态分布，可记为 $X \sim N(\mu, \sigma^2)$。

正态分布具有如下特点：（1）正态分布的形态是对称的，平均数、中数、众数三者相同，此点对应的 y 值最大；（2）正态分布的中央点最高，然后逐渐向两侧下降，曲线的形式是先向内弯，再向外弯，拐点在 ±1 个标准差处，曲线两端向靠近基线处无限延伸，但不与基线相交；（3）正态分布曲线下的面积为1，过平均数点的垂线将曲线下的面积划分为相等的两部分；（4）正态分布是一族分布；（5）在正态分布曲线下，标准差与概率（面积）有一定的数量关系；（6）在正态分布中，各差异量数值相互间有固定比率。

2. 简述标准正态分布与正态分布的区别与联系。

正态分布也称常态分布或常态分配，是连续随机变量概率分布的一种，自然界、人类社会、心理和教育中的大量现象均按正态形式分布，如能力的高低、学生成绩的好坏等都属于正态分布。标准正态分布是平均数为0、标准差为1的正态分布。

（1）**二者的区别：**正态分布是一族分布，它随随机变量的平均数、标准差的大小与单位的不同而有不同的分布形态。标准正态分布的平均数和标准差都是固定的，分别为 0 和 1，只有一条分布曲线。

（2）**二者的联系：**标准正态分布是正态分布的一种，具有正态分布的所有特征。所有正态分布都可以通过 Z 分数公式转换成标准正态分布。

3．简述标准正态分布与 t 分布的异同。

标准正态分布是平均数为 0、标准差为 1 的正态分布。t 分布又叫学生氏分布，由高赛特提出，是统计分析中应用较多的一种随机变量函数的分布，是一种左右对称、峰态比较高狭、分布形态随样本容量 $n-1$ 的变化而变化的一族分布。

（1）**二者的相同点：**标准正态分布和 t 分布的平均数均为 0，且均是以过平均数点的垂线为对称轴的轴对称图形；对称轴将曲线下的面积一分为二，两边均为 0.5；t 分布的极限分布为标准正态分布。

（2）**二者的不同点：**t 分布为一族分布，其分布形态随自由度的变化而变化，而标准正态分布曲线只有一条分布曲线；t 分布的标准差大于 1，而标准正态分布的标准差为 1。

4．什么是抽样分布？样本平均数的分布有什么规律？

抽样分布是样本统计量的分布。

样本平均数的分布具有以下规律：（1）当总体分布为正态且方差已知时，样本平均数的分布为正态分布；（2）当总体分布为正态且方差未知时，样本平均数的分布为 t 分布；（3）当总体分布为非正态且方差已知时，若样本足够大（$n>30$），样本平均数的分布为渐近正态分布；（4）当总体分布为非正态且方差未知时，若样本足够大（$n>30$），样本平均数的分布近似为 t 分布。

5．简述抽样的基本原则及常用的抽样方法。

抽样的基本原则是随机化原则。随机化原则是指在进行抽样时，总体中每一个体是否被抽取，并不是由研究者主观决定的，而是按照概率原理每一个体被抽取的可能性是相等的。在心理学研究中，随机化有两层含义：一是随机抽取样本；二是随机安排实验条件。常用的抽样方法主要有：

（1）**概率抽样。**

概率抽样是根据已知的概率，按照概率论的原理严格随机选取样本，是最理想、最科学的抽样方法。

①**简单随机抽样：**从总体的 N 个单位中随机抽取 n 个单位作为样本，并且每一个

单位都有相同的机会（概率）被抽中。该方法适合在总体数目较小、个体差异较小时使用。优点：简单、直观，在抽样框完整时，可直接从中抽取样本；机会均等、相互独立。局限：当 N 很大时，不易构造抽样框；抽出的单位很分散，给实施调查增加了困难；没有利用其他辅助信息来提高估计的效率。

②**分层抽样：**将总体按某种特征或某种规则划分为不同的层，然后从不同的层中独立、随机地抽取样本。原则：层间差异大于层内差异（层内的差异要小；层间的差异要尽可能大）。优点：保证样本的结构与总体的结构比较相近，从而提高估计的精度；组织、实施调查方便；既可以对总体参数进行估计，也可以对各层的目标量进行估计。

③**等距抽样：**将总体中的所有单位按一定顺序排列，在规定的范围内随机抽取一个单位作为初始单位，然后按事先规定好的规则确定其他样本单位，也叫系统抽样、机械抽样。该方法可在总体数目庞大时使用。

④**两阶段随机抽样：**先将总体分成 M 个部分，每一部分叫作一个"集团"，然后从 M 个"集团"中随机抽取 m 个"集团"作为第一阶段的样本，再分别从所选取的 m 个"集团"中抽取个体构成第二阶段的样本。一般而言，相对于简单随机抽样来说，两阶段随机抽样的标准误要大些；但是，两阶段随机抽样简便易行，节省经费，在大规模调查研究中较为常用。

（2）**非概率抽样。**

①**方便取样：**由调查人员自由、方便地选择被调查者的非随机选样。

②**判断抽样：**通过某些条件过滤，然后选择某些被调查者参与调查的抽样方法。

6. 简述良好估计量的标准。

当在研究中获得一组样本数据后，通过这组数据对总体特征进行估计，也就是从局部结果推论总体的情况，称为总体参数估计。总体参数估计可以分为点估计与区间估计。良好估计量应当满足以下标准：

（1）**无偏性：**好的估计量应该是一个无偏估计量，即用多个样本的统计量作为总体参数的估计值，其偏差的平均数为0。

（2）**有效性：**当总体参数的无偏估计不止一个统计量时，无偏估计变异小的有效性高，变异大的有效性低，即方差越小越好。

（3）**一致性：**当样本容量无限增大时，估计值应能够越来越接近它所估计的总体参数。一致性只是在大样本情况下提出的一种要求，对于小样本，它不能作为评价估计量好坏的标准。

（4）**充分性：** 样本统计量是否充分反映了全部数据所反映的总体信息。

7．简述点估计与区间估计的含义及二者的区别。

（1）**含义。**

点估计是用样本统计量来估计总体参数，样本统计量为数轴上的某一点值，估计的结果也以一个点的数值表示。

区间估计是根据估计量以一定可靠程度推断总体参数所在的区间范围，它用数轴上的一段距离表示总体参数可能落入的范围。在某一置信度时，总体参数所在的区域距离或区域长度叫作置信区间，也称置信间距。

（2）**区别：** ①点估计能够提供总体参数的估计值；区间估计只能用数轴上的一段距离表示总体参数可能落入的范围。②点估计无法给出估计精度；区间估计能指出总体参数落入某一区间的概率，或者说能给出估计精度。③点估计是直接根据样本统计量得出的；区间估计以抽样分布理论为基础，需要根据一定的抽样分布计算得出。

8．简述区间估计的原理及影响置信区间的因素。

区间估计的原理是样本分布理论（另一种说法是抽样分布理论），用样本分布的标准误（SE）计算区间长度，解释总体参数落入某置信区间的可能概率。在统计分析中，我们会在保证置信度的前提下，尽可能地提高精确度。

影响置信区间的因素： ①样本容量 n。n 越大，标准误越小，置信区间越窄。②置信水平。置信水平越高，置信区间越宽。③样本方差。样本数据变异性越大，对于相同的置信水平，所需的置信区间越宽。

9．简述估计总体平均数的步骤。

（1）**根据实得样本数据，计算样本的平均数与标准差。**

（2）**计算标准误。**

①当总体方差已知，且总体分布正态（或非正态但 $n > 30$）时：

$$\sigma_{\overline{X}} = \frac{\sigma}{\sqrt{n}}$$

②当总体方差未知，且总体分布正态（或非正态但 $n > 30$）时：

$$\sigma_{\overline{X}} = \frac{S}{\sqrt{n-1}}$$

（3）**确定置信水平或显著性水平。**

（4）**根据样本平均数的抽样分布，确定查何种统计表。**

（5）**计算置信区间。**

①当总体方差已知，且总体分布正态（或非正态但 $n > 30$）时：

$$\overline{X} - Z_{\alpha/2}\sigma_{\overline{X}} < \mu < \overline{X} + Z_{\alpha/2}\sigma_{\overline{X}}$$

②当总体方差未知，且总体分布正态（或非正态但 $n > 30$）时：

$$\overline{X} - t_{\alpha/2}\sigma_{\overline{X}} < \mu < \overline{X} + t_{\alpha/2}\sigma_{\overline{X}}$$

（6）解释总体平均数的置信区间。

10．简述假设检验的原理。

在统计学中，通过检验样本统计量之间的差异做出一般性结论，判断总体参数之间是否存在差异，这种推论过程称作假设检验。

假设检验的基本任务就是事先对总体参数或总体分布形态做出一个假设，然后利用样本信息来判断虚无假设是否合理，从而决定是否接受虚无假设。根据样本的信息，如果不得不否认虚无假设的真实性时，就不得不承认备择假设的真实性；相反，如果不能否认虚无假设的真实性时，就要保留虚无假设而拒绝备择假设。虚无假设和备择假设相互排斥，并且只有一个正确。

假设检验的基本思想是概率性质的**反证法**。为了检验虚无假设，先假定虚无假设为真。在虚无假设为真的前提下，如果小概率事件在一次试验中发生了，则表明"虚无假设为真"的假定是不正确的。因为假设推断的依据是小概率事件原理。该原理认为，小概率事件在一次试验中几乎是不可能发生的。若没有小概率事件发生，那就认为"虚无假设为真"的假定是正确的，也就是说要接受虚无假设。

11．简述假设检验中两类错误的含义及二者的关系。

（1）两类错误的含义。

①Ⅰ型错误：当虚无假设正确，我们却拒绝了该假设时所犯的错误，也叫 α 错误、弃真错误。研究者得出了有处理效应的结论，而实际上并没有效果。

②Ⅱ型错误：当虚无假设错误，我们却接受了该假设时所犯的错误，也叫 β 错误、取伪错误。

（2）两类错误的关系。

①两类错误是在不同条件下犯的错误，Ⅰ型错误是在虚无假设成立时犯的错误，而Ⅱ型错误是在虚无假设不成立时犯的错误，所以 $\alpha + \beta$ 不一定等于 1。

②在其他条件不变的情况下，α 与 β 不可能同时减小或增大，即样本容量一定时，"弃真"概率 α 和"取伪"概率 β 不能同时减小或增大，其中一个减小，另一个就会增大。

③在规定了 α 的情况下要同时尽量减小 β，最直接的方法就是增大样本容量 n。当

n 增大时，样本平均数的分布将变得陡峭，而 α 和其他条件不变，所以 β 就会减小。此外，由双侧检验变成单侧检验也可以减小 β，但需要根据具体的研究问题来选择使用单侧检验还是双侧检验。

12. 简述单侧检验与双侧检验的区别。

（1）**含义**：单侧检验是既强调差异又强调差异的方向性的检验；双侧检验是只强调差异而不强调差异的方向性的检验。

（2）**二者的区别**：①问题的提法不同；②建立假设的形式不同；③否定域不同。

13. 简述假设检验的步骤。

（1）根据问题要求，提出虚无假设和备择假设；（2）选择适当的检验统计量；（3）确定检验的方向性，并规定显著性水平；（4）计算检验统计量的值；（5）将统计量的值与接受域和拒绝域的临界值对比，做出决策。

14. 简述单因素随机区组设计的方差分析表。

变异来源	SS	df	MS	F
组间	SS_B	$k-1$	$MS_B = SS_B/df_B$	MS_B/MS_E
区组	SS_R	$n-1$	$MS_R = SS_R/df_R$	MS_R/MS_E
误差	SS_E	$(k-1)(n-1)$	$MS_E = SS_E/df_E$	
总变异	SS_T	$nk-1$		

总平方和：$SS_T = \sum\sum X^2 - \dfrac{(\sum\sum X)^2}{nk}$。

组间平方和：$SS_B = \sum \dfrac{(\sum X)^2}{n} - \dfrac{(\sum\sum X)^2}{nk}$。

区组平方和：$SS_R = \sum \dfrac{(\sum R)^2}{k} - \dfrac{(\sum\sum R)^2}{nk}$。

误差平方和：$SS_E = SS_T - SS_B - SS_R$。

15. 简述两因素随机区组设计的方差分析表。

两因素（A 因素和 B 因素，水平数分别为 a、b）随机区组设计的方差分析表：

变异来源	SS	df	MS	F
组间	$SS_{组间}$	$ab-1$		
A	SS_A	$a-1$	MS_A	MS_A/MS_E
B	SS_B	$b-1$	MS_B	MS_B/MS_E
A×B	$SS_{A\times B}$	$(a-1)(b-1)$	$MS_{A\times B}$	$MS_{A\times B}/MS_E$

续表

变异来源	SS	df	MS	F
组内	SS_w	$ab(n-1)$		
区组	SS_R	$n-1$	MS_R	MS_R/MS_E
误差	SS_E	$(n-1)(ab-1)$	MS_E	
总变异	SS_T	$nab-1$		

16. 简述两因素混合设计的方差分析表。

两因素混合设计中，一个因素（A，水平数为 a）为被试间设计，另一个因素（B，水平数为 b）为被试内设计。

变异来源	SS	df	MS	F
被试间	$SS_{被试间}$	$na-1$		
A	SS_A	$a-1$	MS_A	$MS_A/MS_{被试(A)}$
被试（A）	$SS_{被试(A)}$	$a(n-1)$	$MS_{被试(A)}$	
被试内	$SS_{被试内}$	$na(b-1)$		
B	SS_B	$b-1$	MS_B	$MS_B/MS_{B×被试(A)}$
A×B	$SS_{A×B}$	$(a-1)(b-1)$	$MS_{A×B}$	$MS_{A×B}/MS_{B×被试(A)}$
B×被试（A）	$SS_{B×被试(A)}$	$a(n-1)(b-1)$	$MS_{B×被试(A)}$	
总变异	SS_T	$nab-1$		

17. 一位研究者探讨了四种学习条件下的学习效果之间是否有差异，在统计分析时采用 t 检验，共做了六次。结果表明，四种学习条件的学习效果有显著差异（$p < 0.05$）。你认为该分析方法与结论正确吗？请给出解释。

不正确。t 检验不能对两组以上的平均数进行比较，因为同时比较的平均数越多，其中差异较大的一对所得 t 值超过原定临界值的概率就越大，这时犯 α 错误的概率将明显增加，或者说本来达不到显著性水平的差异就很容易被说成显著了。本题中，有四种学习条件，也就是要对四组平均数进行比较，所以不能采用 t 检验，应该选择 F 检验。

18. 简述统计功效的含义及其影响因素。

统计功效是指在假设检验中拒绝虚无假设后，接受正确的备择假设的概率，也就是正确地检验出真实差异的概率。统计功效又叫统计检验力、统计效力，用 $1-\beta$ 表示。

影响统计功效的因素：（1）处理效应的大小——处理效应越明显，统计功效越大。（2）显著性水平 α——显著性水平越高，统计功效越大。（3）检验的方向性——在同一显著性水平下，单侧检验的统计功效大于双侧检验的统计功效。（4）样本容量——样本容量越大，标准误越小，样本均值分布越集中，统计功效越大。

19．简述效果量的含义及常用效果量指标的计算。

效果量是测量自变量效果的量数，反映自变量和因变量的关联程度。效果量越大，表示两总体分布的重叠程度越小，效果越明显；反之，表示两总体分布的重叠程度越大，效果越不明显。效果量将均值差异以标准差为单位进行了标准化（类似于标准分数），排除了样本容量的影响。常用效果量如下：

① **$d=$均值差异／标准差：** 两样本均值之差除以标准差。对于独立样本 t 检验，分母的标准差为两独立样本汇合方差的平方根；对于相关样本 t 检验，分母的标准差为两配对样本数据差值的标准差。一般来说，$0 < d < 0.2$、$0.2 < d < 0.8$、$d > 0.8$ 分别对应小、中、大的效果量。

② $r_{pb}^2 = \dfrac{t^2}{t^2 + df}$：点二列相关系数的平方，可测定两独立样本的效果量，也可以测定两相关样本的效果量。一般来说，$0.01 < r_{pb}^2 < 0.09$、$0.09 < r_{pb}^2 < 0.25$、$r_{pb}^2 > 0.25$ 分别对应小、中、大的效果量。

③ $\eta^2 = \dfrac{SS_{\text{effect}}}{SS_{\text{total}}}$：用来解释样本的自变量和因变量的关联程度的描述性统计量，一般作为方差分析的效果量。

④ ω^2：解释总体的自变量和因变量的关联程度的指标，属于参数，每个 η^2 都有一个对应的 ω^2。

20．简述回归分析与相关分析的联系与区别。

回归分析是通过大量观测数据发现变量之间存在的统计规律性，并用一定的数学模型表示变量的相关关系的方法。只有一个自变量并且统计量呈一次函数的线性关系的回归分析叫一元线性回归分析。

（1）**联系：** ①相关分析和回归分析均为研究及度量两个或两个以上变量之间关系的方法。②相关系数和一元线性回归系数具有联系，其公式是：$r = \sqrt{b_{YX} \cdot b_{XY}}$。③相关系数的平方就是一元线性回归中的决定系数，可解释两变量共变的比例。

（2）**区别：** ①相关分析旨在确定变量之间关系的密切程度。②回归分析旨在确定变量之间的数量关系的可能形式，找出适合表达它们之间的依存关系的数学模型。

21．简述线性回归的基本假设。

（1）**线性关系假设：** X 与 Y 在总体上具有线性关系，这是一条最基本的假设。回归分析必须建立在变量之间具有线性关系的假设上。

（2）**正态性假设**：回归分析中的 Y 服从正态分布。

（3）**独立性假设**，包含两个意思：①与某一个 X 值对应的一组 Y 值和与另一个 X 值对应的一组 Y 值之间没有关系，彼此独立；②误差项独立，不同的 X 所产生的误差之间应相互独立，无自相关。

（4）**误差等分散性假设**：特定 X 水平的误差，除了应呈随机化的常态分配，其变异量也应相等，称为误差等分散性。

22．简述 χ^2 检验的含义、基本公式和假设。

（1）**含义**。

χ^2 检验适用于对心理研究中收集到的计数数据进行统计分析，是一种非参数检验方法。χ^2 检验能够处理一个因素两项或多项分类的实际观察次数分布与理论次数分布是否一致的问题，或说有无显著差异的问题。

实际观察次数是指在实验或调查中得到的计数资料，又称观察次数。理论次数是指根据概率原理、某种理论、某种理论次数分布或经验次数分布计算出来的次数，又称期望次数。

（2）**χ^2 检验的基本公式**。

χ^2 检验的统计原理是比较观察值与理论值的差别：①二者的差异越小，检验的结果越不容易达到显著性水平；②二者的差异越大，检验的结果越可能达到显著性水平，就可以下结论拒绝虚无假设而接受备择假设。其基本公式为：

$$\chi^2 = \sum \frac{(f_0 - f_e)^2}{f_e}$$

其中，f_0 为实际观察次数，f_e 为理论次数。

（3）**χ^2 检验的假设**。

①分类相互排斥，互不包容。这样每一个观测值就会被划分到一个类别或另一个类别之中。

②观测值相互独立。例如，一个被试对某一品牌的选择对另一个被试的选择没有影响。

③每一个单元格中的期望次数至少在 5 次以上。

23．简述非参数检验的优缺点。

非参数检验是统计分析方法的重要组成部分。非参数检验是在总体方差未知或知道甚少的情况下，利用样本数据对总体分布形态等进行推断的方法。

优点：一般不涉及总体参数，假设前提较少，容易满足；特别适合顺序资料（等级变量）；特别适合小样本，且计算简便；一般不需要严格的前提假设。

缺点：未能充分利用资料的全部信息，将原始数据转换成等级变量时会丢失一部分信息，精度不高；不能处理交互作用。

24. 试述 t 分布、χ^2 分布和 F 分布。

（1）t 分布。

t 分布，又叫学生氏分布，由高赛特提出，是统计分析中应用较多的一种随机变量函数的分布，是一种左右对称、峰态比较高狭、分布形态随样本容量 $n-1$ 的变化而变化的一族分布。

t 分布的公式：

$$t = \frac{\overline{X} - \mu}{S/\sqrt{n-1}}, \ df = n-1$$

t 分布与 σ 无关，而与自由度（$n-1$）有关。自由度是指任何变量中可以自由变化的数据个数，一般用 df 表示。

t 分布的特点：

①平均数为 0，方差为 $n/(n-2)$。

②以平均数 0 左右对称的分布，左侧 $t < 0$，右侧 $t > 0$。

③变量的取值区间为（$-\infty$，$+\infty$）。

④当 $n \to +\infty$ 时，t 分布为标准正态分布，方差为 1；当 $df > 30$ 时，t 分布接近正态分布，方差大于 1，随 df 的增大，方差渐趋于 1；当 $df < 30$ 时，t 分布与正态分布相差较大，随 df 的减小，方差变大，分布图的中间变低、尾部变高。

（2）χ^2 分布。

χ^2 分布是统计分析中应用较多的一种抽样分布，是描述正态变量二次型的一种重要分布。

从一个服从正态分布的总体中，每次随机抽取数量为 n 的随机变量，可以无限次做同类抽取。对于每次抽取的随机变量，可计算其平方和或标准分数的平方和。无限多个数量为 n 的随机变量的平方和或标准分数的平方和的分布是 χ^2 分布。

χ^2 分布的公式：

总体平均数已知时，公式为 $\chi^2 = \dfrac{\sum(X-\mu)^2}{\sigma^2}$，自由度为 n。

总体平均数未知时，公式为 $\chi^2 = \dfrac{\sum (X - \overline{X})^2}{\sigma^2}$，自由度为 $n-1$。

χ^2 分布的特点：

①χ^2 分布是正偏态分布，n 或 $n-1$ 越小，分布越偏斜。当 $df \to +\infty$ 时，χ^2 分布为正态分布。可见，χ^2 分布是一族分布，正态分布是其特例。

②χ^2 值为正值。

③χ^2 分布的和也为 χ^2 分布，即 χ^2 分布具有可加性。

④当 $df > 2$ 时，χ^2 分布的平均数与方差分别为 df 和 $2df$。

⑤χ^2 分布是连续型分布，但有些离散型分布也近似 χ^2 分布。

（3）F 分布。

从两个正态分布总体中分别随机抽取容量为 n_1 及 n_2 的两个样本，每个样本都可以计算出 χ^2 值，这样可以得到无限多个 χ_1^2 与 χ_2^2，每个 χ^2 随机变量除以对应的自由度 df_1 与 df_2，被称为 F 比率，这无限多个 F 的分布即 F 分布。

F 分布的公式：

$$F = \frac{\chi_1^2 / df_1}{\chi_2^2 / df_2}$$

将 χ^2 公式代入可得：$F = \dfrac{S_{n_1-1}^2 / \sigma_1^2}{S_{n_2-1}^2 / \sigma_2^2}$。

若两样本取自同一总体，可简化为：$F = \dfrac{S_{n_1-1}^2}{S_{n_2-1}^2}$，$df_1 = n_1 - 1$，$df_2 = n_2 - 1$。

F 分布的特点：

①F 分布是正偏态分布，分布曲线随分子自由度（df_1）与分母自由度（df_2）的增加而渐趋正态分布。

②F 值总为正值（方差之比）。

③当分子自由度为1，分母自由度为任意值时，F 值与分母自由度相等概率的 t 值（双侧概率）的平方相等，即 $F = t^2$（两种处理水平）。

④F 分布的倒数性质：$F_{\alpha(df_1, df_2)} = 1 / F_{1-\alpha(df_2, df_1)}$。

25．试述 Z 检验与 t 检验。

（1）平均数的显著性检验（样本—总体）。

①Z 检验（**总体正态，总体方差已知**）。

$$Z = \frac{\overline{X} - \mu_0}{\sigma_0 / \sqrt{n}}$$

②t检验（**总体正态，总体方差未知**）。

$$t = \frac{\overline{X} - \mu_0}{S/\sqrt{n-1}}, \quad df = n - 1$$

③Z'检验（**总体非正态但 $n > 30$，总体方差已知或未知**）。

$$Z' = \frac{\overline{X} - \mu_0}{\sigma_0/\sqrt{n}} \quad \text{或} \quad Z' = \frac{\overline{X} - \mu_0}{S/\sqrt{n}}$$

（2）平均数差异的显著性检验（样本—样本）。

①**Z检验。**

独立样本（两总体正态，两总体方差已知）：

$$Z = \frac{D_{\overline{X}}}{\sigma_{D_{\overline{X}}}} = \frac{\overline{X}_1 - \overline{X}_2}{\sigma_{D_{\overline{X}}}}, \quad \sigma_{D_{\overline{X}}} = \sqrt{\frac{\sigma_1^2}{n_1} + \frac{\sigma_2^2}{n_2}}$$

相关样本（两总体正态，两总体方差已知）：

$$Z = \frac{D_{\overline{X}}}{\sigma_{D_{\overline{X}}}} = \frac{\overline{X}_1 - \overline{X}_2}{\sigma_{D_{\overline{X}}}}, \quad \sigma_{D_{\overline{X}}} = \sqrt{\frac{\sigma_1^2 + \sigma_1^2 - 2r\sigma_1\sigma_2}{n}}$$

②**t检验。**

独立样本（两总体正态，两总体方差未知，方差齐性）：

$$t = \frac{D_{\overline{X}}}{\sigma_{D_{\overline{X}}}} = \frac{\overline{X}_1 - \overline{X}_2}{\sigma_{D_{\overline{X}}}}, \quad \sigma_{D_{\overline{X}}} = \sqrt{\frac{n_1 S_1^2 + n_2 S_2^2}{n_1 + n_2 - 2} \times \left(\frac{1}{n_1} + \frac{1}{n_2}\right)}, \quad df = n_1 + n_2 - 2$$

相关样本（相关系数未知）：

$$t = \frac{D_{\overline{X}}}{\sigma_{D_{\overline{X}}}} = \frac{\overline{X}_1 - \overline{X}_2}{\sigma_{D_{\overline{X}}}}, \quad \sigma_{D_{\overline{X}}} = \sqrt{\frac{\sum(d_i - \overline{d})^2}{n(n-1)}} = \sqrt{\frac{\sum d_i^2 - \frac{(\sum d_i)^2}{n}}{n(n-1)}}, \quad df = n - 1$$

相关样本（相关系数已知）：

$$t = \frac{D_{\overline{X}}}{\sigma_{D_{\overline{X}}}} = \frac{\overline{X}_1 - \overline{X}_2}{\sigma_{D_{\overline{X}}}}, \quad \sigma_{D_{\overline{X}}} = \sqrt{\frac{S_1^2 + S_2^2 - 2rS_1S_2}{n-1}}, \quad df = n - 1$$

26．试述方差分析的基本原理、基本步骤和基本假定。

方差分析又称变异分析，其主要功能在于分析实验数据中不同来源的变异对总变异的贡献大小，从而确定实验中的自变量是否对因变量有重要影响。

（1）基本原理。

①**综合虚无假设与部分虚无假设。**方差分析主要处理两个以上的平均数之间的差异检验问题。此时，该实验研究就是一个多组设计，需要检验的虚无假设就是"任何

一对平均数"之间是否有显著性差异。为此，设定虚无假设为样本所归属的所有总体的平均数都相等，一般把这一假设称为"综合虚无假设"。组间的虚无假设就称为"部分虚无假设"。检验综合虚无假设是方差分析的主要任务。

②**方差的可分解性**。方差分析依据的基本原理就是方差的可加性原则，即方差的可分解性。作为一种统计方法，方差分析把实验数据的总变异分解为若干个不同来源的分量，并根据不同来源的变异在总变异中所占的比重对数据变异的原因做出解释。

（2）基本步骤。

①**建立假设。**

H_0：$\mu_1 = \mu_2 = \cdots = \mu_k$。

H_1：至少有一对平均数差异显著。

②**求平方和。**

总平方和：所有观测值与总平均数的离差的平方总和。

$$SS_T = \sum \sum X^2 - \frac{(\sum \sum X)^2}{nk}$$

组间平方和：各组平均数与总平均数的离差的平方总和。

$$SS_B = \sum \frac{(\sum X)^2}{n} - \frac{(\sum \sum X)^2}{nk}$$

组内平方和：各被试的数值与组平均数之间的离差的平方总和。

$$SS_W = \sum SS_i = \sum \sum X^2 - \sum \frac{(\sum X)^2}{n}$$

③**计算自由度。**

$$df_T = df_B + df_W = nk - 1 = N - 1$$

$$df_B = k - 1$$

$$df_W = k(n-1) = N - k$$

④**计算均方。**

$$MS_B = \frac{SS_B}{df_B}$$

$$MS_W = \frac{SS_W}{df_W}$$

⑤**计算 F 值，并查表进行决策。**

$$F = \frac{MS_B}{MS_W}$$

⑥**陈列方差分析表**。

变异来源	平方和	自由度	均方	F	临界值
组间	SS_B	$k-1$	MS_B	$\dfrac{MS_B}{MS_W}$	$F_{a[k-1,\ k(n-1)]}$
组内	SS_W	$k(n-1)$	MS_W		
总变异	SS_T	$N-1$			

（3）**基本假定**。

①总体服从正态分布。

②变异的相互独立性，确保可对总变异进行分解。

③各实验处理内的方差应彼此无显著差异（方差齐性）。对此，我们可采用哈特莱最大

F 比率法：先求出各样本中方差的最大值与最小值的比（$F_{max} = \dfrac{S^2_{max}}{S^2_{min}}$），然后查表进行判断。

27．试述两因素完全随机设计方差分析的步骤。

（1）**建立假设**。

H_0：$\tau_i = 0$（不存在 A 因素效应，A 因素在所有水平上总体平均相等）；$\beta_j = 0$（不存在 B 因素效应，B 因素在所有水平上总体平均相等）；$(\tau\beta)_{ij} = 0$（不存在 A 因素与 B 因素之间的交互效应，A 因素的总体平均与 B 因素的总体平均无关）。

H_1：$\tau_i \neq 0$；$\beta_j \neq 0$；$(\tau\beta)_{ij} \neq 0$。

（2）**计算平方和与自由度**。

总变异：

$$SS_T = \sum\sum X^2 - \frac{(\sum\sum X)^2}{nab}, \quad df_T = nab - 1$$

组间：

$$SS_{组间} = \sum \frac{(\sum X)^2}{n} - \frac{(\sum\sum X)^2}{nab}, \quad df_{组间} = ab - 1$$

组内：

$$SS_W = SS_T - SS_{组间}, \quad df_W = ab(n-1)$$

A 因素：

$$SS_A = \sum \frac{(\sum X_{A_i})^2}{n_{A_i}} - \frac{(\sum\sum X)^2}{nab}, \quad df_A = a - 1$$

B 因素：

$$SS_B = \sum \frac{(\sum X_{B_j})^2}{n_{B_j}} - \frac{(\sum\sum X)^2}{nab}, \quad df_B = b - 1$$

A×B:

$$SS_{A \times B} = SS_{组间} - SS_A - SS_B, \quad df_{A \times B} = (a-1)(b-1)$$

（3）计算均方。

A 因素：

$$MS_A = \frac{SS_A}{df_A}$$

B 因素：

$$MS_B = \frac{SS_B}{df_B}$$

A×B:

$$MS_{A \times B} = \frac{SS_{A \times B}}{df_{A \times B}}$$

组内：

$$MS_W = \frac{SS_W}{df_W}$$

（4）计算 *F* 值。

A 因素：

$$F = \frac{MS_A}{MS_W}$$

B 因素：

$$F = \frac{MS_B}{MS_W}$$

A×B:

$$F = \frac{MS_{A \times B}}{MS_W}$$

（5）陈列方差分析表。

变异来源	SS	df	MS	F
组间	$SS_{组间}$	$ab-1$		
A	SS_A	$a-1$	$MS_A = SS_A / df_A$	MS_A / MS_W
B	SS_B	$b-1$	$MS_B = SS_B / df_B$	MS_B / MS_W
A×B	$SS_{A \times B}$	$(a-1)(b-1)$	$MS_{A \times B} = SS_{A \times B} / df_{A \times B}$	$MS_{A \times B} / MS_W$
组内	SS_W	$ab(n-1)$	$MS_W = SS_W / df_W$	
总变异	SS_T	$nab-1$		

28．试述 t 检验与方差分析的区别与联系。

t 检验主要是用于检验两组平均数之间的差异是否显著的参数检验方法，包括单样本 t 检验、独立样本 t 检验和配对样本 t 检验。

方差分析（F 检验）的目的是推断多组资料的总体平均数是否相同，即检验多组数据之间的均值差异是否有统计意义，包括单因素完全随机设计方差分析、单因素组内设计方差分析、单因素随机区组设计方差分析和多因素方差分析等。

联系：（1）二者均为推断统计中的参数检验方法，即用样本推断总体。（2）F 检验是 t 检验的增强版。（3）二者的前提均要求方差齐性，总体呈正态分布，t 检验要求总体符合方差齐性，这点需要 F 检验来验证。

区别：（1）t 检验适用于两组样本平均数的差异检验；F 检验适用于三组及三组以上样本平均数的差异检验。（2）二者建立的假设不同——t 检验为虚无假设；方差分析为综合虚无假设。（3）二者依据的抽样分布不同——t 检验依据的是 t 分布；方差分析依据的是 F 分布。

29．试述一元线性回归方程的建立、检验及回归效果指标。

（1）回归方程的建立方法——最小二乘法。

最小二乘法是指如果散点图中的每一点沿 Y 轴方向到直线的距离的平方和最小，即使误差的平方和最小，则在所有直线中这条直线的代表性最好，其表达式即所要求的回归方程。

$$b_{YX} = \frac{\sum (X - \overline{X})(Y - \overline{Y})}{\sum (X - \overline{X})^2}, \quad a = \overline{Y} - b_{YX} \cdot \overline{X}$$

（2）回归模型的有效性检验。

回归模型的有效性检验是对求得的回归方程进行显著性检验，看是否真实地反映了变量间的线性关系，通常使用方差分析的思想和方法进行。

①平方和与自由度。

$$SS_{\mathrm{T}} = \sum (Y - \overline{Y})^2 = \sum Y^2 - \frac{(\sum Y)^2}{N}, \quad df_{\mathrm{T}} = N - 1$$

$$SS_{\mathrm{R}} = \sum (\widehat{Y} - \overline{Y})^2 = b^2 \left[\sum X^2 - \frac{(\sum X)^2}{N} \right] = Nb^2 S_X^2, \quad df_{\mathrm{R}} = 1$$

$$SS_{\mathrm{E}} = \sum (Y - \widehat{Y})^2 = SS_{\mathrm{T}} - SS_{\mathrm{R}}, \quad df_{\mathrm{E}} = N - 2$$

②**均方**。

$$MS_R = \frac{SS_R}{df_R}$$

$$MS_E = \frac{SS_E}{df_E}$$

③ ***F* 值**。

$$F = \frac{MS_R}{MS_E}$$

（3）回归系数的显著性检验。

①**估计误差的标准差**。

估计误差的标准差为 $S_{YX} = \sqrt{\dfrac{\sum (Y - \hat{Y})^2}{N-2}} = \sqrt{MS_E}$，是用来描述由 $\hat{Y}$ 估计 Y 时的误差大小的指标。当相关系数 r 已知时，$S_{YX} = S_Y \sqrt{1-r^2}$。

②**回归系数的标准误**。

$$SE_b = S_{YX} \sqrt{\frac{1}{\sum (X - \bar{X})^2}}$$

③**回归系数的显著性检验统计量**。

设总体回归系数 $\beta = 0$，使用 t 检验：

$$t = \frac{b - \beta}{SE_b}, \quad df = N-2$$

（4）测定系数。

一元线性回归方程经方差分析后被判定为具有有效性，只能说明这个回归方程有别于无价值的方程，并没有指出这个方程的有效性程度。若想了解这个方程的有效性程度，则需要计算测定系数（又叫决定系数、拟合优度），其公式为：

$$r^2 = \frac{SS_R}{SS_T} = \frac{\sum (\hat{Y} - \bar{Y})^2}{\sum (Y - \bar{Y})^2}$$

r^2 反映了回归平方和在总离差平方和中所占的比例，该比例越大，误差平方和在总离差平方和中所占的比例就越小。在回归分析中，我们希望由自变量所决定的离差平方和（回归平方和）在总离差平方和中所占的比例越大越好。因此，可以把测定系数作为检验回归方程的有效性程度的指标。在做相关分析时，我们也可以使用测定系数来解释两个变量的共变程度。

30．论述独立性检验。

（1）**用途：**独立性检验是用来检验两个或两个以上因素的各种分类之间是否有关联或具有独立性的问题。

（2）**步骤。**

①**提出假设。**

H_0：两个变量之间相互独立。

H_1：两个变量之间存在关联。

②**理论次数的计算。**

$$f_e = \frac{f_{x_i}}{N} \cdot \frac{f_{y_i}}{N} \cdot N = \frac{f_{x_i} f_{y_i}}{N}$$

③**卡方检验。**

$$\chi^2 = \sum \frac{(f_0 - f_e)^2}{f_e} \quad \text{或} \quad \chi^2 = N\left(\sum \frac{f_{0_i}^2}{f_{x_i} f_{y_i}} - 1\right)$$

其中，f_{0_i} 为该格的次数，f_{x_i} 为该格所在行的总次数，f_{y_i} 为该格所在列的总次数。

④**自由度的确定。**

$$df = (R-1)(C-1)$$

（3）**如果是四格表（2×2列联表），可以用更简单的公式一步求解。**

①**独立样本。**

$$\chi^2 = \frac{N(AD-BC)^2}{(A+B)(A+C)(B+D)(C+D)}$$

若列联表中某格的理论次数小于5，一般需要校正：

$$\chi^2 = \frac{N\left(|AD-BC| - \dfrac{N}{2}\right)^2}{(A+B)(A+C)(B+D)(C+D)}$$

②**相关样本。**

$$\chi^2 = \frac{(A-D)^2}{A+D}$$

若列联表中某格的理论次数小于5，同样需要校正：

$$\chi^2 = \frac{(|A-D|-1)^2}{A+D}$$

心理
测量学

背诵打卡表

章节	一轮打卡	耗时 / min	二轮打卡	耗时 / min	三轮打卡	耗时 / min	背诵要求
心理测量的基本理论	☐		☐		☐		答题逻辑和要点要记熟，细枝末节需要理解记忆
心理测验及其应用	☐		☐		☐		

第一章　心理测量的基本理论

1．简述四种不同测量量表的特点及适合的统计方法。

（1）称名量表。

称名量表是最低水平的测量量表，只是用数字代表事物的成分或用数字对事物进行分类，其中的数字只是事物属性的符号，并不具备有意义的固定的测量原点、单位的等距性和数字的顺序性，因而该类数字没有数量意义。称名量表可细分为两类：一是命名量表，用数字指代个别事物；二是类别量表，用数字指代事物的种类。其适合的统计方法有百分比、次数、众数和卡方检验。

（2）顺序量表。

顺序量表上的数字不仅能够指代事物类别，而且能够表明不同类别的大小、等级或事物具有某种特征的程度。顺序量表既没有相等的单位，也没有固定的测量原点。顺序量表具有区分性和序列性，但不具有等距性和可加性。其适合的统计方法有中位数、百分位数、等级相关系数和肯德尔和谐系数等。

（3）等距量表。

等距量表不仅能够指代事物的类别、等级，而且具有相等的单位。等距量表没有绝对零点，它的零点是人们假定的相对零点。所得数据可进行加减运算，不可进行乘除运算。其适合的统计方法有平均数、标准差、积差相关系数、等级相关系数、t检验、F检验。

（4）比率量表。

比率量表不仅可以知道测量对象间相差的程度，而且可以知道它们之间的比例。比率量表除了具有类别、等级、等距的特征，还具有绝对零点。所得数据可直接进行加减乘除运算。其适合的统计方法除与等距量表相同的方法外，还包括几何平均数、变异系数等。

2．简述编制心理测验的基本条件。

（1）行为样本。行为样本是指从要测量的总体行为中抽取出来的、能够反映个人特定心理特质的一组行为。

（2）标准化。标准化是指测验的编制、实施、计分及测量分数解释的程序的一致性。标准化的目的是使测量的结果具有客观性。测验的标准化包括：①测验内容的标准化；②施测条件的标准化；③评分规则的标准化；④测验常模的标准化。

（3）难度或应答率。难度太低或太高都不能有效地将不同水平的个体区分开来（出现天花板效应或地板效应），从而不能保证测验的科学性。编制态度测验、兴趣测验、性格测验等不存在难度问题，却存在对项目的应答率问题。如果在某些项目上，答"是"或答"否"的被试人数太多或太少，则不能有效地区分不同态度、兴趣或性格的人。因此，一个良好的心理测验应该具备适当的难度或应答率。

（4）信度和效度。评价一个测验是否科学的重要指标是它的信度和效度。信度是指一个测验的可靠性，即用同一测验多次测量同一团体，所得结果之间的一致性程度。效度是指一个测验的有效性，即一个测验在多大程度上能够测出其所要测量的心理特质。

3. 简述经典测量理论的数学模型。

心理学家把反映被试某种心理特质真实水平的数值称作该特质的真分数。真分数的操作定义是无数次测量结果的平均值。把实测的分数称作该特质的观察分数。

经典测量理论（简称CTT）假定观察分数（X）与真分数（T）之间是一种线性关系，并且只相差一个随机误差（E），即用公式表示如下：

$$X = T + E$$

根据CTT模型，我们可以引申出三个相关联的假设公理：

（1）若一个人的某种心理特质可以用平行的测验反复测量足够多次，则**其观察分数的平均值会接近真分数**，即 $\varepsilon(X) = T$ 或 $\varepsilon(E) = 0$。

（2）**真分数和误差分数之间的相关为零**，即 $\rho(T, E) = 0$。

（3）**各平行测验上的误差分数之间的相关为零**，即 $\rho(E_1, E_2) = 0$。

其中，第（1）条假设意在说明E是服从均值为零的正态分布的随机变量，第（2）条假设和第（3）条假设意在说明E是随机误差，没有包含系统误差在内。

对于CTT模型及其假设，我们可以从以下三个方面加以理解：

（1）在问题的研究范围之内，反映个体某种心理特质水平的真分数假定是不会变的，测量的任务就是估计这一真分数的大小。

（2）观察分数被假定等于真分数与误差分数之和。

（3）测量误差是完全随机的，并服从平均值为零的正态分布。

根据CTT模型及其假设，我们很容易得出以下关系：在一次测量中，被试观察分数的方差（S_X^2）等于真分数的方差（S_T^2）与误差分数的方差（S_E^2）之和，即 $S_X^2 = S_T^2 + S_E^2$。

在上式中，系统误差的变异包含在真分数的变异中，即真分数的变异还可以分为与测量目的有关的变异（S_V^2）和与测量目的无关的变异（S_I^2），则 $S_X^2 = S_V^2 + S_I^2 + S_E^2$。

4．简述信度的含义及作用。

（1）信度的含义。

信度是指测量结果的一致性或稳定性程度。信度有三种等价定义：①信度（信度系数，r_{xx}）是一个被试团体的真分数变异数（S_T^2）与总变异数（实得分数变异数，S_X^2）之比，即 $r_{xx} = \dfrac{S_T^2}{S_X^2}$；②信度是一个被试团体的真分数与实得分数的相关系数的平方，即 $r_{xx} = \rho_{TX}^2$，其中 ρ_{TX} 叫信度指数；③信度是两个平行测验间的相关系数（$\rho_{xx'}$），即 $r_{xx} = \rho_{xx'}$。在实际应用中，真分数是我们不知道的值，因此定义①和定义②只具有理论意义，定义③才具有实际意义。

（2）信度的作用。

①信度是测量过程中存在的随机误差的大小的反映。

②信度可以用来解释个人测验分数的意义。

信度仅表明一组测量的实得分数与真分数的符合程度，并没有直接指出个人测验分数的变异情况。我们可以用对一个人数足够多的团体两次施测的结果来估计测量误差的变异数。这时每个被试两次测量的分数之差就构成了一个新的分布，这个分布的标准差就是测量的标准误，它是此次测量中误差大小的客观指标。测量标准误的计算公式如下：

$$SE = S_X \cdot \sqrt{1 - r_{xx}}$$

其中，SE 为测量标准误，S_X 为实得分数的标准差，r_{xx} 是测量的信度。

在计算得到测量标准误之后，便可以使用下列公式构建测验真分数（T）的置信区间：

$$X - Z \cdot SE \leqslant T \leqslant X + Z \cdot SE$$

其中，X 为被试的实得分数，SE 为测量标准误，Z 为对应某特定显著性水平的临界值。

③信度有助于不同测验分数的比较。

通常，来自不同测验的原始分数是不能直接进行比较的，必须转化成标准分数才能进行比较，可采用差异的标准误（SE_d）来进行差异的显著性检验，公式如下：

$$SE_d = S \cdot \sqrt{2 - r_{xx} - r_{yy}}$$

其中，S 为相同尺度的标准分数的标准差，r_{xx}、r_{yy} 分别是两个测验的信度系数。

5. 什么是测量的效度？信度与效度有怎样的关系？

（1）效度的含义。

效度是指一个测验或量表实际能测出其所要测的心理特质的程度。在测量理论中，效度被定义为：在一列测量中，与测量目的有关的真实变异数（S_V^2）与总变异数（S_X^2）的比率，通常用 r_{xy}^2 或 V 表示，r_{xy} 为效度系数。

$$r_{xy}^2 = V = \frac{S_V^2}{S_X^2}$$

①效度是一个相对的概念，表现在两个方面：效度是相对于一定的测量目的而言的；心理特质是较隐蔽的，我们只能通过受测者的行为表现来推测。

②效度是测量的随机误差和系统误差的综合反映。

③判断一个测量是否有效要从多方面搜集证据。

（2）信度与效度的关系。

①信度高是效度高的必要而非充分的条件。 一个测验的效度高，其信度必然高（系统误差和随机误差都小）；但一个测验的信度高，其效度不一定高（效度还需要考虑系统误差）。

②测验的效度受它的信度制约。

已知：$r_{xy}^2 = \frac{S_V^2}{S_X^2}$，$r_{xx} = \frac{S_T^2}{S_X^2}$。

因为：$S_T^2 = S_V^2 + S_I^2$。

推知：$r_{xy}^2 = r_{xx} - \frac{S_I^2}{S_X^2}$。

所以：$r_{xy}^2 \leqslant r_{xx}$。

6. 什么是内容效度？如何确定内容效度？

（1）含义： 内容效度是指一个测验实际测到的内容与所要测量的内容之间的吻合程度。确定一个测验的内容效度必须具备的条件：要有定义完好的内容范围；测验项目应是已界定的内容范围的代表性样本。

（2）确定方法。

①逻辑分析法（专家评定法）。 请有关专家对测验题目与原定内容范围的吻合程度做出判断。具体步骤：首先，明确所要测量内容的全部范围；其次，确定每个题目所要测量的内容，并与测验编制者所列的双向细目表对照，逐题比较自己的分类与制卷

者的分类，并做好记录；最后，制订评定量表，考查题目对所定义内容范围的覆盖率，判断题目难度和能力要求之间的差异，考查各种题目数量和分数的比例以及题目形式对内容的适当性等，对整个测验的有效性做出总的评价。

②**复本法**。克龙巴赫提出了确定内容效度的复本法。具体步骤：从同一教学内容总体中抽取两套独立的平行测验，用这两个测验来测同一批被试，求其相关。若相关低，则两个测验中至少有一个测验缺乏内部效度；若相关高，则测验可能有较高的内容效度。

③**再测法**。具体步骤：在被试学习某种知识之前做一次测验，在学过该知识后再做相同的测验。若后测成绩显著优于前测成绩，则说明该测验具有较高的内容效度。

（3）**适用范围**：适用于成就测验、职业测验（用于选拔和分类），不适用于能力倾向测验和人格测验。

要注意将内容效度与表面效度区分开来。表面效度是外行人对某个测验从表面上看好像是测某种心理特质的一种现象，一般来说，最佳行为测验往往需要表面效度高，其他测验则希望表面效度低。

7. 简述难度对测验的影响。

（1）**难度影响测验分数的分布形态**。项目难度普遍较大的测验，分数的分布将呈现正偏态；项目难度普遍较小的测验，分数的分布将呈现负偏态。一般能力测验和成就测验的平均难度在 0.5 左右为宜，正偏态分布适合于筛选性、竞争性测验。

（2）**难度影响测验的信度**。过难或过易的测验会使测验分数相对集中在低分端或高分端，从而使分数的全距缩小，信度较低。一般来说，难度 $P = 0.5$ 时，测验信度最佳。

（3）**难度影响测验项目的鉴别力**。P 值越接近 0.5，测验项目的鉴别力就越高；P 值越接近 1 或 0，测验项目的鉴别力就越低。

8. 区分度的含义及计算。

（1）**区分度的含义**。

区分度是指测验项目对被试心理品质水平差异的区分能力或鉴别能力，一般用 D 表示，取值范围为 $-1 \sim 1$。D 为正值，称为积极区分；D 为负值，称为消极区分；D 为 0，称为无区分作用。区分度是评价项目质量、筛选项目的主要指标和依据。

（2）**区分度的计算**。

①**项目鉴别指数法**。当测验总分是连续变量时，可以从分数分布的两端各选择 27% 的被试，分别称为高分组和低分组，并计算出二者在项目上的通过率，二者之差

便是鉴别指数。

$$D = P_H - P_L$$

②**相关法**。以项目分数与效标分数或测验总分的相关作为项目区分度的指标。相关越高，项目区分度就越高。根据不同的情况，可以使用点二列相关、二列相关、Φ 相关和积差相关等（具体计算公式见心理统计学部分）。

③**方差法**。被试在某一项目上的得分越分散，即方差越大，则该项目的区分度越高。

9．如何理解区分度的相对性？

（1）**计算方法不同，所得的区分度值不同**。分析同一个测验时，各个项目要采用同一种区分度指标。

（2）**样本容量的大小影响用相关法计算的区分度值的大小**。一般来说，样本容量越小，其统计值就越不可靠。

（3）**分组的标准影响区分度值**。分组越极端，D 值越大，通常选取 27% 作为极端分组划分的标准。

（4）**被试样本的同质性程度影响区分度值的大小**。被试团体越同质，即个体之间的水平越接近，其测题的区分度值就越小。

10．试述测量误差的种类、来源及控制方法。

测量误差是指在测量过程中由那些**与测量目的无关的变化因素**所引起的一种**不准确或不一致**的测量效应。

（1）**测量误差的种类**。

①**随机误差**：那种由与测量目的无关的偶然因素引起的而又不易控制的误差。它使多次测量产生了不一致的结果，其方向和大小的变化完全是随机的，只符合某种统计规律。随机误差既影响测量的准确性，又影响测量的稳定性。

②**系统误差**：那种由与测量目的无关的变化因素引起的一种恒定而有规律的效应。这种误差稳定地存在于每次测量之中，尽管多次测量的结果非常一致，但实测结果仍与真实数值有差异。系统误差只影响测量的准确性，不影响测量的稳定性。

（2）**测量误差的来源**。

①**测量工具**：心理测量工具通常是一套以测验（问卷）为核心的刺激反应系统（通常称作量表）。当用量表测查人的某种心理特质时，若项目所测的东西与我们欲测的目的之间出现偏差，则测量会出现误差。测量工具不稳定、没有真正测到我们所要测的东西是其造成误差的两种主要原因。

②**测量对象**：造成测量误差的主要原因是被试的真正水平未得到正常发挥。一般来说，被试的某种心理特质水平是相对稳定的，但是他在接受测量时的生理和心理状态会影响其水平的正常发挥。此外，被试的应试动机的强弱、受训时间的长短、受训内容的多少、答题反应的快慢、经验、练习效应、反应倾向、一些生理因素（生病、疲劳、失眠、情绪）等都会导致测量误差。

③**施测过程**：产生测量误差的原因主要是一些偶然因素，包括施测物理环境、测试时间、主试的某些属性、评分计分环节出现的疏漏以及意外干扰等。

（3）测量误差的控制方法。

要想控制测量误差，就必须使测验标准化，即测验的编制、施测、评分计分及对分数的解释都必须标准化。

①**对所有被试施测相同的或等值的项目**。测验内容不同，所测得的结果就无法进行比较。

②**在测验的编制方面**：第一，应明确测验目的，据此制订编题计划；第二，编辑测验项目，此时要注意所收集材料的丰富性和普遍性。编制测验项目还要注意以下几点：测验项目的取样应当对预测心理品质具有代表性；测验项目的取材范围要同编制计划所列项目相一致；测验项目的难度应有一定的分布范围；编写测验项目的用语要精练、浅显；一开始编写的项目数量要多于最终所需要的数量，以便筛选或编制复本；测验项目的说明必须简明。

③**对被试必须在相同的条件下施测**。这包括相同的测验环境、相同的指导语和相同的测验时限。

④**评分客观**。要想使评分客观化，应该：及时、正确地记录被试的反应；要有一张标准答案或正确反应的表格，即计分键；将被试的反应与计分键比较，确定被试应得的分数。

⑤**对测验结果解释的标准化**。这需要建立一定的参照标准，使测验分数可以同参照标准进行比较，从而揭示分数所代表的意义。

11. 试述不同信度的估计方法。

（1）重测信度。

①**含义**：重测信度是指用同一个测验对同一组被试前后两次施测所得结果的一致性程度，又叫再测信度、稳定性系数，其大小等于同一组被试在两次测验上所得分数的皮尔逊积差相关系数。

②**计算方法：**

$$r = \frac{\sum (X - \overline{X})(Y - \overline{Y})}{N S_X S_Y}$$

③**误差来源：**测验所测特质的稳定性；成熟、知识的积累、练习和记忆效果等存在个体差异；测验过程中偶发因素的干扰；等等。

④**使用条件：**所测量的心理特质必须是稳定的；遗忘和练习的效果基本上相互抵消（智力测验的间隔时间一般在6个月左右）；两次施测之间，被试在所要测查的心理特质方面没有获得更多的学习或训练。

⑤**注意事项：**重测信度仅限于考察由测量本身引起的小幅度的随机变化，而不应涉及整个行为的持久变化；一个测验的重测信度可能不止一个；重测信度适用于人格测验、速度测验。

（2）复本信度。

①**含义：**复本信度是指两个平行测验测量同一批被试所得结果的一致性程度，其大小等于同一批被试在两个复本测验上所得分数的皮尔逊积差相关系数。如果两个复本测验是同时连续施测的，则称这种复本信度为等值性系数；如果两个复本测验是相距一段时间分两次施测的，则称这种复本信度为稳定性与等值性系数。与其他信度相比，稳定性与等值性系数最小，也是对信度最严格的检验。

②**计算方法：**

$$r = \frac{\sum (X - \overline{X})(Y - \overline{Y})}{N S_X S_Y}$$

③**误差来源：**两个平行测验是否等值（主要来源）；被试的情绪波动、动机变化；测验情境的变化；偶然因素的干扰；等等。

④**使用条件：**构造出两份或两份以上真正平行的测验；被试有条件接受两个测验；尽量缩短施测的间隔时间，排除记忆和练习的干扰。

⑤**局限性：**严格的平行测验很难编制出来；容易受到练习、记忆和迁移的影响。

（3）分半信度。

①**含义：**分半信度是指将一个测验分成对等的两半后，所有被试在这两个分半测验上所得分数的一致性程度，有时也称内部一致性系数。

②**计算方法：**计算两个分半测验所得分数的皮尔逊积差相关系数，由于计算的只是半个测验的信度，我们需要对其进行校正：

a.斯皮尔曼－布朗公式：当两个分半测验的变异数（方差）相等时使用。

$$r_{xx} = \frac{2r_{hh}}{1 + r_{hh}}$$

其中，r_{xx} 为整个测验的信度，r_{hh} 为两个分半测验分数间的相关系数。

b. 弗朗那根（Flanagan）公式：当两个分半测验的变异数（方差）不相等时使用。

$$r_{xx} = 2\left(1 - \frac{S_a^2 + S_b^2}{S_X^2}\right)$$

其中，S_a^2、S_b^2 分别表示所有被试在两个分半测验上得分的方差，S_X^2 表示所有被试在整个测验上总得分的方差。

c. 卢仑（Rulon）公式：

$$r_{xx} = 1 - \frac{S_d^2}{S_X^2}$$

其中，S_d^2 表示同一组被试在两个分半测验上得分之差的方差。

③**使用条件：**通常在只能施测一次或没有复本的情况下使用；当一个测验无法对等分半时，不宜使用。

④**注意事项：**有牵连的题目（如几个题目都是基于同一个材料）要放在同一半，否则会高估信度值；当测验中存在任意题或测验为速度测验时，不宜用分半法；测验分半的方法有很多，可以按奇偶分半、题目难度分半、题目内容分半等，因此，同一个测验通常会有很多分半信度值。

（4）同质性信度。

①**含义：**同质性信度也称内部一致性系数，指的是测验内部所有题目间的一致性程度。这里，题目间的一致性含有两层意思：一是指所有题目测的都是同一种心理特质；二是指所有题目的得分之间都具有较高的正相关。

②**计算方法：**

a. 库德－理查逊公式20（K-R$_{20}$）：仅适用于（0，1）计分的测验。

$$r_{xx} = \frac{K}{K-1}\left(\frac{S_X^2 - \sum p_i q_i}{S_X^2}\right)$$

其中，K 为题目数，p_i、q_i 分别表示第 i 题的通过率和未通过率，S_X^2 为测验总分的方差。

b. 库德－理查逊公式21（K-R$_{21}$）：适用于（0，1）计分的测验，且要求所有题目的难度接近。

$$r_{xx} = \frac{K}{K-1} \left(\frac{S_X^2 - K\,\overline{p}\,\overline{q}}{S_X^2} \right)$$

其中，K 为题目数，$\overline{p}$、$\overline{q}$ 分别表示题目的平均通过率和平均未通过率，S_X^2 为测验总分的方差。

c.克龙巴赫 α 系数：不仅适用于（0，1）计分的测验，也适用于非（0，1）计分的测验。库德-理查逊公式是克龙巴赫 α 系数的一种特例。

$$\alpha = \frac{K}{K-1} \left(1 - \frac{\sum S_i^2}{S_X^2} \right)$$

其中，K 为题目数，S_i^2 为所有被试在第 i 题上的得分的方差，S_X^2 为测验总分的方差。

d.荷伊特信度：荷伊特提出用方差分量比来描述测验内部一致性的方法。该方法将测验分数的总变异分解为三个部分：被试间变异、项目间变异和人与试题的交互作用变异。荷伊特认为，可用被试间变异的均方（$MS_{人}$）作为被试方差的估计值，用人与试题的交互作用变异的均方（$MS_{人 \times 题}$）作为误差方差的估计值，用下式计算测验信度的估计值：

$$r_{xx} = 1 - \frac{MS_{人 \times 题}}{MS_{人}}$$

③**局限性：**第一，内部一致性估计只可在测量单一特质的测验上使用。第二，当内部一致性估计应用在速度测验上时，会有信度估计膨胀的现象。例如，打字测验等手部灵巧性测验就不适合用内部一致性作为信度指标。

（5）评分者信度。

①**含义：**评分者信度是指多个评分者给同一批人的答卷进行评分的一致性程度。

②**计算方法：**

a.积差相关或斯皮尔曼等级相关：适用于评价者为2人时。斯皮尔曼等级相关公式如下：

$$r_R = 1 - \frac{6\sum D^2}{N(N^2-1)}$$

其中，N 为成对数据个数，D 为成对数据的等级之差。

b.肯德尔 W 系数：适用于评价者多于2人时。被评价对象 N 为 3~7 个时，可直接查肯德尔和谐系数表来确定 W 是否达到显著性水平；若 $N > 7$，则可进行卡方检验 $[\chi^2 = K(N-1)W, \ df = N-1]$。

$$W = \frac{12\left[\sum R_i^2 - \frac{(\sum R_i)^2}{N}\right]}{K^2(N^3 - N)}$$

其中，K 为评价者人数，N 为被评价对象数，R_i 是第 i 个被评价对象的等级之和。

有相同等级时，则需要使用以下公式（n 为相同等级的个数）：

$$W = \frac{12\left[\sum R_i^2 - \frac{(\sum R_i)^2}{N}\right]}{K^2(N^3 - N) - \frac{K\sum(n^3 - n)}{12}}$$

12．试述信度的影响因素及提高信度的方法。

信度是测量过程中随机误差大小的反映。随机误差越大，信度就越低；随机误差越小，信度就越高。

（1）信度的影响因素。

①被试因素。

就单个被试而言，被试的身心健康状况、应试动机、注意力、耐心、求胜心、作答态度等都会影响测量误差。

就被试团体而言，团体内部水平的离散程度和团体的平均水平都会影响测量的信度。一个团体越异质，其分数分布的范围就越大，信度系数也就越高，这样就有可能高估实际的信度值；相反，则有可能低估真正的信度值。当将已知信度的测验用在异质程度不同的团体时，可用下面的公式推算出新的信度系数：

$$r_{nn} = 1 - \left[S_o^2(1 - r_{oo})/S_n^2\right]$$

其中，r_{oo} 为测验用于原团体的信度，r_{nn} 为用于异质程度不同的团体的信度，S_o 为信度系数已知的分数分布的标准差，S_n 为信度系数未知的分数分布的标准差。

②主试因素。

施测人员不按规定施测，故意制造紧张气氛，或给考生一定的暗示、协助等，测量的信度会大大降低；评分者若评分的标准不一，甚至随心所欲，也会降低测量的信度。

③施测情境。

考场是否安静、光线和通风是否良好、所需设备是否齐全、桌面是否合乎要求等都会影响测量的信度。

④测量工具因素。

a.试题的数量。在其他因素都相同的情况下，测验题目的数量会影响测量的信度。

测验题目越多，信度越高。增加测验长度可以提高测量的信度，这种效果可以用斯皮尔曼 - 布朗公式（分半法校正公式是其特例）推算出来：

$$\rho_{zz'} = \frac{K\rho_{xx'}}{1+(K-1)\ \rho_{xx'}}$$

其中，K 为改变后的测验长度与原来的测验长度之比，$\rho_{xx'}$ 为原测验的信度，$\rho_{zz'}$ 为测验长度增加为 K 倍后的信度。

b.试题之间的同质性程度。如果一个测验内部的试题之间彼此异质，则无法使测量的内部一致性系数提高。

c.试题的难度。试题太难或太易，都会使得分的变异性很小，用相关法计算出的信度值就会很小。

⑤**两次施测的时间间隔。**

在计算重测信度和稳定性与等值性系数时，两次施测的时间间隔要合适。一般来说，时间间隔越短，信度值就越大。

（2）提高测量信度的方法。

①适当增加测验的长度。可使用斯皮尔曼 - 布朗公式求出需要增加的测验长度。需要注意：新增的题目必须与原题目同质，新增的题目数量必须适当。

②使测验中所有试题的难度接近正态分布，并控制在中等水平。

③努力提高测验试题的区分度。

④选取恰当的被试团体，提高测验在各同质性较强的亚团体上的信度。

⑤主试严格执行施测规程，评分者严格按标准给分，施测场地按测验手册的要求进行布置，减少无关因素的干扰。

⑥对于时间取样的信度估计方法（重测信度和稳定性与等值性系数），两次施测的时间间隔要适当。

13.试述结构效度的含义、特点以及确定方法。

（1）含义：结构效度是指一个测验实际测到所要测量的理论结构或特质的程度，或用心理学上某种构想或特质来解释测验分数的恰当程度。构想或结构是指心理学理论所涉及的抽象的、假设性的概念或特质。

（2）特点：结构效度的大小首先取决于事先假定的心理特质理论；当实际测量的资料无法证实理论时，并不一定表明该测验的结构效度不高，有可能是理论假设不成立或其他情况；结构效度是通过测量什么、不测量什么的证据累积起来加以确定的，因而不可能有单一的数量指标来描述结构效度。

（3）确定方法。

总体来说，结构效度的确定包括三个步骤：首先，提出理论假设，并将其分成一些细小的纲目，以解释被试在测验上的表现；其次，依据理论框架，推演出有关测验成绩的假设；最后，用逻辑和实证的方法来验证假设。

具体而言，可以有如下方法：

①测验内部寻找证据法。

a.考查测验的内容效度；b.分析被试的答题过程；c.计算测验的同质性信度。

②测验之间寻找证据法。

a.相容效度法：考查新编测验与某个已知的能有效测量相同特质的旧测验之间的相关。

b.会聚效度（求同效度、聚合效度）法：如果两个测验测量的是同一特质，即使使用不同的方法进行测量，它们之间的相关也应该是高的。

c.区分效度（求异效度）法：如果两个测验测量的是不同的特质，即使使用相同的方法进行测量，它们之间的相关也应该是低的。

d.因素分析法：通过对一组测验进行因素分析，找出影响测验的共同因素。每个测验在共同因素上的负荷量就是测验的因素效度，测验分数总变异中来自有关因素的比例就是该测验结构效度的指标。因素分析主要包括探索性因素分析（EFA）和验证性因素分析（CFA）两种。

③考查测验的实证效度法。

如果一个测验有实证效度，则可以拿该测验所预测的效标的性质与种类作为该测验的结构效度指标。有两种做法：a.根据效标把人分成两类，考查其得分的差异；b.根据测验得分把人分成高分组和低分组，考查这两组人在所测特质方面是否有差异。

④多种特质–多种方法矩阵法（MTMM）。

该方法是由坎贝尔（Campbell）和菲斯克（Fiske）于1959年首先提出来的，它是聚合效度法和区分效度法的一种综合应用。比如，假设有多种特质（如A、B、C）都接受了多种方法（如方法1、2、3、4）的测查，则可以分别计算出用任意两种方法测量同一特质和不同特质的相关系数，以及任意两种特质接受同一方法和不同方法的相关系数，然后构造出如下表所示的MTMM矩阵。

		方法1			方法2			方法3			方法4		
		A_1	B_1	C_1	A_2	B_2	C_2	A_3	B_3	C_3	A_4	B_4	C_4
方法1	A_1	0.90											
	B_1	0.50	0.89										
	C_1	0.35	0.41	0.81									
方法2	A_2	0.58	0.25	0.10	0.95								
	B_2	0.21	0.59	0.09	0.63	0.91							
	C_2	0.14	0.13	0.50	0.57	0.53	0.85						
方法3	A_3	0.55	0.20	0.13	0.69	0.32	0.30	0.93					
	B_3	0.11	0.60	0.19	0.20	0.68	0.29	0.50	0.96				
	C_3	0.15	0.20	0.70	0.21	0.19	0.67	0.53	0.51	0.92			
方法4	A_4	0.58	0.21	0.11	0.66	0.11	0.19	0.70	0.13	0.14	0.89		
	B_4	0.18	0.61	0.09	0.30	0.68	0.18	0.22	0.68	0.20	0.51	0.90	
	C_4	0.20	0.15	0.71	0.22	0.18	0.70	0.23	0.19	0.71	0.52	0.50	0.91

表格中位于主对角线上的数值（只加粗的数据），是用同样的方法测量相同特质所得的相关，是测验的信度指标；表格中加粗、有下划线的数值，是用不同方法测量同种特质所得的相关，是测验的聚合效度指标；表格中加粗、有边框的数值，是用相同方法测量不同特质所得的相关，是测验的区分效度指标；表格中的其他数值，是用不同方法测量不同特质所得的相关，一般较低，是特质与方法间交互作用的反映。

⑤**发展水平变化。**

许多智力量表的效度验证都使用了智力的年龄差异这一特点。如果智力是随年龄的增长而增长的，那么智力测验分数也应该随着年龄的变化而变化；如果前后两次智力测验的分数不符合这一点，就可以认为这一测验不具有高的结构效度。

（4）**适用范围：**主要用于智力测验和人格测验等一些心理测验。

14. 试述实证效度的含义、效标的含义及测量要求、实证效度的类别及其确定方法。

（1）**实证效度的含义。**

实证效度是指一个测验对处于特定情境中的个体的行为进行估计的有效性，又称效标关联效度。

（2）**效标的含义。**

效标是指被估计的行为是检验效度的标准。简而言之，效标就是衡量一个测验是否有效的外在标准。常用的效标有学业成就、等级评定、临床诊断、专门的训练成绩、实际的工作表现、对团体的区分能力以及其他现成的有效测验。

（3）效标的测量要求。

①相关性：效标与目前所评价的事物相关，并适合用这一效标来度量。

②有效性：效标与所代表的特质之间应该高度一致。

③无污染：效标的度量不是基于或者部分基于正在评价的测验的结果。

④客观性：效标测量必须客观，避免偏见。

⑤实用性：在保证有效性的前提下，效标测量必须尽可能简单、省时、花费少、可操作。

（4）实证效度的类别。

根据效标资料搜集的时间差异，实证效度可以分成同时效度和预测效度两种。

①同时效度是指测验分数与同时获得的效标资料的一致性程度，主要用于诊断现状。

②预测效度是指测验结果对效标行为的预测程度，用于预测个体将来的行为。

（5）实证效度的确定方法。

实证效度的确定可以分为三个步骤：明确观念效标；确定效标测量；考查测验分数与效标测量的关系。具体方法包括：

①相关法。确定实证效度最常用的方法是计算测验分数与效标测量的相关系数。变量的性质不同，相关系数的计算方法也不同，主要有积差相关、等级相关、二列相关等。相关法的优点是提供了预测源与效标之间的数量关系，还可以利用回归方程来预测每个人的效标分数。其缺点是如果预测源与效标之间不是直线关系，便会低估测验的效度，而且不能提供关于取舍正确性的指标。

②区分法。实证效度可以通过看测验分数能否区分由效标测量所定义的不同团体来确定。例如，在大学里，我们根据教师评定，把学生分为合格与不合格两组，然后再去查阅他们的高考分数，若两组在高考分数上有显著差异，那就可以认为高考是有效的，否则便认为高考是无效的。

③命中率法。这里的命中率主要是正命中率、总命中率。

		效标	
		成功	失败
测验分数	成功	（A）正确接受	（B）错误接受
	失败	（C）错误拒绝	（D）正确拒绝

a.正命中率是指被测验选出的人中真正被选对的人数的比率：

$$P = \frac{\text{正确接受}}{\text{正确接受} + \text{错误接受}} \times 100\% = \frac{A}{A+B} \times 100\%$$

b.总命中率是指被测验选对的人数和被正确淘汰的人数之和与总人数的比率：

$$P = \frac{\text{正确接受} + \text{正确拒绝}}{\text{总人数}} \times 100\% = \frac{A+D}{A+B+C+D} \times 100\%$$

④**功利率法**。功利率法是对使用测验所需的费用和所得到的收益进行比较。

⑤**基础率、灵敏度、确认度**。a.基础率是指符合筛选要求的群体在整个人群总体中所占的比率；b.灵敏度是指所有真正符合要求的人能被测验鉴别出来的人数的比率；c.确认度是指所有不符合要求的人能够被测验正确淘汰的人数的比率。当基础率较低时，选用灵敏度高的测验比较有效；当基础率较高时，选用确认度高的测验比较有效。

15. 试述效度的影响因素及其提高方法。

（1）效度的影响因素。

①**测验的构成：**样本对欲测内容或结构的代表性，题目的难度，指导语的明确性，题目的编制，测验的长度。

②**测验的实施过程：**是否遵守指导语，是否出现意外干扰，计分是否出错。

③**被试情况：**被试的身心状态，被试团体是否同质。

④**所选效标的性质：**不同的测验选择不同的效标，效标与测验分数间是否符合线性关系。

⑤**测验的信度：**测验的效度受其信度制约。

（2）效度的提高方法。

①通过标准化全面减少各种测量误差。

②精心编制测验量表，避免出现较大的系统误差。

③妥善组织测验，控制随机误差。

④创设标准的应试情境，让每个被试都能发挥正常的水平。

⑤选好正确的效标，定好恰当的效标测量，正确使用有关公式。

📖 第二章　心理测验及其应用

1. 简述测验编制的基本程序。

（1）确定测验目的：明确测量对象、测量目标、测量用途（描述性、诊断性）。

（2）**制订编题计划**：明确测验内容，使内容全面而具有代表性，并明确各个内容的相对重要性。

（3）**编辑测验项目（题目编制技术）**：收集测验资料（资料要丰富、有普遍性、有趣味性）；选择测验项目形式（简答题、论文题等）；编写测验项目。

（4）**预测与项目分析**：预测对象要有代表性，预测情境要和正式施测时的情境一致，预测的时限可以适当延长，施测者应对受测者的反应加以记录；对项目的难度、区分度等进行分析。

（5）**合成测验**：完成测验项目的选择、编排（并列直进式、混合螺旋式）及复本的编制。

（6）**测验标准化**：测验内容、施测过程、评分标准和测验分数的解释要标准化。

（7）**鉴定测验**：主要是鉴定测验的信度、效度，形成测验量表及常模。

（8）**编写测验说明书**：向使用者说明如何使用该测验，以保证测验的信度和效度。

2．简述测验标准化的内容。

（1）**内容标准化**：测验题目必须能测量所要测的目标，且对所有被试必须实施相同的或等值的测验。

（2）**施测标准化**：让所有被试都在相同的条件下接受测验，产生真实的行为反应。

（3）**评分标准化**：评分的客观性。

（4）**建立常模**：建立常模是为了能标准化地解释测验分数。常模分数是使用测验的人用来解释被试分数的唯一依据。个人的分数只有和常模分数做比较，才能显示出它所代表的真正意义。

3．简述测验等值的条件。

测验等值是指通过对考核同一种心理品质的多个测验形式做出测量分数的系统转换，使这些不同形式的测验分数之间具有可比性。

测验等值的条件：

（1）**同质性**：被等值的不同测验形式所测的必须是同一种心理品质，且测验的内容与范围基本相同。

（2）**等信度**：被等值的不同测验形式必须有相等的测验信度。

（3）**公平性**：被试参加被等值的不同测验形式中的任何一个，等值后的结果都是一样的。

（4）**可递推性**：根据测验 X 与测验 Y 之间的等值关系以及测验 Y 与测验 Z 之间的

等值关系，可以递推出测验 X 与测验 Z 之间的等值关系。

（5）**对称性**：从等值的两个测验中的任何一个出发，得到的等值结果都应该是相等的。

（6）**样本不变性**：两测验的等值关系是内在的，不随所使用的样本的变化而变化。

4. 简述在测验实施过程中需要注意的问题。

（1）**施测前的准备工作**：准备好测验材料；熟练掌握施测手续；熟记测验指导语并能用口语清楚、流利地说出来。

（2）**指导语**：主要作用是使被试按正确的形式对题目做出反应。指导语应保持中立，不倾向于答案的任何方向。

（3）**测验情境**：测验场地（通风、光线、噪声）、座位、答案纸的类型等都会影响测验分数。

（4）**测验焦虑**：会影响测验结果的真实性。测试时要稳定被试的情绪。另外，能力越高，测验焦虑越低；越渴望得高分的人，测验焦虑越高。参加竞争性测验的人的焦虑高。经常接受测验的人的焦虑低。轻微焦虑会增强测验效果，焦虑太高或毫无焦虑会降低测验效果。

（5）**与被试建立良好的协调关系**：保证被试能按指导语行事。

（6）**评分技术**：及时、清楚地记录被试的反应，制作标准答案，将被试反应与标准答案进行比较。

5. 解释测验分数的意义时需要遵循哪些原则？

（1）主试应充分了解测验的性质和功能。

（2）对导致测验结果的原因的解释应慎重，谨防片面、极端。

（3）必须充分估计测验的常模和效度的局限性，一定要从相近的团体、最匹配的情境中获得资料。

（4）解释分数应参考其他有关资料。

（5）应以"一段分数"而不是"特定的数值"来解释测验分数。

（6）对来自不同测验的分数不能直接加以比较。

6. 什么是常模？如何编制常模？

常模是根据标准化样本的测验分数，经过统计处理而建立起来的具有参照点和单位的测验量表。在这个量表上，被试可根据自己的测验分数找到自己在团体中所处的地位。

常模编制的步骤：（1）确定有关的比较团体；（2）对常模团体进行施测，并获得该团体成员的测验分数及分数分布;(3)确定常模分数类型,把原始分数转化为量表分数,制作常模量表,给出抽取常模团体的书面说明、常模分数的解释指南等。

7.什么是常模团体?确定常模团体需要注意什么?

常模团体是具有某种共同特征的人组成的一个群体,或是该群体的一个样本。

确定常模团体的注意事项:(1)团体构成的界限必须明确;(2)样本必须具有代表性;(3)取样过程必须明确且有详尽的描述;(4)样本大小要适当;(5)常模团体必须是近时的;(6)注意一般常模与特殊常模相结合。

8.简述几种常用的常模。

(1)组内常模。

①百分等级常模:由原始分数、相对应的百分等级和对常模团体的有关具体描述三个要素构成,通常以转换表的形式呈现。

②标准分数常模:以常模团体在某一测验上的实际分数为依据,将原始分数转换成标准分数或导出分数,从而反映测验的每个原始分数在常模团体中的相对位置。

(2)发展常模。

①智力年龄:一个儿童在年龄量表上所得的分数,是最能代表他的智力水平的年龄,简称智龄。

②年级常模:可以通过计算各年级学生在某个测验上的平均原始分数而得到。

③发展顺序量表:为检查婴幼儿心理发展是否正常而设计的,以婴幼儿代表性行为出现的时间为衡量标准,主要有格塞尔发展顺序量表和皮亚杰量表。

④发展商数:a.比率智商(IQ)= 智力年龄/实际年龄×100;b.教育商数(EQ)= 教育年龄/实际年龄×100;c.成就商数(AQ)= $EQ/IQ \times 100$。

9.简述成就测验与能力测验的区别与联系。

成就测验是指对个体在经过一个阶段的学习或训练之后所掌握的知识和技能的发展水平的测定,也称学绩测验。成就测验一般是团体测验,测量的是认知性心理品质(认知内容的多寡、认知能力的高低)。

能力是在遗传素质基础上一生中经验累积的结果,能力测验是对非正式学习结果的测量。能力可分为实际能力和潜在能力。测量实际能力的测验称作能力测验,而测量潜在能力的测验称作能力倾向测验。

成就测验与能力测验的联系与区别:

(1)联系:成就测验与能力测验都属于最高行为测验,都测量人的能力,它们之间有交叉和重合的部分，但有不同的测量目标、使用目的、实施方法和解释方法。一般来说，能力测验侧重的是测量一般能力和特殊能力，成就测验测量的是学习某些课程或接受某种训练之后获得的能力。

（2）**区别：**①它们反映的经验的广泛性程度不同。成就测验测量的是在特定情境下的学习结果，是相对规范化的学习经验的影响，如课程、训练等对个人的影响；而能力测验反映的是广泛的学习经验的影响。②它们的用途不同。成就测验一般用于评估被试在已完成的训练中的情况，强调的是被试此时的作为；而能力测验经常用于预测将来的成就。

10．简述投射测验的含义、理论假设和特点。

（1）**含义。**

投射测验是向被试提供预先编制的一些未经组织的、意义模糊的标准化刺激情境，让他在不受限制的情况下，自由地对刺激情境做出反应，然后通过分析其反应推断他的人格结构。

（2）**理论假设。**

投射测验重在探讨人的无意识心理特征。如果我们以某种无确定意义的刺激情境作为引导，被试就会在不知不觉中将自己无意识结构中的愿望、要求、动机、冲突等心理特征投射到对刺激情境的解释中。

（3）**特点。**

①测验材料没有明确的结构和确切的意义，这为被试提供了针对测验材料进行广阔的自由联想的机会和空间。

②被试对测验材料的反应不受限制。

③测验目的具有隐蔽性，避免了被试的伪装和防卫，使测验结果更能反映其真实的人格特征。

④对测验结果的解释重在对被试的人格特征获得整体性的了解。

⑤不受语言文字限制。

⑥计分困难，难以对测验结果进行定量分析。

11．简述人格测验中的问题。

（1）人格的基本概念不一致：人格的定义、结构和分类没有统一的标准。

（2）整体动态人格测验的困难：人格具有动态性，很多人格测验忽略了不同人格特质的整体作用。

（3）信度和效度的问题：人格测验的信度和效度都比较低，所以要改进测验技术。

（4）社会文化背景问题：不同社会文化背景下的被试对某些题目的理解可能完全不同。

（5）测验分数的解释：人格具有独特性，人格测验的解释却有一定的标准，用同样的标准去解释不同人的行为是值得怀疑的。

（6）伪装和社会赞许性反应。

（7）人格测验的滥用。

（8）人格测验的隐私问题。

12. 什么是导出分数？阐述常用的导出分数。

根据测验的计分标准，对照被试的反应所计算出的测验分数，叫作原始分数。它反映了被试作答的正确程度，但不能直接反映被试之间的差异状况和被试在总体分布中的位置。在原始分数转换的基础上，按照一定的规则，经过统计处理后获得的具有一定参照点和单位，且可以相互比较的分数，称为导出分数。它具有等值、等单位、有参照点和有意义等特点。

常用的导出分数：

（1）百分等级。

一个原始分数的百分等级是指在一个群体的测验分数中，得分低于这个分数的人数的百分比。百分等级是一种相对位置量数，具有可比性，且具有易于计算、解释方便等优点，较适用于对象不同和性质不同的测验。另外，百分等级不受原始分数的分布形态影响。

但是，百分等级是一种顺序量数，在统计中不具有可加性。**其主要的缺点有：**

①单位不等，尤其是在分布的两个极端。如果原始分数的分布是正态分布或近似正态分布，则靠近中央的原始分数转换成百分等级时，分数之间的差异被夸大；而分布在极端值附近的原始分数的百分等级反应迟钝。

②百分等级只具有顺序性，无法用它来说明不同被试之间分数差异的数量，也无法对同一被试在多项测验上的百分等级进行合成汇总。

③百分等级是相对于特定的被试团体而言的，解释时不能离开特定的参照团体。

（2）标准分数。

标准分数是一种具有相等单位的量数，又称 Z 分数。标准分数以平均数为 0、标准差为 1 的量表来表示，其值的正负表示某原始分数是落在平均数之上或之下。

优点：标准分数不受原始测量单位影响，可接受进一步的统计处理；可以对两个以上的测验分数进行比较。

缺点： 计算依据复杂的统计学原理，难以被一般人理解；标准分数一半是负值，且单位过大，应用不便；如果分数的分布由于种种原因发生畸变，用标准分数并不能改进分数的分布。

由于标准分数与原始分数的分布形态相同，所以只能在两个原始分数的分布形态相同或相近时才能运用标准分数进行比较。为了比较来源于不同分布的分数，可使用非线性变换，将非正态分布的分数强制性地转换成正态分布，形成正态化标准分数。

（3）标准分数的变式。

小数和负数的存在使线性的和正态化的标准分数在计算和解释上有些不便，为此，要将标准分数做线性变换，使其容易记录和解释。一般的转化形式为：$y = m + kZ$。其中，y 为转化后的分数，m 和 k 为常数。所选择的 m 为转化后新的分数分布的平均数，而 k 为标准差。

① **T 分数。** 当标准分数以平均数为 50、标准差为 10 来表示时，则称为 T 分数。T 分数的转换公式为：$T = 50 + 10Z$。T 分数除了仍保留 Z 分数的两个优点 —— 单位等距和可以对两个以上的不同测验分数进行比较，其主要优点是迫使分数呈正态分布。

② **标准九分数。** 标准九分数是将原始分数分成几部分的标准分数系统。若原始分数服从正态分布，它是以 0.5 个标准差为单位，将正态曲线下的横轴分为九段，最高段为 9 分，最低段为 1 分，中间一段为 5 分，除两端（1 分和 9 分）外，每段均有半个标准差宽。

③ **标准分数的其他变式。** 美国大学入学考试委员会使用的标准分数为 $CEEB$ 分数，公式为 $CEEB = 100Z + 500$，即平均数为 500，标准差为 100。韦氏智力测验采用的离差智商，转换公式为 $IQ = 15Z + 100$，即平均数为 100，标准差为 15。我国一种出国人员英语水平考试使用的标准分数，转换公式为 $EPT = 20Z + 90$，即平均数为 90，标准差为 20。

标准分数的变式的优点： 具有等单位的特点，便于进一步做统计分析；在正态分布下，可以利用正态分布表将各种导出分数与百分等级做换算；在正态分布下，运用某种变式分数可以将几个测验上的分数做直接的比较分析，即使是非正态分布，也可运用由正态化的 Z 分数转换而得到的变式分数进行直接的比较分析。

标准分数的变式的缺点： 分数过于抽象，不易理解；在非正态分布下，分布形态不同的变式分数仍然不可以做比较，也不能相加求和。

13．试述自陈量表的优缺点及其编制方法。

自陈人格测量是根据要测量的人格特质，编制许多有关的问题，要求被试根据自己的实际情况逐一回答这些问题，然后根据被试的答案去衡量其在这种人格特质上表现的程度。为完成自陈人格测量而编制的测量工具叫自陈测验或自陈量表。

（1）自陈量表的优缺点。

优点：

①题量较大，多数用于测量人格的若干特质。

②通常采用纸笔测验的形式，可以进行团体施测。

③项目形式一般采用是非式或选择式，计分规则比较简单、客观，施测手续比较简便，测量分数容易解释，应用广泛。

缺点： 自陈量表的主要问题是反应偏差的存在。反应偏差有两类：一类是反应定势；另一类是反应形态。

①反应定势是被试在回答心理测验题目时，不管测验的内容如何，都采用同样方式来回答问题。最常见的反应定势就是社会赞许倾向，即被试倾向于回答或选择能够得到社会赞许的答案，而不是根据个人情况真实作答。测验编制者经常会使用说谎量表来探察社会赞许效应。

②反应形态主要表现为默认倾向和由于错误记忆和模糊记忆而产生的潜在"合理化"加工。随机应答也是测验中常见的现象，是指无目的地随意勾选答案或回答问题，在被试缺乏完成测验的必要技能或不愿意被评价时，会做出随意勾选答案的行为。

（2）自陈量表的编制方法。

①逻辑分析法。 其基本程序为：首先，由专家依据某种人格理论确定要测量的特质；其次，用逻辑分析的方法编写和选择一些能测量这些特质的题目；最后，组卷编排成问卷。爱德华个人偏好量表（EPPS）、詹金斯活动调查表、显性焦虑量表等的编制采用的就是逻辑分析法。

②因素分析法。 其基本程序为：先对标准化大样本施测大量题目，然后通过被试在各题上的得分进行因素分析或其他相关分析，把相关题目构成一个因素并命名，便可以得到若干个同质量表来测量对应这若干个因素的人格特征。16PF、EPQ等就是采用因素分析法编制的。

③经验法。 其基本程序为：先分组，即选取具有某一特征的效标组和对照组，然后用一系列测试题给各组施测，选出能把两组分开的题目构成测验。MMPI就是采用经

验法编制的。

④**综合法**。综合法就是将上述三种编制方法综合起来使用。其基本程序为：首先，采用逻辑分析法经推理获得一大批题目，同时用经验法确定效标组特征并获得一大批题目；其次，采用因素分析法编出若干同质量表；最后，将同质量表中没有效标效度的题目删掉。同时，将表面效度太高的题目删掉，保留效标效度高但表面效度不高的题目。用综合法编制的量表有中国人个性测量表（CPAI）、加州心理调查表（CPI）。

14．试述心理测验在不同领域中的作用。

（1）心理测验在心理咨询中的应用。

心理测验在心理咨询中的作用主要是诊断与效果评估，尤其以诊断用得最多。

①**在自我认识、人生规划咨询中的应用**。心理测验可以帮助个体了解自己的性格、智力、价值观、气质类型等心理特性，从而客观地对待自己的优缺点，对自己有好处，对社会也有价值。常用的量表有卡特尔16种人格因素测验、Y-G性格测验、艾森克人格问卷等。

②**在神经症、人格障碍等咨询中的应用**。心理测验可以帮助咨询师对来访者做出咨询诊断和进行咨询效果评估。常用的量表有明尼苏达多相人格调查表、艾森克人格问卷、症状自评量表（SCL-90）、SAS和SDS。

（2）心理测验在人事测评中的应用。

对于在岗人员，心理测验的应用主要有两个方面：一是对在岗人员是否合格的诊断；二是对不合格者重新分配的工作安置及培训效果评估。对于要挑选的不在岗人员而言，主要是选拔。如果把这两类人合在一起，心理测验的应用主要有三个方面：

①**在人的心理特点评估中的应用**。此时主要有两大方面：一是一般心理品质的测量，主要有智力测量和个性等；二是专业知识和特殊能力测验，包括专业知识技能测验以及一些特殊能力测验，如音乐能力测验、美术能力测验、文书能力测验、机械能力测验、管理能力测验（评价中心方法、PM量表）等。

②**人员培训后的心理特点评估**。这类测量的可以是知识、技能水平的提高，也可以是工作态度、工作兴趣的改变。常用量表有成就测验、兴趣或态度测验等。

③**工作人员的绩效评估，包括对管理者和员工工作效率和效果的评估。**

（3）心理测验在教育评价中的应用。

①**在测量学生的学习与发展状况中的应用**。此时，心理测验的作用至少有三个方面：a.弄清学生的学习和发展状况，是因材施教的前提；b.弄清学生的学习和发展状况，

是评价教育过程中不同阶段的成效的依据；c.弄清学生的学习和发展状况，是评价一种新的教育思想、教育措施、教育技术等有效与否的重要指标。

②**在教师评价中的应用**。对教师的评价主要有四个方面的内容：a.教师的资格评定；b.教师教学艺术水平的评定；c.教师管理水平的评定；d.教师的个性评定。

（4）**心理测验在研究中的应用**。

①**搜集资料**：得到大量有关被试能力、性格、与群体的关系方面的资料，有助于发现问题、探讨规律。

②**建立和检验假说**：可以通过分析测验结果，提出和检验心理与教育理论。

③**实验分组**：用心理测验对被试进行实验分组，以达到等组化的要求。

人格
心理学

背诵打卡表

章节	一轮打卡	耗时/min	二轮打卡	耗时/min	三轮打卡	耗时/min	背诵要求
人格的含义	☐		☐		☐		答题逻辑和要点要记熟，细枝末节需要理解记忆
人格心理学的流派与应用	☐		☐		☐		

📖 第一章　人格的含义

简述人格的特性。

（1）**独特性：**人与人之间的心理和行为是不相同的。世界上很难找到两片完全相同的叶子，也很难找到两个完全相同的人。

（2）**稳定性：**个体的人格特征具有跨时间和空间的一致性。从时间上看，一个人的人格一旦形成就比较稳定，在其幼儿期、青年期、中年期和老年期具有相当的一致性；从空间上看，一个人不管在家里或学校，还是在公共场所，其人格也具有相当的一致性。因此，我们在描述一个人的人格时，总是指他经常的、一贯的表现，而不是偶然的、间或的表现。

（3）**统合性：**人格是一个系统，系统中包含各种结构成分与功能，人格的各种成分都处于一个统一的相互依赖的关系之中，这种结构关系赋予了每一种成分特殊的含义，把某一部分从结构关系中孤立出来研究将会失去许多重要价值。同时，完整的人格是一种自我统一的人格特征的组合，破坏了这种内在统一性，就不能很好地研究人格。

（4）**功能性：**人格对人们的生活方式、命运有决定作用，人们经常会使用人格特征来解释某人的言行及事件的原因。当人格具有功能性时，表现为健康而有力，支配着一个人的生活与成败；而当人格功能失调时，就会表现出软弱、无力、失控，甚至变态。从这一角度来讲，人格会起到决定一个人命运的作用。需要强调的是，人格功能性强的人会把命运掌握在自己手中。人格对认知与智力的影响是人格心理学家非常重视的课题，因为它体现了人格的功能性。

（5）**自然性和社会性的统一：**人格是在一定的社会环境中形成的，因而，一个人的人格必然会反映出他生活在其中的社会文化的特点和他受到的教育的影响，这就是人格的社会制约性。但是，人的心理，包括他的人格，又是大脑的机能，人格的形成必然要以神经系统的成熟为基础。所以，人格是个体的自然性和社会性的统一。

📖 第二章　人格心理学的流派与应用

1. 简述弗洛伊德关于人格结构的意识层次模型。

在早期，弗洛伊德认为，意识（这里指人格）由三个不同意识水平的部分组成：

①**意识**：人格的表层部分，由人能随意想到、清楚觉察到的主观经验构成。它的特点是具有逻辑性、时空规定性和现实性。

②**前意识**：位于意识和潜意识之间，由那些虽不能即刻回想起来，但经过努力可以进入意识领域的主观经验组成。弗洛伊德认为，意识和前意识虽有区别，但没有不可逾越的鸿沟，前意识中的东西可以通过回忆进入意识中，而意识中的东西在没有被注意时，也可以转入前意识中。前意识主要起检查作用，即不许那些使人产生焦虑的创伤性经验、不良情感，以及为社会道德所不容的原始欲望和本能冲动进入意识领域，把它们压制在潜意识中。

③**潜意识**：人格的深层部分，是不曾在意识中出现的心理活动和曾在意识中的但已受压抑的心理活动。这个部分的主要成分是原始的冲动和各种本能、通过种族遗传得到的人类早期经验，以及个人遗忘了的童年时期的经验和创伤性经验、不合伦理的各种欲望和感情等。潜意识的主要特点是无矛盾性、无时间性、非现实性、活跃、能量大、易变形和替换等。

2. 简述弗洛伊德的"三部人格结构说"。

在后期，弗洛伊德提出了新的"三部人格结构说"，早期的"潜意识""前意识""意识"的心理结构被表述为由"本我""自我""超我"组成的人格结构，这三者有各自的功能、性质、活动原则、动力结构，彼此联系且相互制约。

①**本我（id）**：遵循快乐原则。本我是人格中最难接近但又是最有力的部分，它由先天的本能、原始的欲望组成。

②**自我（ego）**：遵循现实原则。自我是人格中理智的、符合现实的部分。它派生于本我，不能脱离本我而单独存在。自我在本我与现实之间、本我与超我之间起调节、整合作用。

③**超我（superego）**：遵循道德原则。超我是人格中最文明、最有道德的部分。它由两个部分构成：自我理想和良心。超我是社会道德的化身，它总是与享乐主义的本我直接冲突和对立，力图限制本我的私欲，使它得不到满足。

自我在"三个暴君"（本我、现实、超我）之间周旋、调停，力图使三者的要求都得到满足，以便达到一种相对平衡的状态。人的一切行为都不是由某一方面的力量决定的，而是人格内部多种力量相互作用的结果。如果本我、自我、超我三个系统保持平衡，人格就得到正常发展；如果三者之间的关系遭到破坏，个体就会产生焦虑，甚至产生精神症和人格异常。

3．简述荣格关于潜意识的观点。

（1）个体潜意识和情结。

个体潜意识是潜意识的表层，包括一切被遗忘了的记忆、知觉以及被压抑的经验。它是发生在个体出生之后，并和个体的经验相联系的心理内容。个体潜意识的一个重要特点是以"情结"的形式表现出来。情结决定着个体人格的许多方面。我们说某人有某种情结，如自卑情结、性爱情结、金钱情结等，这是指他的心灵被某种"心理问题"强烈地占据了，使他无法思考任何其他事情，而他本人却没有意识到。荣格认为，心理治疗的目的之一就是帮助病人解开情结，把人从情结的束缚中解放出来。但荣格后来发现，情结并非只起消极作用，实际上它常常是灵感和创造力的源泉，特别是强烈的情结会驱使人去创造精妙绝伦的作品。

（2）集体潜意识。

集体潜意识是指在漫长的历史演化过程中世代积累的人类祖先的经验。它在每一世纪只增加极少的变异，是个体始终意识不到的心理内容。集体潜意识由原型组成。原型是对某一外界刺激做出特定反应的先天遗传倾向。

4．简述经典条件作用和操作性条件作用的异同。

（1）相同点：①二者都需要通过强化才能建立起来。②二者都有消退抑制和自然消退现象。③二者都可以建立多级条件作用。④二者都有泛化和分化现象。

（2）不同点。

①在经典条件作用中刺激物呈现在行为出现之前；在操作性条件作用中刺激物呈现在行为出现之后。

②在经典条件作用中反应是先天的；在操作性条件作用中反应是后天的。

③在经典条件作用中刺激物用来引发行为；在操作性条件作用中刺激物用来强化行为。

④在经典条件作用中可观察到的行为变化是被试特定行为的出现；在操作性条件作用中可观察到的行为变化是被试行为反应的速度、力量、频率的变化。

⑤在经典条件作用中行为消退的原因在于缺乏无条件作用；在操作性条件作用中行为消退的原因在于曾经出现的强化行为不再被强化。

⑥在经典条件作用中行为是在自主神经系统的支配下进行的，是不随意的；在操作性条件作用中行为是在躯体神经系统的参与下完成的，是有意的。

5．简述强化与惩罚的含义及其类型。

（1）强化是指在一种刺激情景中，人或动物的某种反应所带来的结果使得该反应的发生概率增加的过程。斯金纳按照强化的性质将强化分为两种：**正强化**是指在一个反应之后给予正强化物（积极强化物），从而增加这一反应的发生概率。**负强化**是指在一个反应之后撤销负强化物（厌恶刺激物或消极强化物），从而增加这一反应的发生概率。

正强化和负强化的目的都是增加某种反应的发生概率，但二者使用的手段与强化物不同：正强化是给予积极强化物以增加反应的发生概率；而负强化则是撤销消极强化物以增加反应的发生概率。

（2）惩罚是通过减少积极刺激物、增加消极刺激物来降低行为的发生概率。惩罚也可以分为两种：**正惩罚**是指在行为之后给予消极刺激物，以降低行为的发生概率。**负惩罚**是指在行为之后撤销积极刺激物，以降低行为的发生概率。

但是，惩罚的有效性是有限的。原因：从目的上来说，惩罚不能教给人恰当的行为，只是降低了不符合期望的行为的发生概率；从操作上来说，惩罚必须是即时性的、持之以恒的，这样才能保证效果；从后果上来说，惩罚有消极影响，可能导致与适当行为不相容的情感反应，或者导致强烈的冲突。因此，我们应当避免使用惩罚去控制行为，转而使用正强化。

6．简述斯金纳对强化程式的区分。

强化程式，也称强化作用的模式，是指给动物或人建立操作性条件反应时，对其反应进行强化的不同方式。斯金纳将强化按间隔时间和频率特征分为两大类：

（1）**连续强化：** 每一次正确反应后都给予强化。连续强化有利于行为的获得。

（2）**间歇强化：** 每一次正确反应后并不能保证都得到强化。间歇强化有利于行为的保持。间歇强化最常用的两种安排方式是时距强化和比率强化。它们又可分为：

①**固定时距强化：** 在固定时距内给予强化，而不管机体在这一时距内做出多少次反应。其缺点是在时距的起点处反应速率较慢，甚至不反应。

②**变异时距强化：** 用平均时距代替固定时距，即在规定的一段时间里实施一次强化，但强化间隔不固定。其优点是反应速率比较稳定，不会有大起大落。

③**固定比率强化：** 不是在一定的时间间隔后给予强化，而是在机体做出一定标准次数的反应后给予强化。

④**变异比率强化：** 保持强化比率的平均值不变，但在具体实施强化时，比率范围有相当大的变化。强化的平均次数不变，但两次强化之间的反应次数不固定。每次反应之后都有可能被强化，也都有可能不被强化。这种强化模式建立起来的操作稳定而

持久，难以消除。

7. 简述自我效能感的来源及其功能。

自我效能感是指个体相信自己具有能完成某项任务的能力的信念。它是个体对情境特异性的主观感受。

自我效能感的来源：①行为成败经验；②替代经验，观察他人的行为，获得关于自我可能性的认识，通常是观察与自己水平差不多的示范者；③言语劝说，效果取决于劝说者的声望、地位、专长及劝说内容的可信性；④情绪唤起或生理唤醒，高度的情绪唤起和紧张的生理状态会降低个体对成功的预期水准，焦虑水平高的人往往低估自己的能力；⑤情境条件，不同的环境提供给人们的信息是大不一样的，陌生情境容易引起焦虑，降低自我效能感。

自我效能感的四个功能：①决定人们对活动的选择以及对该活动的坚持性；②影响人们在困难面前的态度；③影响新行为的习得和已习得行为的表现；④影响人们活动时的情绪。

8. 简述凯利的 CPC 循环的观点。

凯利认为，人生来就是有动机的，根本不需要其他什么。人们并不寻求强化或回避痛苦，人们寻找的是自己构念系统的有效性，其主要目标是在自己的生活中减少不确定性。当人们遇到新的情境时，其产生的行为具有 CPC 循环的特征。CPC 循环过程的三个周期，即详察（circumspection）—预断（preemption）—控制（control）。通过 CPC 循环，人们就可以逐渐形成人格，并获得良好的适应。

①**详察期：**个人努力尝试许多命题构念，对情境做出各种可能的解释。此周期包含"如果……那么……"这类思维过程，因此也称为认知上的试误。

②**预断期：**个人从在前一周期思考的全部构念中选择那些似乎同这种情况特别相关的构念，即个人不能无止境地对这一情境予以仔细思考，必须选择策略来应对遇到的情况。

③**控制期：**个人实际上已经做出了抉择，制订了行动过程。个人选择了自认为能最好地限定或扩展其构念系统、最有效地预期所遇到的新情境的结果的那些构念。如果个人选择了正确的构念，其"理论"就能得到进一步证实和加强；如果个人选择了不正确的构念或构念极，其"理论"就得不到证实，因而需要修正。

9. 简述罗特的行为预测理论。

基本假设：我们的大多数行为是通过与他人交往的经验获得的。该理论利用生活中的先前事件来理解和预测个体的当前行为。罗特关注一个有着自己的行为经验的人在面临一种特殊的社会情境时，会如何选择行为。人的行为是由机体内部的认知过程和外部强化决定的，是在社会情境中习得的。他认为，一种行为被选择的可能性，取决于行为者认为它所能够带来的回报（强化）的多少，以及行为者认为他实施该行为所能得到该回报的可能性（有多大的成功率）。某种行为在某种具体情境中发生的潜能，是对这一行为会带来某一特定强化的预期和该强化价值的函数。

罗特用一个行为预测公式来表达这个观点：$BP = f(E \times RV)$。

①**行为潜能**（behavior potential，BP）：对于某一个体而言，某种行为在一个特定的社会情境下发生的可能性的大小。对于一个特定情境下的特定目标而言，多种可行的行为中的每一个都有发生的可能性，都具有行为潜能，但其程度不同。同一行为，在不同的情境下，对不同的人和不同的目标而言，其潜能是不一样的，它受到环境变量和内部认知因素的共同影响。

②**预期**（expectancy，E）：个体认为自己在某种特定情境下如果选择了某种行为，它就能够带来某种相应的强化的可能性，即他对自己在该情境下做出该行为会得到该结果有多大信心、多大把握。可见，预期是指个体在主观上认为自己会成功的可能性，而非真实的成功的可能性。罗特还区分了特殊预期和类化预期。前者是指个体对于自己在某一特定情境中做出某种行为的成功率的预期，这是基于个体以往在这种特定情境中的诸多经验而形成的。后者是指个体对于自己在一般性的、相关或相似的多种情境下做出某种行为的成功率的预期，这是个体在若干相关情境中的经验累积而成的，具有跨情境性。个体对自己在某种情境下做出某种行为的预期是由特殊预期和类化预期共同决定的。

③**强化价值**（reinforcement value，RV）：个体认为某种行为所带来的强化结果或强化物的相对价值的大小，表示某一物品或结果对于某个特定的个体所具有的心理价值，而非其实际价值。相应的，同一件物品对于不同的人而言，其强化价值可能很不一样。

④**心理情境**（psychological situation）：罗特特别强调对某一行为的发生率的预测一定要与特定的心理情境相联系。如果要比较准确地预测一个人的行为，仅仅知道行为在一般情况下相对稳定的表现方式是不够的，还必须详细考察当事人所处的具体的心理情境中的各个因素。

10．简述罗特的控制点理论。

罗特认为，在追求目标的过程中，基于人们各自面临许多问题情境时的独特经验，个体会发展出如何对情境做出最佳建构的类化预期或态度，这叫作问题解决的类化预期。一个受到广泛关注与研究的类化预期就是控制点（locus of control）。内控者将强化的本质解释为内在的、可控的因素；外控者将强化的本质解释为外在的、不可控的因素。内控者相信凡事操之于己，将成功归因于自己的努力或能力，把失败归因于自己的疏忽或能力不足；外控者相信凡事听天由命，把成功归因于幸运，把失败归因于倒霉。因此，内控者面临问题时更倾向于主动解决，因为他相信努力能有所作为；外控者面临问题时更可能消极被动，因为他相信问题解决的结果是自己无法控制的。

罗特认为，我们对自己影响未来事件的能力有自己的想法，基于这种想法，我们可以预期未来将发生什么。根据人们在控制点维度上所处的位置，研究者可以预测大量的行为，包括在学校的表现，是否参加下一次竞选，下次生病时要花多长时间恢复，等等。是否采取某种行为主要取决于我们对这种行为结果的想法。

11. 简要评价马斯洛的人格理论。

（1）理论贡献。

①马斯洛以正常人为研究对象，注重人性的积极方面，注重探讨人的潜能、自我实现、高峰体验等，这对丰富和拓展人格心理学的研究具有重要影响。②马斯洛构建了人类系统化的需要理论，其需要层次理论是对动机理论的一个重大贡献。该理论不仅是西方心理学史上四大动机理论（精神分析动机论、行为主义动机论、认知动机论、人本主义动机论）之一，而且与传统心理学中的本能理论和内驱力理论相比更具进步意义。③马斯洛的人格理论对咨询、治疗以及管理实践等都具有重要的指导和参考价值。

（2）理论局限。

①并未完全摆脱生物决定论的羁绊。②忽视了社会因素在个体人格形成和发展中的重要作用。其理论充满个人本位主义色彩，忽视了个人自我实现的社会制约性。③一些概念不够清晰，理论难以得到有效验证，研究方法也不够严谨和科学。

12. 简述罗杰斯的自我理论。

（1）现象场与自我概念。

自我概念是人格的自我理论的结构基础。现象场就是人的经验世界或内心世界，包含人在任何时间所能感觉到或经验到的一切现象。每个人知觉世界的方式不同，其现象场也就不同。个体现象场就是个体的主观心理世界，是个体的主观资料框架，是个体的真正现实，直接决定着个体的思想、情感和行为。

现象场随着生活经验的不断积累而逐渐改变与扩大，在此过程中就产生了个体的自我。具体而言，自我就是在个体现象场中那些与自身有关的内容，集中体现为对

"我是谁"这一问题的回答。自我包括个人对自己相貌、需求、性格、能力、人际关系、成败经验等方面的看法与评价。

罗杰斯常用自我概念来说明自我的内涵。他认为，自我概念是指个体对作为一个整体的自己的意识和体验，是一个相对稳定的观念系统，具有复杂的心理结构，是一个多维度、多层次的心理系统。

（2）现实自我与理想自我。

在自我概念的基础上，罗杰斯进一步提出了现实自我（或称真实自我）和理想自我。现实自我：个体对自己在与环境的相互作用中表现出综合现实状况和实际行为的意识，是真实存在的自我。理想自我：个体意念中有关自己的理想化形象，是个体最希望成为的人，可用Q分类技术测查。

自我概念、现实自我和理想自我的关系：

①**联系**：三者都属于对象自我，强调的都是对自我的认知，三者之间的协调有利于人格健康。

②**区别**：自我概念是个体认识到的自我，而现实自我是真实存在的自我，理想自我是个体向往的自我。自我概念并不一定能反映现实自我，即个体认识到的自我和真实存在的自我之间可能会存在差异。同样，自我概念和理想自我之间、现实自我和理想自我之间也可能存在一定的差异。

13．简要评价罗杰斯的人格理论。

（1）理论贡献。

①罗杰斯构建了人本主义的人格自我理论，反对弗洛伊德和行为主义贬低人格的还原论和机械决定论，努力倡导关注人格的积极方面，重视人的尊严，强调人的积极性和自我实现，在心理学领域具有重要地位和重大影响。②罗杰斯发展出了以人为中心的治疗模式，这种治疗模式最适合治疗焦虑症和适应性障碍，常用于以促进良好人际关系为主的机构和团体中。③罗杰斯是世界上第一个对心理治疗进行科学的研究和分析的心理学家。他推崇现象学的观点，重视自我概念和行为之间的关系。④罗杰斯倡导以学生为中心的教育思想，强调尊重学生，发挥学生的主观能动性。⑤在研究方法上，罗杰斯非常重视来访者的主观经验和自我报告，目前许多心理学家都非常重视来访者的自我报告资料。他运用Q分类技术，把主观描述变为定量评估，Q分类技术可以客观地衡量治疗的结果。

（2）理论局限。

①罗杰斯认为人格的发展和行为的动力源于先天的自我实现倾向，忽视了社会环境因素对个体人格形成和发展的重要影响，过分夸大了人的主观能动性和"绝对自由"。②一些重要概念和观点并未得到验证。③以人为中心的治疗模式可能并不适用于那些严重的心理失调患者，咨询者自身的角色太消极以及拒绝使用诊断学上的术语和分类等都会影响治疗的效果。④罗杰斯过于依赖来访者的主观经验和自我报告，得到的资料不一定可靠。

14．简述奥尔波特对特质的看法。

（1）特质的概念。

特质是个体所具有的神经特性，具有支配个体行为的能力，使个体在变化的环境中给以步调一致的反应。特质使个体在不同情况下的适应行为和表现行为具有一致性。具有不同特质的个体，对同一个刺激物的反应会不同。

奥尔波特认为，特质是概括的，它不只是和少数的刺激或反应相联系。一个特质联结着许许多多的刺激和反应，使个体行为产生广泛的一致性，使行为具有跨情境性和持久性。但是，特质又具有焦点性，即它与现实的某些特殊场合相联系，只有在特殊的场合和人群中才会表现出来。例如，具有攻击性特质的人不会在任何场合对任何人进行攻击，如对亲戚、朋友，一般就不会表现出攻击行为。

（2）特质的特点。

①特质比习惯更具有一般性。习惯常常是特质的具体表现，特质是对习惯整合的结果。

②特质具有动力性。特质具有指引人的行为的能力，使个体的行动具有指向性。特质是行为的基础和原因。从这一点看，特质可以与动机等同。

③可以由个体的外部行为来推测特质的存在，并在实际中得到证明。特质不能被直接观察到，但可以通过观察一个人多次重复的行为推测并证实特质的存在。

④人格是一种网状的和重叠的特质结构，特质和特质之间仅仅是相对的独立，不能把特质看作"孤岛"。

⑤特质和道德判断或标准不能混为一谈。

⑥行为或习惯与特质不一致时，并不能证明这种特质不存在。其原因是：一种特质在不同个体身上可能具有不同程度的整合；同一个人可能具有相反的特质；刺激情境和一时的态度左右了行为，人的行为在短暂的时间内可能和特质不一致。

⑦特质可以作为具有此特质的个体的性格来研究，也可以就其在群体中的分布来研究。任何特质都是独特性与普遍性的统一。

15．简述奥尔波特的人格特质理论。

奥尔波特首先把特质分为共同特质和个人特质两类。

（1）**共同特质**：在同一文化形态下群体都具有的特质，它是在共同的生活方式下形成的，并普遍存在于每一个人身上，是一种概括化的性格倾向。

（2）**个人特质**：为个人所独有，代表个人的性格倾向。奥尔波特认为，世界上没有两个人具有相同的个人特质，只有个人特质才是表现个人的真正特质。个人特质按照对性格的影响和意义不同，可区分为：

①**首要特质**：个人最重要的特质，代表整个人的个性，在个性结构中处于支配地位，影响一个人的全部行为。首要特质往往只有1个。

②**中心特质**：在各种情境下控制个人行为的特征，代表人格的各个方面，是构成人格结构的核心部分。一般人所具有的中心特质是5~10个。

③**次要特质**：个人在某些情境中表现出的暂时的性格特征，接近于习惯和态度，如偏好某种食品或服装。次要特质对刺激的适应范围很窄，在个人行为中较少地体现出来。因此，次要特质可能只有亲朋好友才能发现。

16．简述卡特尔的人格特质理论。

卡特尔认为，人格的基本结构元素是特质。特质是指人在不同时间和情境中都保持的某种行为形式和一致性。人格特质的种类有很多，可做如下区分：

（1）**共同特质与个别特质**。

①**共同特质**：一个社区或群体中的成员所共同具有的特质。共同特质在每一个人身上的强度是不相同的，而且在同一个人身上也会随时间和环境的变化而表现出不同的强度。

②**个别特质**：某一个人独有的特质。

（2）**表面特质和根源特质**。

①**表面特质**：处于人格结构的表层，是指一群看上去有关联的特征和行为。这些特征和行为虽然彼此有关联，但不一定会一起变化，也非源于共同的原因。

②**根源特质**：处于人格结构的内部，是指行为之间成为一种关联，会一起变化，从而成为单一的、独立的人格维度，是人格结构最重要的部分，也是一个人行为的最终根源。

表面特质是根源特质的表现，根源特质是表面特质的原因。

（3）**动力特质**。

动力特质是人格的动力性因素，促使人朝着一定的目标行动。卡特尔进一步将动力特质划分为以下几种：

①**能**：一种先天的心理生理倾向，类似于内驱力、需求、本能。能具有四个方面的意义：使个体产生选择性感知；激发个体对某些事物的情绪反应；指引个体趋向有目的的行为；完成这些反应。

②**外能**：来自外界环境因素，分为情操和态度。情操通过学习获得，是广泛而复杂的态度，它与某些兴趣、意见、看法和少数态度结合，使个体注意某种或某类事物，以固定的感受对待该事物并以一定的方式做出反应。态度比情操更有特异性，是在特定情境下对特定的事物以特定的方式进行反应的一种倾向。

③**辅助**：说明动力特质间的关系。动力特质具有层层从属的辅助作用：情操是能的辅助者，态度是情操的辅助者。人格系统的这种层次关系也被称为动力格状，说明了能与情操、态度的关系。能的欲望常常不能直接满足，要通过外能来间接满足。

（4）**能力特质**。

能力特质是指在个体所拥有的根源特质中决定他如何有效地完成预定目标的特质。智力是最重要的能力特质之一。

（5）**气质特质**。

气质特质是指人们存在着遗传决定的特性，它决定人的一般风度和速度。气质特质决定一个人对情境做出反应的速度、能力和情绪，以及一个人的举止、脾气和坚持性的程度。因此，气质特质是决定一个人的情绪的体质根源特质。

17. 简述特质理论的理论特色并进行简要评价。

（1）**理论特色**。

①**方法论上的统计学倾向**：特质理论研究的主要方法是因素分析法，常用来探讨人格的结构，解构人格的基本元素。同时，人格特质的测量已成为一种被广泛应用的工具。

②**研究取向上的个体差异倾向**：特质理论认为，个体在内在倾向上的个体差异表现出了稳定的特征，个体差异主要表现在人格特质的差异上。

（2）**理论优点**。

①**注重研究的实证性**：特质心理学家在心理学研究工作上更注重实证性，这与其他的人格研究学者大不相同。精神分析的人格学者更关注知觉和主观的判断，但是特质流派的学者关注的是数据，这种由数据决定理论，再进一步接受实证方法检验的做

法在一定意义上更具可行性。

②提出了有价值的理论观点：以特质理论为主要思想的研究者认为语言是体现重要个别差异性的工具，这也是词汇学得以应用的原因。此外，他们也支持环境对人格发展的重大作用。他们还认为特质是为了适应种属问题进化而来的。

③促进了人格测评工具的产生：人格特质的研究和测评方法被许多研究者推广，其在人格结构的建构与测量上的科学性加快了人格量表的标准化进程。

（3）理论缺陷。

①缺乏对特质概念的理论探讨：a.特质的测量不能准确预测行为。b.没有证据支持跨情境的一致性。c.特质流派的心理学家根据特质来描述人，但不能解释特质到底是什么，它们是如何产生的，怎样才能帮助这些得分过高或过低的个体。d.没有一种咨询和治疗的理论是基于特质流派发展出来的。

②缺乏统一的特质理论框架：特质理论只是一个方法上的引导，没有一个理论或者结构能够统一所有的理论。

18. 简述行为遗传学的研究方法。

（1）双生子研究。其假设基于两类双生子，即同卵双生子和异卵双生子。同卵双生子由同一个受精卵分裂而来，他们共享了几乎100%的基因；而异卵双生子由两个卵细胞分别受孕发育而来，他们只共享着50%左右的基因。用这两种双生子进行比较与研究，我们可以估计某一人格特征的遗传力，并将共享基因和共享环境区分开来。

（2）收养研究。儿童与养父母和亲生父母的比较，以及养子女与亲生子女的比较可以给我们提供遗传和环境的效应。如果养父母和养子女之间的特质的相关很低，但养子女与亲生父母之间的特质的相关很高，则可以说明遗传的效应。

（3）分子遗传学。分子遗传学是行为遗传学的新进展，主要研究的内容与神经递质的作用有关。常见的神经递质系统包括多巴胺系统、五羟色胺系统、去甲肾上腺素系统。

19. 什么是防御机制？举例说明常见的防御机制。

防御机制是精神分析理论中一个非常核心的概念，最早同某些神经症和精神病相联系。力比多与社会文化产生冲突，导致焦虑，自我为了缓解焦虑，创造了许多防御机制。

（1）压抑：冲动被排除到意识之外，使自我阻止激起焦虑的那些念头、情感和冲动到达意识水平。压抑是自我最基本的防御机制。例如，童年期遭受虐待，但长大后并不记得这段经历，这可能是因为这段经历过于痛苦、难以接受，因而将其压抑在意识层面以下。

（2）**否认**：个体潜意识地阻止有关自己痛苦的事实进入意识。例如，失去丈夫的寡妇否认丈夫已死。

（3）**移置或替代**：将一种引起焦虑的冲动投注改换为另一种不会引起焦虑的冲动投注。例如，在单位上受了气，回来向家里人发泄。

（4）**投射**：把自己内心不被允许的态度、行为和欲望推给别人或其他事物。如"借题发挥"。

（5）**升华**：将本能的冲动或欲望转移到被社会许可的目标或对象上去。例如，参与某些具有攻击性的运动，如拳击等，就使得潜在的攻击冲动以社会可以接受甚至鼓励的方式宣泄出来。

（6）**合理化**：用一种自我能接受的、超我能宽恕的理由来代替自己行为的真实动机或理由。例如，"酸葡萄"机制、"甜柠檬"机制。

（7）**反向作用**：为了掩藏某种欲念而采取与此欲念相反的行为。例如，"矫枉过正""此地无银三百两"。

（8）**认同作用**：个体潜意识地模仿别人的过程。例如，自恋认同（个体对那些与自己有相同特点的人的认同）、目标定向认同（个体对某个成功者或伟人的认同）、强制性认同（个体同权威者的禁令保持一致，通过顺从潜在敌人的要求以避免惩罚）等。

（9）**固着作用**：行为方式发展的停滞和反应方式的刻板化。固着作用分两种情况：一是个体的习得行为不随年龄的增长而渐趋成熟；二是个体一再遇到同样的挫折而学习到一种一成不变的反应方式，以后即使情况发生变化，仍以这种方式反应。例如，个体如果在口欲期经历了过度的满足或挫折，可能会在成年后表现出与口欲期相关的行为，如过度吸烟、饮酒或咬指甲等，这些行为是力比多固着于口欲期的表现。

20．试评价弗洛伊德经典精神分析的贡献与缺陷。

（1）**学术贡献**。

弗洛伊德是心理学史上第一个对人格进行全面而深刻的研究的心理学家。

①他将潜意识作为其研究的核心，使人们进一步认识了心理活动的复杂性和多维性，拓宽了心理学的研究领域。

②他强调本能的作用，对人们重视生物因素，从生物学的角度理解人格的发展有一定的启发作用。

③他对性的研究也冲击了传统的、陈旧的性观念，使人们对性的问题不再感到神秘，促进了性科学的发展。

④他的"人格三结构"理论是第一个完整的人格理论。

⑤他在研究人格发展的过程中，注意到了心理发展的阶段性、每个阶段的生理基础以及教育和训练在各发展阶段中的作用。

⑥精神分析学是一种深层心理学的分析方法。弗洛伊德先后提出了自由联想、梦的分析、征候分析、日常生活的心理分析等方法、手段、技巧，使不可能通过内省、观察、反思、测量而直接把握的人的潜意识能够被人们所了解和考察，为人们接近潜意识的深渊提供了方法论启示。

⑦精神分析技术的发展和应用，对精神病学的理论和实践产生了革命性的变革，尤其是对心理治疗而言。精神分析是第一个心理病理和心理治疗技术的体系，是各种心理治疗流派发展的基础。

（2）理论缺陷。

①弗洛伊德对于人性的看法是消极负面的，他过于看重本能在控制人的行为方面的力量，而且把一切都归源于无法自知的原始欲望。对人格的负面成分的过分重视，使得他的整套理论都显得过于悲观，甚至有时对人性做丑化的描述，未免失之偏颇。

②有不少学者批评弗洛伊德的性心理发展阶段学说。弗洛伊德过分夸大性在人格形成和发展过程中的决定性动力作用，认为一切行动都源于性驱力，而忽视了社会以及文化对一个人的影响显得过于僵化。他的人格发展理论太偏重儿童的早期经验，相对地忽视了人的一生连续的发展历程。

③虽然弗洛伊德独创的研究方法取得了巨大的成就，但其方法的严谨性也受到了人们的质疑。其搜集资料的方法不完全、不完善、不精确。

④弗洛伊德把人性仅仅理解为人的本能，具有浓厚的泛性论和生物本能倾向，是极为片面的，与文明发展相对立。

21．试述荣格的人格类型理论。

（1）两种人格倾向。

两种人格倾向是指内倾和外倾。内倾指向个人内部的主观世界，而外倾指向外部环境。每个人身上存在着不同程度的外倾和内倾的态度，但一般情况下，其中一种态度会更强一些。在某个具体时间，具有支配地位的态度往往是由环境条件决定的。

（2）四种心理机能。

心理机能是个体对待外部世界和主观世界的方式，包括感觉、直觉、思维和情感。①感觉：告诉我们事物是否存在，存在于什么地方。②直觉：在没有实际资料可以利用时，对于过去和将来事件的预感。③思维：告诉我们感觉到存在的事物是什么，并给它命名。④情感：反映事物是否为个体所接受，决定事物对个体有何种价值。

（3）八种人格类型。

荣格将两种人格倾向与四种心理机能相结合，构成了八种人格类型。

①**外倾思维型**：思维过程由外在事物和观点控制，宁愿服从他人的原则也不服从自己的决断能力，思维以客观资料为依据，因而缺乏自主性；思维功能占优势，情感功能受压抑；喜欢分析、思考外在事物，生活有规律，客观而冷静，但比较固执己见，情感压抑。

②**外倾情感型**：非常注重情感，追求与外在事物的和谐及统一性，情感功能得到释放，思维功能受到压抑，对外在事物的反应有强烈的情感特点，如爱好交际、易动感情、多愁善感、情绪易波动等。这种类型的人多为女性。

③**外倾感觉型**：喜欢追求新异刺激以获得新的感觉体验，非自我中心，社会适应性强，情感浅薄，容易沉溺于各种嗜好；给人的感觉是现实的、凭感觉行事的、宜人的；直觉功能受到压抑。这种类型的人多为男性。

④**外倾直觉型**：行为处事依赖直觉和灵感，而不是客观事实，喜欢冒险；具有开拓精神和创造性；对新事物或有发展前景的事物具有敏锐的感知和兴趣，但兴趣不稳定，容易转移；感觉功能受到压抑。

⑤**内倾思维型**：很少受外在事物影响，智商高，对抽象思维和理论思辨具有浓厚的兴趣，沉溺于幻想；固执、自傲、离群索居，有忽视日常生活实践的倾向，社会适应能力差；情感功能受到压抑。这种类型的人格是理论型、智力型和非实践型的。

⑥**内倾情感型**：情感由主观因素激发且深藏内心，对他人常表现出冷漠、不关心，沉默，有主见，感觉敏锐但容易有烦恼；思维功能受到压抑。

⑦**内倾感觉型**：常沉浸在自己的主观感觉世界之中，对外部客观世界消极冷漠；较被动、沉静、固执、自制力强、富有诗意、艺术性强；直觉功能受到压抑。

⑧**内倾直觉型**：不关心具体、真实的外界现实和事件，沉醉于满足自身的内在需要和体验；富于幻想，观点新颖独到但有些稀奇古怪；行事乖张，不易被人理解。

22. 试述埃里克森的人格发展阶段理论并进行简要评价。

（1）人格发展阶段理论。

弗洛伊德认为，人格在 6 岁左右，即超我出现时基本形成，成年人的人格的根本特点是在那时确定的。与此不同，埃里克森认为，人格在人的一生中都在不断发展。

他提出人格发展的八个阶段，认为每一个人都要经历这八个阶段，每一阶段对人格发展都至关重要。他把人格发展上的转折点叫作"危机"。解决危机的方式决定了人格发展的方向，并影响如何解决今后危机的方式。

①基本信任对基本不信任（0～1岁）。

相当于弗洛伊德理论中的口腔期，其心理社会两极是基本信任和基本不信任。在这一阶段，婴儿的无助感最强烈，最需要依赖成人。如果父母给这一阶段的婴儿以爱抚和有规律的照料，婴儿就会产生基本信任感；反之，如果父母对婴儿的爱抚和照料也像孩子的脸一样一日三变，婴儿就会产生基本不信任感。这一阶段的危机如果得到积极解决，就会形成人格中的**希望品质**。

②自主对害羞和疑虑（1～3岁）。

相当于弗洛伊德理论中的肛门期。在这一阶段，儿童学会了爬、走、推、拉、说话等，他们还学会了把握及放开。这不仅适用于对外界事物，而且同样适用于自身的排便、排尿等活动。也就是说，这一阶段的儿童能"随意"地决定做什么或不做什么，因而使儿童介入自己的意愿和父母的意愿二者相互冲突的危机中。这就要求父母对儿童的养育，一方面要根据社会的要求对儿童的行为有所限制和控制，另一方面又要给儿童一定的自由，不能损害他们的自主性。这一阶段的危机如果得到积极解决，儿童就会形成良好的自控和坚强的**意志品质**；反之，如果危机被消极对待，儿童就容易产生自我疑虑。

③主动对内疚（3～6岁）。

相当于弗洛伊德理论中的性器期。这个阶段的儿童活动更为灵巧，语言更为精练，想象更为生动。他们开始了创造性的思维、活动和幻想，开始了对未来事件的计划。如果父母肯定和鼓励儿童的主动行为或想象，儿童就会获得主动性；如果父母经常讥笑和限制儿童的主动行为或想象，儿童就会缺乏主动性，并且感到内疚。如果这一阶段的危机得到积极解决，主动超过内疚，就会形成**目的品质**；反之，如果危机被消极对待，儿童就会形成内疚感。

④勤奋对自卑（6～12岁）。

相当于弗洛伊德理论中的潜伏期。这一阶段的儿童大多数都在上小学，学习成为儿童的主要活动。儿童在这一阶段最重要的是"体验以稳定的注意和孜孜不倦的勤奋来完成工作的乐趣"。儿童可以从中产生勤奋感，满怀信心地在社会上寻找工作。如果儿童不能发展这种勤奋，他们将对自己能否成为一个对社会有用的人缺乏信心，从而产生自卑感。如果这一阶段的危机得到积极解决，就会形成**能力品质**；反之，如果危机被消极对待，儿童就会产生无能感。

⑤**自我同一性对角色混乱（12～20岁）。**

相当于弗洛伊德理论中的生殖期。这一阶段的儿童、青少年必须思考所有已掌握的信息，包括对自己和社会的信息，为自己确定生活的策略。如果在这一阶段能做到这一点，他们就会获得自我同一性或心理社会同一感。自我同一性对发展健康人格是十分重要的。同一性的形成标志着儿童期的结束和成年期的开始。如果在这个阶段青少年不能获得同一性，就会产生角色混乱或消极同一性。角色混乱是指个体不能正确地选择适应社会环境的角色；消极同一性是指个体形成与社会要求相背离的同一性。这一阶段的危机得到积极解决，青少年获得的是积极同一性，就会形成**忠诚品质**；如果危机被消极对待，青少年获得的是消极同一性，就会形成不确定性。

⑥**亲密对孤独（20～25岁）。**

这一阶段属于成年早期。该阶段及以后的两个阶段就没有与弗洛伊德的心理性欲发展阶段相对应的时期了。只有建立了牢固的自我同一性的人才能与他人发生爱的关系，热烈追求和他人建立亲密的关系。因为与他人发生爱的关系，就要把自己的同一性和他人的同一性融为一体，这里有自我牺牲，甚至有对个人来说的重大损失。而一个没有建立自我同一性的人会担心并避免同他人建立亲密关系，从而有了孤独感。如果这一阶段的危机得到积极解决，个体就会形成**爱的品质**；如果危机被消极对待，个体就会形成混乱的两性关系。

⑦**繁殖对停滞（25～65岁）。**

这一阶段属于成年中期，是一个人已由儿童变为成年人、父母，建立了家庭和自己的事业的时期。如果一个人很幸运地形成了积极的自我同一性，并且过着充实和幸福的生活，他们就试图把这一切传给下一代或直接与儿童发生交往，或产生和创造能提高下一代精神和物质生活水平的财富。如果这一阶段的危机得到积极解决，个体就会形成**关怀品质**；如果危机被消极对待，个体就会形成自私品质。

⑧**自我完善对失望（65岁至死亡）。**

这一阶段属于成年晚期或老年期。这时一生的主要工作都差不多已经完成，是回忆往事的阶段。前面七个阶段都能顺利度过的人，具有充实、幸福的生活和对社会有所贡献，他们有充实感和完善感，怀着充实的感情向人间告别。这种人不惧怕死亡，在回忆过去的一生时，自我是整合的。而过去生活有所挫折的人，在回忆过去的一生时，则经常体验到失望，因为他们生活中的主要目标尚未达到，过去只是连贯的不幸。

他们感到已经处在人生的终结，再开始已经太晚了。他们不愿匆匆离去，对死亡没有思想准备。如果这一阶段的危机得到积极解决，个体就会形成**智慧品质**；如果危机被消极对待，个体就会产生失望和毫无意义感。

（注意：对于此处的年龄划分，不同教材会有所差异，不必纠结。如果是人格方向的题，可参考此处；如果是发展方向的题，则参考发展心理学部分。）

（2）理论评价。

①理论贡献。

埃里克森最突出的贡献是拓宽了精神分析理论的范围。首先，他摒弃了弗洛伊德的社会是挫折、冲突之源的说法，强调人格发展中社会和文化因素的作用，将精神分析和社会学结合起来；其次，他强调健康和适应性的自我机制，使得精神分析不再局限于临床个案的研究，而扩展到正常个体的研究；最后，他把以自我为中心的人格发展阶段扩展到整个生命周期，突破了其他自我心理学仅仅描述幼儿早期人格发展的局限。从此以后，人们眼中的精神分析成为一个可持续发展的理论，而不再是僵化的教条。他对社会偏见的强烈反对态度，也使他成为最早的维护弱势群体利益的人之一。

②理论缺陷。

在某些批评家看来，埃里克森在理论立场上调和矛盾的态度无疑削弱了其自我心理学的影响力。一方面，他提出了完全不同于弗洛伊德的积极乐观的自我理论；另一方面，他又坚称自己绝对效忠于经典精神分析阵营，致使他的学说体系显得不够严密。同时，埃里克森提出的心理发展八阶段理论的思辨性多于科学性，他使用的研究方法主要是主观性强的传记和个案研究，因而他所提出的诸如希望、意志这样的抽象概念也很难用实证方法去验证。

23. 试述观察学习的特点并详细阐述观察学习的过程与条件。

观察学习是指人们仅仅通过观察别人（榜样）的行为及其结果就能学会某种行为，又称替代学习、模仿学习。观察学习是一种间接的学习。观察学习的效率高、错误率低。

（1）观察学习的特点：①不一定具有外显的行为反应。②不依赖直接强化，而依赖替代强化，或没有强化。③具有认知性。观察学习基本上是认知过程。④不等同于模仿。模仿仅指学习者从他人的行为及其结果中获得信息；而观察学习既可能包含模仿，也可能不包含模仿。

（2）观察学习的过程。

第一，注意过程。观察学习始于学习者对示范行为的注意。如果人们对示范行为的重要特征不注意或不正确地知觉，就无法通过观察进行学习。影响注意过程的因素：①示范行为本身的特征，包括示范行为的显著性和复杂性、情境的诱因性、示范行为的普遍性及功能价值。②学习者本身的特征，包括学习者的感知能力、唤醒水平、知觉定势和强化经验。它不仅影响着注意的选择和定向，而且影响着从观察中抽取哪些特征和怎样解释这些特征。③示范者的特征，如性别、年龄、职业、社会地位和声望等；具有一定社会地位、较高能力和较大权力的示范者容易成为学习者注意的对象；示范者与学习者的相似程度越大，就越容易受到注意。④人际关系的结构和特征，一个人通过观察学习学到什么样的行为，会因他归属的社会团体的不同而有所不同，这对学习者的行为模式或人格特征的形成都具有特殊的意义。

第二，**保持过程**。如果学习者记不住示范行为，观察就会失去意义。在观察学习的保持阶段，示范者虽然不再出现，但他的行为仍给观察者以影响。要想使示范行为在长时记忆中保持，需要把示范行为以符号的形式表象化。通过符号这一媒介，短暂的示范行为就能够被保持在长时记忆中。观察学习对示范行为的保持依赖于两个存储系统：一个是表象系统；另一个是言语编码系统。表象系统把示范行为以表象的形式存储在记忆中。

第三，**动作再现过程**。由于这一过程涉及运动再生的认知组织和根据信息反馈对行为的调整等一系列认知的和行为的操作，班杜拉将这个过程分解为反应的认知组织、反应的启动、反应的监察和依靠信息反馈对反应进行改进和调整四个环节。

第四，**动机过程**。班杜拉认为有三个方面的因素影响着学习者做出示范行为：①他人对示范者行为的评价；②学习者对自己再现行为的评估；③他人对示范者的评价。这三种对行为结果的评价就是班杜拉的三种强化，即外部强化、自我强化和替代强化。

（3）观察学习产生的条件：①示范者所表现的行为具有明确的结果；②学习者对示范者持有正面态度；③示范者与学习者之间存在某种相似之处；④学习者对示范者的观察模仿能够获得强化；⑤示范者的行为能够被明确认定；⑥示范者的行为是学习者力所能及的。

24．试述马斯洛的需要层次理论。

需要层次理论是马斯洛的自我实现心理学的重要理论基石，也是其人格理论的动力观。在马斯洛看来，人类是由一系列具有生命意义的和满足内在的需求所驱动的。需要是机体内部的一种不平衡状态，是动机产生的基础和源泉。人类的需要是一个按层次组织起来的系统。

（1）人类的两种需要。

①**基本需要**：也称缺失性需要，是指维持个体生存的基本生理需要，如对食物、水和性的需要。由低级到高级依次排列，基本需要包括生理的需要、安全的需要、归属和爱的需要、尊重的需要。这类需要是人和动物所共有的。需要的满足即宣告机体紧张状态的解除。

②**成长需要**：与机体成长有关的需要，包括认知的需要、审美的需要和自我实现的需要。这类需要属于高层次需要，往往不因目标的实现而停止。这类需要的满足不仅来自个体从事需要充分应用其能力的工作，而且来自需要发展新能力的任务。

（2）**高层次需要与低层次需要的区别。**

人类的需要按照优势出现的先后或力量的强弱排列成等级系统。低层次需要是高层次需要的基础，一般情况下，只有低层次需要得到满足以后，才会出现高层次需要，基本需要的满足是人生存的先决条件。发展人的高级本性的最好方法就是先实现和满足人的低级本性。低层次需要是人的基本需要，与人的生存直接相关，高层次需要和人的生存很少有关，但这种需要的满足能使人产生更大的满足感。

越是低层次的需要，越力求优先得到满足。只有较低层次的需要得到一定程度的满足后，较高层次的需要才会出现。占优势的需要支配人的行为。越是高层次的需要，越能体现人类的特征和人的价值。在有些人身上存在着需要层次颠倒的现象。

不同层次的需要的满足所要求的环境条件不同，需要的层次水平越高，对环境条件的要求也就越高。婴儿期主要是生理的需要占优势，而后产生安全的需要、归属和爱的需要，到了少年、青年初期，尊重的需要日益强烈。青年中、晚期以后，自我实现的需要开始占优势。但是个人需要结构的发展不像间断的阶梯，而是波浪式的，低层次的需要不一定要在完全得到满足之后才产生高层次的需要，较低层次的需要的高峰过去之后，较高层次的需要才能起优势作用。

25．试述罗杰斯的人格理论。

（1）**人格的本质及结构：自我。**

在罗杰斯看来，自我是人格的核心，要想真正了解一个人的人格特点，唯一的途径就是去研究这个人对自己的看法，即把自我作为研究的中心议题。

与弗洛伊德观点的区别：罗杰斯对人格的看法重在强调改变，认为人格的主要结构就是自我；而弗洛伊德把人格看作由几个重要成分（本我、自我、超我）构成的稳固不变的状态，因而发展出一套详尽的人格结构理论。

（2）人格动力：自我实现倾向。

罗杰斯认为，每个人都有朝着健康、积极的方向发展、成长、变化的潜能，这种潜能是独一无二的，它引导着所有人的行为。

罗杰斯的人格动力理论建立在两个重要的理论假设的基础上：①人的行为由每个人独一无二的自我实现倾向（self-actualizing tendency）引导着。②所有人都需要积极看待或需要正向关怀（positive regard）。

自我实现倾向是指机体所具有的一种天生趋向自我实现的动机，即机体以保持和增强自身的方式发展其所有的潜能。罗杰斯认为，机体有一种基本趋向和驱力：实现自我、维持自我并提高自我。自我实现倾向使人的自主性和自足感增多，经验总量增多，提高个人成长的动机，并引导一个人朝向积极和健康的行为。这是一种选择性的、非反应性的、建设性的倾向。一方面，自我实现倾向是由人与其他生物共有的倾向构成的，它引导机体产生维持生存与发展的行为（包括非人类的其他生物的行为）。另一方面，自我实现倾向包括指向增加自主、自足，指向个人成长的独特倾向。这一方面的自我实现倾向与人的人格发展关系最密切，起到维持和增强自我的作用。

罗杰斯假设所有人都有一种希望获得积极看待的需要，这种需要包含了要求获得他人或自己的关注、赞赏、接受、尊敬、同情、温暖与爱。与积极看待相反，那些漠不关心、蔑视、讥讽、冷淡、憎恨、打骂等被称为消极看待。积极自我看待的一个重要特征是具有交互作用的性质。当一个人使他人积极自我看待的需要获得满足时，自己的这种需要也会获得满足。积极看待的需要有极为强大的力量，它能逐渐取代机体评价过程。也就是说，此时不管自己的经验是否维持或加强自己，只要它能带来积极看待，个体都会把它评价为好的。

罗杰斯还提出了价值条件的概念。他人或自己对具体行为的评价被称为价值条件，即给予积极或消极评价的条件。价值条件发生在对自己有重要意义的他人有条件地给予自己积极看待的时候，个体一方面感到被人称赞，另一方面又觉得与自己的"内心呼声"——机体评价过程不协调。价值条件能广泛地影响一个人的人格发展，它们会替代、干预机体评价过程，从而阻止一个人自我实现倾向的自由发挥，阻碍他的健康成长。当价值条件比机体评价过程对人的行为所起的作用更大时，个体的人格会受到损害。

（3）人格发展。

罗杰斯认为，自我不是与生俱来的，其形成和发展有赖于个体和环境互动的许多因素。

①积极关注的需要：个人在生活中得到周围人的温暖、同情、关心、尊敬和认可

等情感的需要。

②**价值条件**：个人体验到关怀的条件。父母的关怀、尊重是有条件的，体现着父母和社会的价值观。这些价值条件被儿童内化便会指导其行为，儿童被迫逐渐放弃按机体评价过程去评价经验，而依据内化了的社会价值规范去评价经验。这意味着儿童的自我和经验之间发生异化。

③**无条件的积极关注**：无论儿童做什么都给予全部的、真正的爱。每一个人都应当被爱、被认为是有价值的，当父母以言语或行为表示他们的爱取决于儿童的行为要符合父母的愿望时，儿童就不可能得到全部的自我实现，儿童所需要的是无条件的积极关注。但罗杰斯并不认为儿童的任何要求都要给予满足，也不认为不应该有标准和训练，而认为对个人的价值和尊重在任何时候都应该放在首位。

④**自我的一致性和威胁**：与自我概念不一致的或有价值条件的经验会对自我概念产生威胁。

（4）人格适应：机能健全者的特征。

罗杰斯认为，人格适应者或机能健全者（fully-functioning person）具有以下特征：

①**经验开放**。能够以开放的态度对待经验，认为一切经验都不可怕；能正确地将一切经验符号化，然后使其进入意识中；人格更广泛、充实和灵活。

②**自我与经验的协调一致**。自我与经验能保持协调一致，并且具有灵活性，使新经验得到同化。这种更富存在感的生活品质是健康人格最本质的部分。

③**信任机体评价过程**。始终以自我实现倾向作为评价经验的参考体系，对强加于他们的价值条件不予理睬，像信任他们自己那样信任他们所做出的选择和决定。

④**更富自由感**。相信自己能够掌握自己的命运。

⑤**高度的创造性**。始终以积极、活泼、主动的心态去做事情，勇于迎接各种挑战，在自我实现过程中表现出独创性和发明性。

⑥**与人和睦相处**。乐意给他人以无条件的积极看待，对他人具有同情心，为他人所喜爱。

26．试述人本主义人格理论的特色并进行简要评价。

（1）理论特色。

①人的责任：人本主义人格理论与其他理论的最大区别在于人本主义心理学家认为，人可以为自己的行为负责，有能力决定自己的行为和命运，即人有自由的意志。

②此时此地：人本主义心理学家强调目前和现在，反对对过去穷追不舍。过去的

经验虽然会对现在和将来产生影响，但并不是一成不变的，我们不应该成为过去的牺牲者，只有生活在此时此地，才能充分享受生活，只有按照生活的本来面貌去生活，才能成为心理健全的人。

③人的成长：人本主义心理学家强调人有积极成长的能力，认为人的本性是善良的，恶是在不好的环境下派生的。他们关注人性中积极的一面，关注健康人格，认为人格的发展是无限的。

④个体的现象学：人本主义心理学家反对用动物学和物理学的原理和方法去研究人的行为，主张用现象学的方法对人进行研究。他们认为，人是统一的整体，是不可分割的。他们重视人的主观经验，对人的主观世界有强烈的兴趣。

（2）理论贡献。

①关注积极方面：把许多人格研究者的注意力吸引到健康人格方面，扩大了与人的切身问题有关的研究领域。人本主义心理学家第一次把人的本性、潜能、自我实现作为心理学的研究对象。

②应用广泛：对心理治疗方法产生了重大影响，在管理和教育改革中也有众多应用，以此来解决许多人在生活中都会面对的问题。

（3）主要缺陷。

①概念模糊，缺少实证的研究：人本主义心理学家过分强调主观经验，许多概念较为模糊，科学性不强，很难定义。没有提供可以验证的假设和可以执行的、可靠的研究方法。

②过分强调人的天赋潜能，忽视了社会与教育的力量：人本主义心理学家过分强调自我和先天的潜能，忽视了社会和文化环境的决定作用，这是一种片面强调遗传决定发展的观点，忽视了社会发展对人的意义。

③人本主义心理治疗技术的适用性有限。

27. 试述大五人格模型的历史发展背景及其内容。

（1）大五人格模型的历史发展背景。

高尔顿首先提出了词汇假设：最重要的个体差异都可以用自然字词来表示，在人们生活中非常明确的、与社会活动有关的个体差异最终都会被编码到自然语言中去；这种差异越重要，它就越可能由一个单独的词来描述。对从自然语言中获得的人格词汇进行分析，就可以得到一组数目有限的特质，用以代表在这一语言背景下人们行为最重要的特点。

奥尔波特和俄伯特（1936）在此基础上论证了个性特质的存在及其重要性。

卡特尔（1943）最早应用奥尔波特和俄伯特的词表来研究个性的多维结构，他通过对奥尔波特和俄伯特的词表的压缩，并运用因素分析得到了16个因素。

图普斯和葵斯特尔（1961）最早发现了5个相对显著且稳定的因素：①精力充沛；②愉快；③信赖；④情绪稳定；⑤文雅。这些因素后来被高德伯格（1981）称为"大五因素"，借以强调每一个维度都很广泛，而且包含了不同的人格特点。

目前，在特质理论方面最大的进展就是大五人格模型的提出和检验。大五人格模型有两种研究取向：①词汇研究，在词汇假说的基础上，对特质描述词做语义分析和因素分析，以确立基于世俗概念的人格维度。②问卷研究，人格心理学家依据理论构想及对人格文献的分析归类，经实证研究获取基于科学概念的人格维度。

（2）大五人格模型的内容。

根据麦克雷和可斯塔等人（1985）的命名法，构成人格的大五因素分别是外倾性（extraversion）、宜人性（agreeableness）、尽责性（conscientiousness）、神经质（neuroticism）、开放性（openness）。每一个因素都包含正、负两极。他们据此编制了测量大五因素的人格问卷——NEO-PI。

取每一个因素的第一个字母E、A、C、N、O连在一起组成"OCEAN"，即"海洋"，这和该分类系统广泛的代表性及含义一致。其具体含义如下：

①**外倾性：** 测量的是个体爱交际、乐群、武断这一极端到安静、保守、谦恭、退让的另一极端，也包括友善、社会化、支配、权力欲、社会能力。外倾者表现出热情、自信、有活力，还具有幸福感和善社交的特性；而内倾者则相反，但不等于自我中心和缺乏精力。

②**随和性 / 宜人性：** 表示利他、友好、富有爱心。得分高的人乐于助人、可信赖和富有同情心，注重合作而不强调竞争；得分低的人多抱有敌意，为人多疑，喜欢为了利益和信念而争斗。

③**尽责性：** 表示克制和严谨，与成就动机和组织计划有关，也称其为"成就意志"维度或"工作"维度。得分高的人做事有条理、有计划，并能持之以恒；而得分低的人马虎大意、见异思迁、不可靠。尽责性实际上指的是一个人对待工作和事物的态度，包括一个人是否负责，一个人是否很努力，一个人是否很愿意追求成功，等等。另外，在做事的过程中，应该遵守的规矩是什么，都包括在这个维度里。

④**神经质：** 依据人们情绪的稳定性和调节情况而将其置于一个连续统一体的某处。

正极又称为情绪稳定性（简称N+）。得分高的人经常感到忧伤、情绪容易波动；而得分低的人多表现为平静，自我调适良好，不易于出现极端和不良的情绪反应。负性情绪有许多不同的种类，如悲伤、愤怒和内疚等，它们都有着不同的原因。但研究表明，那些趋向某一种消极情绪的人通常也会体验到其他的消极情绪。

⑤**开放性：**对经验持开放、探求的态度，而不仅仅是一种人际意义上的开放。构成这一维度的特征包括活跃的想象力、对新观念的自发接受、发散性思维和智力方面的好奇。该因素的最佳特征是创造力、想象力、广泛的兴趣和勇敢。该因素反映为兴趣广泛的、好奇的、富于创造性的正极（简称O+），保守的、循规蹈矩的、专深的负极（简称O−）。

28. 试述艾森克的人格理论。

（1）人格结构理论。

艾森克认为，存在三个基本的人格维度：外倾性、神经质和精神质。每一个人格维度都是一个多层次的人格结构，即类型水平、特质水平、习惯反应水平和特殊反应水平。三个人格维度不是相互排斥、非此即彼的，每个人在这三个维度上都有不同程度的表现，而极少有单纯类型的人。

（2）人格维度模型。

人们在三个人格维度上的表现程度可以通过艾森克人格问卷来测定。

①**外倾性 — 内倾性（extraversion—introversion）：**人类性格的基本类型。外倾者不易受周围环境影响，难以形成条件反射，具有情绪冲动且难以控制、爱交际、渴求刺激、喜欢冒险、粗心大意和爱发脾气等特点。内倾者则相反。

②**神经质 — 稳定性（neuroticism—stability）：**表明从异常到正常的连续特征。情绪不稳定者表现为高焦虑，这种人喜怒无常、容易激动。情绪稳定者表现为情绪反应轻微而缓慢，容易恢复平静，不容易焦虑，稳重温和，容易自我克制。

③**精神质 — 超我机能（psychoticism—superego functioning）：**高分者具有倔强固执、凶残强横和铁石心肠等特点，有强烈的愚弄和惊扰他人的需求。低分者具有温柔心肠的特点。艾森克认为，所有精神质者的共性是思维和行为各个方面都非常迟缓。

（3）三个人格维度的生理基础。

①**内外倾的生理基础。**

早期，艾森克把大脑皮质的兴奋和抑制过程看作内外倾的生理基础。他提出，外倾者的大脑皮质抑制过程强，而兴奋过程弱，其神经系统属于强型，因而忍受刺激的能力强；内倾者的大脑皮质兴奋过程强，而抑制过程弱，其神经系统属于弱型，因而忍受刺激的能力弱。

后期，艾森克使用皮质唤醒的概念进行解释。皮质唤醒是指个体身心随时准备反应的警觉状态。一般认为，皮质唤醒状态与中枢神经系统中的上行网状激活系统有关。艾森克提出，内倾者的皮质唤醒水平比外倾者的皮质唤醒水平高。外倾者追求丰富的社会刺激和从事高度唤醒的社会行为，其生理特性决定了他们需要高强度的刺激来满足他们的需要；内倾者的情况则恰恰相反，他们普遍具有高于正常的皮质唤醒水平，他们会选择一种孤独的或有较少刺激的环境，以防止过高的皮质唤醒水平。

②神经质的生理基础。

由于自主神经系统对恐惧、焦虑等情绪有调控作用，艾森克把自主神经系统看作神经质的神经生物学基础。在神经质维度上得分高的被试，其心率、呼吸、皮肤电、肌肉张力等方面的反应都更为强烈。进一步说，高神经质者的边缘系统激活阈值较低，交感神经系统的反应性较强，因而，他们对微弱的刺激都易于做出过度的反应。

③精神质的生理基础。

精神质在艾森克体系中出现较晚，尚未发现其确实的神经生物基础。但是，心理测量研究表明，男性在精神质维度上的得分显著高于女性，罪犯和精神病患者在精神质维度上的得分也比较高。因此，艾森克推测，精神质与男性生物特性，特别是雄性激素的分泌有关。但是，目前还没有实证研究材料支持这一推测。

29. 试述不同理论关于健康人格的观点。

（1）精神分析的健康人格观。

精神分析的健康人格观的特点有：①一般是从对精神变态者的研究中得到的启示，对人格健康者缺乏直接研究；②一般是从心理动力的角度看待人格健康与否，人格内部的各种动力因素的平衡、协调和统一是人格健康的本质特征；③一般都强调自我的作用，成熟的和理性的自我是人格内部的各种动力因素之间平衡的基本保障。

弗洛伊德认为，健康人格的关键因素是自我，具有强大而充满理性的自我才能平衡和协调本我与超我的对立、本我与现实的矛盾，才能找到满足矛盾各方要求的最佳行为路线。变态的人格在于自我不能有效地应对人格内部的各种冲突，从而导致人格分裂。因此，只有和谐统一的人格才是健康的人格。具有健康人格，即"生殖型人格"的人能够消除本能力量的破坏作用，使之富于建设性，不仅在性方面，而且在心理和社会方面都达到完美的境界。

阿德勒认为，克服自卑、获得优越的方式就是生活风格。健康的生活风格（健康的人格）只有一种。健康与不健康的分界是社会兴趣，强调了人与社会的和谐统一。

荣格提出了健康人格是统合人格的思想，强调人格的统一性与整体性，认为个体一生中都在力求保持人格的统合，并在此基础上最大限度地发展其多样性、连贯性、和谐性。心理分析的最终目的是人格的统合。人格统合的更深层的遗传进化根源是在集体潜意识中存在的自我原型。人格的最终目标就是充分发挥自我原型的作用，使之自我完善、自我实现。荣格的理论突出了人与自身的和谐统一。

（2）人本主义的健康人格观。

人本主义的健康人格观的特点有：①从成熟健康的成人，甚至是杰出人士的研究中归纳出健康人格的基本特征；②强调健康人格的内部协调和统一性；③列举了健康人格的一系列特征，但其本质特征是个体与自己本性的协调统一，即按照自我实现倾向去体验和生活；④强调人与自己的自然本性的和谐统一有其合理性，但对个人与社会的和谐统一有所忽视。

人本主义的先驱奥尔波特认为，健康人格是统一整合的，具有意识性、一致性、统合性和独特性。健康人格的核心特征是有意识的目标或抱负。

马斯洛认为，自我实现使个人潜能和价值都得到最有效的挖掘和利用，从而使个体成为自我实现者，具有健康人格。

罗杰斯提出了充分发挥机能者（机能完善者）的健康人格模式。充分发挥机能者就是具有健康人格的人，他们展现了真实的自我，具有六个主要的人格特征：①经验的开放性；②自我与经验的协调一致；③信任机体评价过程；④富有自由感；⑤高度的创造性；⑥与人和睦相处。

（3）积极心理学对积极人格的探讨。

积极心理学认为，人格心理学不仅要研究变态人格及人格形成的消极影响因素、常态人格及人格发展的一般影响因素，更要研究健康的和美好的人格及其形成的积极影响因素。

希尔森和玛丽认为，积极的人格特征中存在两个独立的维度：①正性的利己特征（positive individualism，PI），指接受自我、具有个人生活目标或能感觉到生活的意义、感觉独立、感觉到成功或者能够把握环境和应对环境的挑战；②与他人的积极关系（positive relations with others，PR），指当自己需要帮助时能获得他人的支持，在别人需要帮助时愿意并且有能力提供帮助，看重与他人的关系，并对已有的与他人的关系表示满意。积极的人格有助于个体采取更为有效的应对策略，从而更好地面对生活中的各种压力情境。

积极心理学认为，乐观是个体非常重要的积极品质，其形成和发展主要是由父母的心理健康水平、父母所期望塑造的角色类型、父母对乐观鼓励和奖励的程度决定的。积极心理学主张，乐观是对未来的好事情比坏事情更有可能发生的总体期望。另外一种观点认为，乐观是一种解释风格。乐观的人把消极事件或经验归因于外部的、暂时的和特殊的原因。

（4）构建统合的健康人格的理论模式。

郑雪等人主要依据荣格提出的统合（integration）人格的概念，构建了统合的健康人格理论模式，认为统合是健康人格的本质特征。

统合人格，即健康人格包含三个方面的统合：①自我内部的统合，包括自我在认知、情感与行为方面的协调与整合，形成个体自我内在一致的感受；②自我与社会的统合，包括获得社会认同、具有社会归属感、与社会和谐一致；③自我与自己实践活动的统合，指个体潜能在活动中得以实现和展示，获得活动的效能感。

人格统合良好的个体具有四个方面的表现：①客观的认知与正确的自我意识；②乐观向上的生活态度与积极的情绪体验；③和谐的人际关系与良好的社会适应；④实践活动的积极主动性、创造性与自我效能感。

在统合人格的形成过程中，自我是核心，它通过主动的评价、协调与认同实现自身的和谐发展。人格智能是通过认识自己、他人和社会环境，调整和控制自己的心理和行为来实现自己的目标的能力。人格智能大致包括三个方面的能力因素：①自我统合能力；②人际社会适应能力；③实践活动能力。人格智能的整合作用特别表现在处理个体与社会的关系上。在"自我和谐"与"人际和谐"之间寻找到平衡点是人格智能的最好体现。

第三章　人格测量

略

临床与咨询心理学

背诵打卡表

章节	一轮打卡	耗时/min	二轮打卡	耗时/min	三轮打卡	耗时/min	背诵要求
临床与咨询心理学的概念与历史	☐		☐		☐		答题逻辑和要点要记熟，细枝末节需要理解记忆
心理治疗与心理咨询的概念及异同	☐		☐		☐		
治疗关系的特征及其影响因素	☐		☐		☐		
临床与咨询心理学的工作伦理	☐		☐		☐		
临床与咨询心理学的研究方法	☐		☐		☐		
主要的心理咨询流派	☐		☐		☐		
补充内容	☐		☐		☐		

第一章　临床与咨询心理学的概念与历史

试分析我国心理咨询工作中可能存在的问题，并提出对咨询行业发展规范化的建议。

（1）我国心理咨询工作中可能存在的问题。

①**量的扩张快，质的提升慢**。前者表现为机构增加，从业人员增多，培训规模增大；后者表现为咨询效果参差不齐，服务质量差，缺乏监督机制，等等。

②**学习太少，"创造"太多**。一些业内人员在对西方的理论和实践缺乏系统学习的情况下，大胆"创造"了许多"疗法""模式"。

③**行政部门主导**。其积极的方面是资源投入增加，推动有力，但也出现了一些与之有关的消极现象，如违背咨询专业本身的成长规律强行进行推进等。

④**缺乏合格的师资，培训质量难以符合要求**。此前大陆的临床与咨询心理学专业的基础非常薄弱，近年在急速增加的需要面前，一些高校纷纷开设心理咨询专业或专业方向，但师资短缺。

⑤**学术研究薄弱**。有关心理咨询和心理健康教育的有质量的学术研究非常缺乏，尤其是建立在系统观察或翔实可靠的事实资料基础上的研究。

（2）对咨询行业发展规范化的建议。

①**加强对心理咨询机构的规范化管理，建立中国心理咨询监察制度。**

心理咨询行业作为我国的新型行业，在管理体制上相对不太完善。第一，在心理咨询从业人员的认证和资格审查上，要对我国心理咨询机构的设立进行严格的审批，要对现有的咨询机构进行严格的检查、审核。相关的心理科学协会也要制定科学合理的行业管理制度和规章，加强对培训机构和从业机构的管理监督。第二，要重视伦理建设和职业道德水平的监管，建立适合中国心理咨询的督导制度。

②**针对中国心理咨询行业制定完善的相关法律。**

③**加强对心理咨询人员的业务能力培训。**

④**普及心理健康知识。**

第二章　心理治疗与心理咨询的概念及异同

1. 简述咨询目标的作用。

（1）为心理咨询提供方向，引导咨询过程。

在心理咨询过程中，咨访双方要进行哪些咨询活动、如何进行，都必须根据心理咨询所确立的咨询目标而定。事先确立好咨询目标，将对以后的心理咨询进程起指引作用，可以在心理咨询过程中及时将偏离的主题拉回来，使咨询师与来访者都集中注意力去解决某一个主要的问题。

（2）便于对心理咨询的进展和效果进行评估。

咨询师在心理咨询过程中要保持对咨询活动的监控，这种监控是以咨询目标的达成情况为依据的；在判断心理咨询过程是否可以终止时，是由咨询目标提供基本的衡量标准的。如果没有明确的咨询目标，咨询师就不能很好地把握心理咨询过程的各个阶段，也就不能针对来访者做出恰当的反馈，因而会影响心理咨询的效果。

（3）督促咨访双方积极投入心理咨询。

与来访者讨论咨询目标，有助于调动来访者的咨询积极性，唤起其获得帮助的愿望。来访者是否对改善有信心，是否有参与治疗的积极性，都是影响心理咨询成败的至关重要的因素。

2. 心理咨询和心理治疗工作对专业人员有哪些要求？

（1）专业训练和经验。 专业训练和经验被整合到咨询师的专业能力中，它们对咨询改变的效率的影响是不言而喻的。专业训练是成为一名咨询师的必要条件，这是为了保证他所从事的咨询服务既符合职业道德，又能对来访者有实际的治疗效果。

（2）个人特点。 斯特拉普认为，成熟、技能和敏感性这三个方面的品质较为重要。成熟主要指人格发展上的成熟，其中人格的协调性（整合程度）和稳定性是两个重要指标。技能因素不仅要求咨询师有处理心理咨询中诸如诊断、治疗程序等具体事项的能力，更重要的是要有创造性地解决问题的能力。敏感性主要关系到咨询师对来访者的知觉和理解，尤其是对来访者的情感和内在冲突的知觉。

（3）人格特质。 有三种咨询师人格特质受到较多关注，即支配性、控制点和概念水平。支配性是指咨询师是倾向于支配、主动还是依从、被动。控制点是指咨询师个人知觉的倾向性——倾向于外部控制还是内部控制。概念水平是指咨询师的认知特点，高概念水平是以较抽象、清晰、复杂的方式看事情；低概念水平是以较具体、感性的方式看事情。

3．你认为心理咨询师应该具备哪些心理特征或特质？

（1）具备一定的品格。

做一个尊重生命、热爱生活的人，做一个有利于社会和他人的人。

（2）拥有自我修复和觉察的能力。

①咨询师遇到各种生活难题时，也会出现心理矛盾和冲突。但是，咨询师有意愿并且能够清楚地认识到自身的问题所在，并通过个人修养或专业的自我体验，力求解决自己的心理矛盾和冲突，从而在心理咨询过程中能保持相对的心理平衡。②当来访者对咨询师发生移情，或者来访者的故事触发了咨询师尚未解决的情结时，咨询师应及时觉察并调整状态。③经常处于心理冲突状态而不能自我平衡的人，是不能胜任心理咨询工作的。

（3）善于容纳他人。

咨询师要包容来访者，能承载来访者情绪的张力，同时经过过滤与加工，能将这些倾吐物转化为富含营养的精神食粮返还给来访者。只有善于接纳他人，咨询师才能营造和谐的咨询关系和安全、自由的咨询氛围，才能接纳各种来访者及其各类问题。这既是个人的性格特点，又是咨询师的职业需要。

（4）有强烈的责任心。

咨询师必须对来访者负责，真诚地对待来访者，不能夸大心理咨询的作用，欺骗来访者。当自己能力有限，不能提供帮助时，咨询师应向来访者说明并进行转介。

（5）有自知之明。

咨询师既要清楚自己的优缺点，知道自己的能力和限度，又要能对自我生存价值进行评价，这类评价常常和自我成就感联系在一起。中国的咨询师如果能将社会发展和个人成就感融为一体，这或许更符合中国的文化。

4．试述心理咨询和心理治疗的异同点。

心理咨询是咨询师通过人际关系，运用心理学方法，帮助来访者自强自立的过程。心理治疗是在良好的治疗关系的基础上，由经过专业训练的治疗师运用心理治疗的有关理论和技术，对来访者进行帮助的过程，以缓解或消除来访者的问题或障碍，促进其人格向健康、协调的方向发展。

（1）二者的相同点。

①二者所采用的理论方法常常是一致的。例如，咨询师采用的来访者中心疗法或

合理情绪疗法的理论与技术和治疗师采用的理论与技术别无二致。

②**二者进行工作的对象常常相似**。例如，咨询师和治疗师都可能面对来访者的婚姻问题。

③**在强调帮助来访者改变和成长方面，二者是相似的**。心理咨询和心理治疗都希望通过咨询师或治疗师与来访者之间的互动，达到使来访者改变和成长的目的。

④**二者都注重建立咨询师或治疗师与来访者之间良好的人际关系，认为这是帮助来访者改变和成长的必要条件**。

（2）二者的不同点。

①**心理咨询工作的对象主要是正常人、正在恢复或已复原的病人。心理治疗工作的对象主要是有心理障碍的人**。

②心理咨询着重处理的是**正常人**所遇到的各种问题，主要有日常生活中的人际关系问题、职业选择问题、教育过程中的问题、婚姻家庭中的问题等。心理治疗的适用范围主要为某些神经症、某些性变态、心理障碍、行为障碍、心身疾病、康复中的**精神病人**等。

③心理咨询**用时较短**，一般咨询次数为一次至几次。心理治疗**用时较长**，治疗次数由几次到几十次不等，甚至更多，经年累月才可完成。

④心理咨询在**意识层次**进行，更重视其教育性、支持性、指导性工作，焦点在于找出已经存在于来访者自身的内在因素，并使之得到发展；或在对现存条件分析的基础上提供改进意见。心理治疗的某些学派主要针对**无意识领域**进行工作，并且其工作具有对峙性，重点在于重建病人的人格。

⑤心理咨询工作是**更为直接**地针对某些有限的、具体的目标进行的。心理治疗的**目标则比较模糊**，其目标是使人产生改变和进步。

5．试述在心理咨询过程中需要遵循的原则。

（1）**心理咨询的基本原则**。

①**保密性原则**：咨询者应保守来访者的内心秘密，妥善保管个人信息、来往信件、测试资料等材料。如因工作等特殊需要不得不引用咨询事例时，也必须对材料进行适当处理，不得公开来访者的真实姓名、单位或住址。

②**理解与支持原则**：咨询者对来访者的语言、行动和情绪等要充分理解，不得以道德和个人价值的眼光评判对错，要帮助来访者分析原因并寻找出路。

③**积极心态培养原则**：咨询者的主要目的是帮助来访者分析问题所在，培养来访者积极的心态，树立自信心，让来访者的心理得到成长，自己找出解决问题的方法。

④**时间限定的原则**：心理咨询必须遵守一定的时间限制。咨询时间一般规定为每次 50 分钟左右，原则上不能随意延长咨询时间。

⑤**来访者自愿的原则**：到心理咨询室求助的来访者必须出于完全自愿，这是确立咨访关系的先决条件。没有咨询愿望和要求的人，咨询者不应主动去找他（她）并为其进行心理咨询，只有他（她）自己感到心理不适，为此烦恼并愿意找咨询者诉说烦恼以寻求心理援助的人，才能够获得问题的解决。

⑥**感情限定的原则**：咨访关系确立和咨询工作顺利开展的关键是咨询者和来访者心理的沟通和接近，但这也是有限度的。咨询者面对来自来访者的劝诱和要求，即便是好意的，在终止咨询前也应该予以拒绝。双方接触过密，不仅容易使来访者过于了解咨询者的内心世界和私生活，阻碍来访者的自我表现，也容易使咨询者该说的不能说，从而失去客观公正地判断事物的能力。

⑦**重大决定延期的原则**：在心理咨询期间，由于来访者的情绪过于不稳和动摇，原则上应规劝其不要轻易做出诸如退休、调换工作、退学、转学、离婚等重大决定。在心理咨询结束后，来访者的情绪得以安定、心情得以整理，此时做出的决定往往不容易后悔或反悔的概率较小。就此，咨询者应在心理咨询开始时告知来访者。

（2）心理咨询的综合性原则。

综合性原则是指来访者的心理问题并不是单方面、单范围的，咨询者必须根据不同的理论，结合具体情况，以最优效果为原则，选择适当的方法。

①**身心的综合**：个体的生理和心理是互相作用、互为因果的。因此，咨询者应将二者综合起来考虑。心理问题往往会伴有许多躯体化表现，而生理状况又经常是导致心理问题出现的原因。因此，咨询者需要对来访者身心之间的相互影响保持高度的敏感性，以辩证统一的思维来分析和看待问题。

②**原因的综合**：来访者的心理问题是生理、心理、社会文化等诸多因素交互作用的结果。一因多果，一果多因，互为因果，错综复杂。原因不仅有横向的交叉，而且有纵向的联系，这就要求咨询者能够透过现象看本质。

③**问题的综合**：个体的某种心理活动往往是与整个心理活动联系在一起的。思维、情感、行为三者是互相联系的，很难将三者割裂开来。来访者的心理问题往往不是单一的，其中一个方面有问题，另外两个方面或多或少、或早或迟会有相应的不适应。因此，咨询者必须将这些方面联系在一起，才能找到解决的办法。

④**方法的综合**：在咨询实践中，有针对性的综合方法往往比单一的方法更有效，

能够发挥各种咨询方法的最大效能。当然，这些方法应是互相配合、互相促进的。综合的方法往往针对个体的各个心理方面和不同层面的心理需求。

第三章　治疗关系的特征及其影响因素

1．试述治疗关系的特征。

（1）独特性。

在心理咨询与心理治疗过程中，治疗者与每一位来访者的关系都是独特的。治疗关系完全是一种在特定的时间期限内，隐蔽的、具有保密性的特殊关系，其时间性、隐蔽性和保密性使得来访者易于向治疗者敞开心扉。

（2）客观性与主观性的统一。

客观性是指在心理咨询与心理治疗过程中，治疗者都应该保持客观、中立的立场，只有这样，治疗者才能对来访者的情况有正确的了解、客观的分析，并尽可能地提出适宜的处理办法。主观性是指治疗者应以共情、真诚的态度对待来访者，尊重来访者，使来访者感到温暖。

（3）专业限制。

①治疗关系独特性的限制。 治疗关系的建立和维持是因为来访者遇到了使他无法独立解决或无法通过其他途径加以解决的难题，来访者感到他需要特别的帮助或支持才能渡过难关。

②职责的限制。 治疗者应认清什么是治疗者应负的责任，什么是来访者应负的责任。治疗者不可能代替来访者生活，不可能帮助来访者应付一切他可能遇到的生活事件。因此，治疗者职责的限制是以帮助来访者成长为目标的。

治疗者的责任：遵守职业道德和国家有关的法律法规；帮助来访者解决心理问题；严格遵守保密原则，并说明保密例外。

来访者的责任：向治疗者提供与心理问题有关的真实资料；积极主动地与治疗者一起探索解决问题的方法；完成双方商定的作业。

③时间的限制。 时间的限制是保证治疗成效的有效制约。通常心理咨询或心理治疗中的一次会谈时间为40分钟至1小时。简短的会谈中必要的信息量是有助于来访者学习的；长时间的谈话、超量的信息反而会使来访者的收获下降。

④其他限制。 如来访者对治疗者提出个人要求的限制、来访者攻击性行为的限

制等。

2．影响治疗关系的因素有哪些？请详细说明。

（1）共情。

按照罗杰斯的观点，共情是指治疗者理解和体验来访者内心世界的能力。共情的具体含义：①通过来访者的言行，深入对方内心去体验他的情感与思维。②借助知识和经验，把握来访者的体验与其经历和人格之间的联系，更深刻地理解来访者的心理和具体问题的实质。③运用咨询技巧，把自己的共情传达给对方，表达对来访者内心世界的体验和所面临问题的理解，影响对方并取得反馈。

（2）积极关注。

积极关注是一种共情的态度，是指治疗者以积极的态度看待来访者，有选择地突出其言语及行为中的积极方面，利用其自身的积极因素。与此同时，治疗者直接、明确地针对来访者的问题进行工作。心理治疗不是帮助来访者把问题抹平或化小的过程，而是帮助来访者正视他们置身其中的世界的过程。

积极关注要求治疗者对来访者的言语和行为中积极、光明、正性的方面予以关注，从而使来访者拥有积极的价值观，拥有改变自己的内在动力，即要辩证、客观地看待来访者。积极关注不仅有助于建立咨询关系，促进沟通，而且本身就具有咨询效果。

（3）尊重与温暖。

尊重来访者要求治疗者要能接受来访者，能容忍甚至接受来访者的不同观点、习惯等。在心理治疗过程中，尊重还可以增强积极关注的效果，具有鼓励来访者向前迈进的作用。温暖是治疗者对来访者的主观态度的体现，它不是能以言语来表达的，而是以某些人类交往中最基本的成分来表现的，如语气、姿势、面部表情等。温暖要求治疗者把组成他自身态度的每一种成分都动员起来，以表现对来访者的关心。温暖不是一种技能，没有办法借助实践、练习去发展它，它存在于每个人的心里，有待于治疗者自己去开发。

（4）真诚可信。

真诚体现了一个人的态度，是指要开诚布公地与来访者交谈，直截了当地表达自己的想法，而不要让来访者去猜测谈话中的真实含义或去想象治疗者所做的一切是否还提供了其他信息。真诚可信包含两个方面的内容：一方面，治疗者要真实地对待自己；另一方面，治疗者要真诚地对待来访者。另外，真诚地对待来访者，要求治疗者有帮助他人的意愿，并尽可能达到共情的境界。真诚不等于实话实说。

（5）与治疗有关的其他影响因素。

①**具体化**。具体化在心理治疗中是指要找出事物的特殊性、具体细节，使重要的、具体的事实以及情感得以澄清。治疗者要做好两个方面的工作：一方面是澄清具体事实；另一方面是搞明白来访者所说词汇的具体含义。

②**即时化**。即时化的表现有三种：一是要帮助来访者注意"此时此地"的情况。治疗者需要影响来访者，使他们讲出当时的想法和感觉。二是治疗者对来访者与自己的关系要敏感，对来访者指向自己的言语、行为、情感应予以必要的反应。三是治疗者在心理治疗过程中对来访者的情感体验及行为要及时进行反馈。

③**对峙**。对峙就是指出存在于各种态度、思想、行为之间的矛盾。对峙的意义不是要告诉来访者他做错了事情或说来访者是个坏人，而是要向来访者直接指出其存在的混乱不清、自相矛盾、实质各异的观点、态度和言行。穆哥特伊德认为，对峙常常涉及来访者三种类型的矛盾：a.来访者的真实自我和理想自我之间的差异；b.来访者的思维、感受与其实际行动之间的差异；c.来访者所想象的世界与治疗者所看到的真实世界之间的差异。贝伦森曾概括出五种不同类型的对峙：体验式、教导式、强力式、微弱式和鼓励式。

第四章　临床与咨询心理学的工作伦理

1．心理咨询实务中对价值问题的处理应该遵循哪些原则？

（1）咨询师应该对自己的价值观有高度的自觉性，对咨询中的价值问题有高度的**敏感性**。

（2）**承认多元化价值取向存在的权利**。但是，对于某些在当事人所属文化的主流中属于反社会或边缘性的价值取向，咨询师应该保持警觉。

（3）**"我有我的，你有你的"。当涉及价值问题时，鼓励咨询师公开、清晰地和当事人讨论**。同时，咨询师不能有意地以任何明白或隐晦、直接或间接的方式把自己的价值观强加于当事人。

（4）**遵循一批有相对普遍意义的价值**。布洛切提出以下一些咨询师须共同遵循的价值：①尊重人的生命；②尊重真理；③尊重自由和自主；④信守诺言和履行义务；⑤关心弱者、无助者；⑥关心人的成长和发展；⑦不让他人遭到损害；⑧关心人的尊严和平等；⑨关心感恩和回报；⑩关心人的自由。

（5）**小心地处理咨询师的价值观与当事人的价值观不一致的问题**。

2．谈谈你对心理咨询中价值干预原则——"侧重功能干预，避免内容干预"的理解。

"侧重功能干预，避免内容干预"原则既有效地避免了直接干预当事人的价值选择权利，又满足了心理咨询中价值干预的必要性和必然性的要求。有学者认为，应该把这种做法确定为一个原则、一个指导性的方针，心理咨询中所有与价值有关的问题都应该依据此方针来处理。

价值的功能干预是引导当事人把自我探索集中于个人的选择与个人的需要之间的关系上，而不是由咨询师根据自己的价值判断来评判一个选择是否有价值，然后把自己的观点加之于当事人。例如，帮助当事人澄清其价值追求，让当事人意识到自己有什么样的价值观；帮助当事人明确自己的真实需要是什么；帮助当事人认识其价值观之间是否存在矛盾，认识价值选择和自己的需要之间是否存在矛盾或者不一致之处，让当事人领悟其价值观与行为和情感之间的矛盾及其后果，做出相应的改变；等等。在做这些工作时，咨询师应尽可能地避免价值说教，不向当事人宣讲人应该有什么样的价值追求，也不对当事人的价值观做好坏、正误判断。咨询师可以引入别的价值观，比如表明咨询师自己的价值态度，但这种引入的目的只在于扩大当事人的视野，让其认识到多种价值选择的可能性，而不应存有直接地或暗示性地迫使其接受某种价值观的企图。

在咨询过程中，咨询师的注意力应该主要集中于心理机能的动力学问题上，而不是集中于诸如社会正义、抑恶扬善之类的事项上。毕竟咨询师不是某种价值体系的"卫道士"，也不是"社会改革者"。咨询师也不应把注意力主要放在关心当事人是否是一个有道德的人或者关心是否要让当事人通过咨询成为一个有高尚道德的人上，这是社会教化和德育工作的任务。心理咨询与德育或思想政治教育工作之间的一个关键区别就在于对价值的处理不同。后者本质上是以一套既定的、统一的世界观（其核心是价值观）去塑造人的心灵。

3．试述心理咨询工作者应该遵守的伦理守则的总则和具体内容。

（1）总则。

①**善行**。心理咨询工作者的工作是使寻求专业服务者从其专业服务中获益。心理咨询工作者应保障寻求专业服务者的权利，努力使其得到适当的服务并避免伤害。

②**责任**。心理咨询工作者在工作中应保持其服务的专业水准，认清自己的专业、伦理及法律责任，维护专业信誉，并承担相应的社会责任。

③**诚信**。心理咨询工作者在工作中应做到诚实守信，在临床实践、研究及发表、教学工作以及各类媒体的宣传推广中保持真实性。

④**公正**。心理咨询工作者应公平、公正地对待与自己专业相关的工作及人员，采取谨慎的态度防止自己潜在的偏见、能力局限、技术限制等导致的不适当行为。

⑤**尊重**。心理咨询工作者应尊重每位寻求专业服务者，尊重其隐私权、保密性和自我决定的权利。

（2）**具体内容**。

①**专业关系**。心理咨询工作者应按照专业的伦理规范与寻求专业服务者建立良好的专业工作关系。这种工作关系应以促进寻求专业服务者的成长和发展，从而增进其利益和福祉为目的。

②**知情同意**。寻求专业服务者可以自由选择是否开始或维持一段专业关系，且有权充分了解关于专业工作的过程和心理咨询工作者的专业资质及理论取向。

③**隐私权和保密性**。心理咨询工作者有责任保护寻求专业服务者的隐私权，同时明确认识到隐私权在内容和范围上受到国家法律和专业伦理规范的保护和约束。下列情况为保密原则的例外：a.心理咨询工作者发现寻求专业服务者有伤害自身或他人的严重危险；b.不具备完全民事行为能力的未成年人等受到性侵犯或虐待；c.法律规定需要披露的其他情况。

④**专业胜任力和专业责任**。心理咨询工作者应遵守法律法规和专业伦理规范，以科学研究为依据，在专业界限和个人能力范围内以负责任的态度开展评估、咨询、治疗、转介、同行督导、实习生指导以及研究工作。心理咨询工作者应不断更新专业知识，提升专业胜任力，促进个人身心健康水平，以更好地满足专业工作的需要。

⑤**心理测量与评估**。心理测量与评估是咨询与治疗工作的组成部分。心理咨询工作者应正确理解心理测量与评估手段在临床服务中的意义和作用，考虑被测量者或被评估者的个人特征和文化背景，恰当使用心理测量与评估工具来促进寻求专业服务者的福祉。

⑥**教学、培训和督导**。从事教学、培训和督导工作的心理咨询工作者应努力发展有意义、值得尊重的专业关系，对教学、培训和督导持真诚、认真、负责的态度。

⑦**研究和发表**。心理咨询工作者应以科学的态度进行研究，以增进对专业领域相关现象的了解，为改善专业领域做贡献。以人类为被试的科学研究应遵守相应的研究规范和伦理准则。

⑧**远程专业工作（网络/电话咨询）**。心理咨询工作者有责任告知寻求专业服务者远程专业工作的局限性，让寻求专业服务者了解远程专业工作与面对面专业工作的差

异。寻求专业服务者有权选择是否在接受专业服务时使用网络／电话咨询。远程工作的心理咨询工作者有责任考虑相关议题，并遵守相应的伦理规范。

⑨**媒体沟通与合作**。心理咨询工作者通过公众媒体（电台、电视、报纸、网络等）和自媒体从事专业活动，或以专业身份开展心理服务（讲座、演示、访谈、问答等），与媒体相关人员合作和沟通需要遵守伦理规范。

⑩**伦理问题处理**。心理咨询工作者应在日常专业工作中践行专业伦理规范，并遵守有关法律法规。心理咨询工作者应努力解决伦理困境，与相关人员直接而开放地沟通，必要时向督导及同行寻求建议或帮助。中国心理学会临床心理学注册工作委员会设有伦理工作组，提供与本伦理守则有关的解释，接受伦理投诉，并处理违反伦理守则的案例。

🤖 第五章　临床与咨询心理学的研究方法

简述量化研究与质性研究的区别。

量化研究重在对事物可以量化的特性进行测量和分析，以检验研究者的理论假设。它有一套完备的操作技术，包括抽样方法、资料收集方法（如问卷法、实验法）、数据统计方法等。其基本过程是：假设—抽样—资料收集（问卷或实验）—统计检验。研究者首先明确分析所研究的问题，确定其中的重要变量，对变量之间的相关关系或因果关系做出理论假设，然后通过概率抽样的方式选择研究样本，使用可靠而有效的工具和程序来采集数据，进而通过统计分析来检验所假设的变量关系。

质性研究是指研究者参与到自然情境之中，采用观察、访谈、实物分析等多种方法收集资料，对社会现象进行整体性探究，采用归纳而非演绎的思路来分析资料和形成理论，通过与研究对象互动来理解和解释他们的行为。这种研究一般不使用量表或其他测量工具，而是以研究者本人作为研究工具。

二者的区别：

①**目的不同**。量化研究的目的是预测和控制，用来描述变量、检验变量间的关系、解释变量间的因果关系，常用于验证理论。质性研究的目的是描述和理解，用系统的、互动的、主观的方法来描述生活经验和赋予其一定的意义。

②**意义不同**。量化研究在各学科中运用普遍，也是发展学科的一种常用的研究方法，它具有一定的客观性和代表性，一般只能解释所提出的研究问题的变量之间的因

果关系，验证理论或进一步发展某理论和模式。质性研究是一种有系统、有资料依据的、具有科学性的研究方法，能对某些特殊问题和现象进行研究和解释。

第六章 主要的心理咨询流派

1. 简述弗洛伊德的焦虑观点及其分类。

焦虑是"自我""本我""超我""现实"四个方面相互冲突的结果；焦虑是"自我"出现的一种症状，代表着"自我"受到威胁；焦虑是"自我"的一种保护性功能，促使人们产生警觉并对处境做出反应。

根据来源，焦虑可分为三种类型：（1）**现实焦虑**，也称客体焦虑，是来自外部世界的可能危险带来的焦虑；（2）**神经质焦虑**，是由于本我的冲动将要冲破自我的控制而产生实际的行动，而这些行动将会以某种方式受到惩罚，这就使自我感到威胁而产生的焦虑；（3）**道德焦虑**，源自个体真实的行为与超我产生矛盾而唤起的罪恶的感觉。

2. 简述精神分析学派的几种治疗方法。

（1）**自由联想法：** 于1895年由弗洛伊德创造。他让病人很舒适地躺着或坐好，把自己想到的一切都讲出来，不论其如何微不足道、荒诞不经、有伤大雅，都要如实报告出来。在自由联想的过程中，治疗师的任务是鉴别与解析病人潜意识中被压抑的、与其症状有关联的资料。

（2）**释梦：** 弗洛伊德认为，在睡眠中，人的防卫能力是比较低的，一些被压抑的情感会表面化。在梦中，一个人的潜意识欲望、需要与恐惧都会表现出来，某些不被人接受的动机也会以伪装的形式表现出来。因此，梦是有意义的心理现象，是人的愿望的迂回满足。对梦的解释和分析就是把显梦的伪装层层揭开，由显相寻求其隐义。

（3）**应对阻抗：** 治疗师需经过长期的努力，通过对阻抗产生的原因进行分析，来帮助病人真正认清和承认阻抗，从而使治疗向前迈进一大步。

（4）**处理移情：** 治疗师通过移情可以了解病人对其亲人或他人的情绪反应，引导他讲出痛苦的经历，揭示移情的意义，使移情成为治疗的推动力。精神分析治疗认为，病人在分析过程中会对治疗师产生移情，对移情的处理将成为病人对症状领悟的重要来源。因此，移情被认为是精神分析治疗中的重要组成部分。

（5）**解释：** 目的是让病人正视他所回避的东西或尚未意识到的东西，使无意识中的内容变成意识的内容。通过解释，治疗师可以在一段时间内不断向病人指出其行为、思想或情感背后潜藏着的本质意义。

3．简要评价精神分析学派的心理治疗体系。

（1）贡献。

①第一个对人类的无意识心理现象做了系统探讨，强调自我在人格结构中的核心作用，重视从生物学的视角看待人格发展的原因。②第一个正规的心理治疗体系，对后来出现的各种疗法有重大影响。

（2）缺陷。

①治疗效果不确定，疗程长，花费大。②具有太强的生物决定论色彩，过分强调人的生物本性的作用。③过分强调性本能的作用，把性驱力看作心理发展的基本动力以及心理障碍的基本原因。④过于强调心理问题的主观因素，忽视了环境和社会力量的作用。⑤收集、处理和解释资料的程序完全不符合一般科学研究的要求。

4．简述心理动力学模型的心理病理观。

心理动力学模型认为，所有的心理异常都与某种满足本能欲望的努力被固着在早期发展阶段有关。因此，患者以婴儿的方式去满足性欲和攻击性欲望。但是，这些寻求满足的方式与过去经历中的创伤（并因此产生固着）有关，因此患者会由于自我的作用而产生焦虑。于是，婴儿式的满足方式导致了冲突，同一行为既带来满足又带来痛苦。个体在发展过程中如果遇到阻碍，会在本能欲望和对惩罚的恐惧之间产生冲突。这种欲望和恐惧虽然发生在儿童期的某一阶段，但由于固着而被带入了青少年期和成人期。个体采用防御机制来对抗由这种冲突带来的焦虑。如果冲突很严重，防御机制就容易引起神经症或精神障碍。

精神分析学家认为，任何适应不良行为的根源在于童年期的经验及持续一生的婴儿期的思维和情感，对童年期的成长过程的洞察有助于个体采用更为成熟和有效的方式使自己生活得更开心，也使个体成年后的生活更具活力。精神分析治疗是一种顿悟疗法，试图去除早年的压抑并帮助患者面对童年时期的冲突，从而获得顿悟并按照成人的现实方法予以解决。

5．行为治疗的基本假设是什么？行为治疗有哪些特点？

行为治疗的基本假设：（1）如同适应性行为一样，非适应性行为也是习得的，即个体是通过学习获得不适应的行为的，但并非所有的行为变化都是由学习引起的。（2）个体可以通过学习消除那些习得的不良或不适应的行为，也可通过学习获得所缺少的适应性行为。

各种行为治疗的共同特点：（1）治疗只是针对来访者当前的问题进行，至于揭示问题的历史根源、自知力或领悟通常被认为是不重要的。（2）治疗是以特殊的行为为目标的，这种行为可以是外显的，也可以是内在的。那些改变了的行为通常被看作症状的表现。（3）治疗的技术通常是从实验中发展而来的，即是以实验为基础的。（4）对于每个来访者，治疗者根据其问题和本人的有关情况，采用适当的经典条件作用、操作性条件作用、模仿学习或其他行为治疗技术。

6. 简述行为治疗中的行为评估以及行为治疗的基本步骤。

（1）**行为评估**，也称行为功能分析或行为分析，是收集、测量和记录有关病人的非适应性行为的信息，了解该行为的发生条件或维持条件的过程。行为评估主要有三个作用，即描述问题行为、选择治疗策略和评价治疗效果。行为评估可分为两步：①鉴别出问题行为；②对问题行为进行分析。行为评估一般按照"A—B—C模式"进行，即分别考察行为的"前导事件"（A，antecedent events）、"继发行为"（B，resultant behavior）和"行为后效"（C，consequence）。准确的行为评估有助于制订治疗计划、选择评估手段并实施治疗，这是治疗成功的关键因素之一。

（2）**行为治疗的基本步骤：**①确定目标行为（靶行为）。对目标行为下操作定义（指标化），以便于观察和测量。②选择治疗方法和技术。根据目标行为的性质和特点、备选技术的特点以及实施条件选择治疗方法和技术。③实施治疗计划。治疗师和其他有关的人按照治疗方案的要求给予指示、示范，控制刺激、强化和信息反馈。

7. 简述系统脱敏法的基本步骤。

系统脱敏法源于沃尔普对动物的实验性神经症的研究，其利用交互抑制或反条件作用的原理来达到治疗目的，即设法在诱发焦虑的刺激与放松反应之间建立联系，以取代和抵消原来的刺激与焦虑之间的联系。

基本步骤：

（1）**学习放松技巧**。先教会来访者放松程序，一般6~8次即可学会；然后要求来访者回去后反复练习，通常需要练习2~6周，达到能自如地进入身心放松状态的程度。

（2）**建构焦虑等级**。先让来访者报告一个令他最为恐惧的情境或事件，给它指定一个表示焦虑程度的量值（SUD=100），然后确定一个最为平静的情境，指定SUD为0，再由来访者以这两个情境为参照基准分别估计每一个情境的焦虑程度值，并按照从低到高的程度排列出来，这样就构成了一个焦虑等级表，一般为10~20个焦虑等级。各等级之间的差要均匀，是一个循序渐进的系列层次，而且每一个焦虑等级应该小到能被全身松弛所拮抗的程度。

（3）**实施系统脱敏**。按照设计的焦虑等级表，由低到高逐级脱敏。实际进行脱敏常用两种方式：①**想象脱敏**。先让来访者想象最低焦虑等级的情境或事件，当来访者能清晰地想象且感到有些焦虑、紧张时，令其停止想象并全身放松。待来访者平静后重复以上过程，直到来访者不再对想象的情境或事件感到焦虑或恐惧，那么该等级的脱敏就完成了。以此类推，做下一个等级的脱敏训练。在想象脱敏完成后应要求来访者在现实情境中运用从想象脱敏中学到的反应来应对实际情境，这是不可缺少的。②**现实脱敏**，即实地接触焦虑情境。仍然让来访者从最低级至最高级逐级进行脱敏训练，直到不引起强烈的情绪反应为止。

8．简述以人为中心的治疗的基本思想和罗杰斯对心理治疗的看法。

（1）**以人为中心的治疗的基本思想**。

①**个体天生有一种实现倾向**。在个体的自我开始形成以后，这一实现倾向主要表现为自我实现倾向。

②**机体评价过程总是与实现倾向一致**。信任机体评价过程，依赖它的指导，就能发展出一种健康的自我概念，就会最大限度地减少对真实经验的歪曲和否认，从而促进自我实现。

③由于在发展过程中个体或多或少地**摄入、内化了外在的价值观**，自我中的这一部分越来越多地支配着个体对经验的加工和评价。

④当经验中存在着与这部分自我不一致的成分时，个体会预感到自我受到威胁，因而产生焦虑。而**自我发展较好**，无效的、有害的自我概念较少的个体，能够较为**开放地对待任何经验**，因而不太可能感到威胁和焦虑。

⑤预感到经验和自我概念不一致的个体，会运用**防御机制（歪曲、否认、选择性知觉等）**对经验进行加工，使之在意识水平上达到与自我概念一致。如果防御成功，个体就不会出现明显的适应障碍。

⑥如果某个经验特别重大，或者由于别的原因，**个体无法通过防御机制使之与自我概念协调**，而受到威胁的自我概念又在自我中具有重要地位，那么就会出现**心理适应障碍**，即个体面对内在矛盾束手无策、无能为力，自我不再能发挥其机能。

⑦**心理适应问题的根源在于个体自我中那些无效的、与其本性相异的自我概念**。

（2）**罗杰斯对心理治疗的看法**。

罗杰斯认为，每个人都存在自我实现倾向，都有一种积极成长的取向。人具有自我发展的潜能；自我潜能的发展即自我实现，是一个自发过程。尊重全部真实经验是自我潜能获得充分发展的前提。以人为中心的治疗就是要帮助人们去掉价值的条件化作用，充分利用机体评价过程，使人能够接近他原来的真实经验和体验，不再信任别人的评价，而更多地信任自己。因此，以人为中心的治疗的实质是重建个体在自我概念与经验之间的和谐，达到人格的重建。

9. 简述以人为中心的治疗的咨询技术。

罗杰斯提倡**非指导式的治疗**，认为来访者有权为他自己的生活做出选择，重视个体心理上的独立性和保持完整的心理状态的权利。其着眼点在于促进来访者成长，而不是解决来访者当前的问题。

（1）**共情式的理解与交流**。对来访者的理解可分为表层的理解和深层的理解。

（2）**真诚地交流**。治疗者在会谈中与来访者进行真诚的交流所应注意的事项包括从角色中解放出来、自发性的交流、非防御的态度、一致性、自我暴露。

（3）**表达无条件的积极关注**。治疗者要帮助来访者就必须尊重来访者个人，相信来访者具有成长的潜力、自我指导的能力，支持他们去发展自己的潜力，支持他们发展其独特的自我；准确地理解来访者的体验，突出其中积极的成分，真诚地表达对来访者的关注。给予来访者一种在缺乏价值条件下的无条件的积极关注，使其在这种无条件的积极关注中重新体验与评价自我全部的真实经验及其对自我的威胁，接受自己全部的真实经验，这是改变神经症症状的前提。

10. 简述以人为中心的治疗的咨询过程。

第一阶段：来访者对个人经验持僵化和疏远态度。

第二阶段：来访者开始"有所动"。

第三阶段：来访者能够较为流畅地、自由地表达客观的自我。

第四阶段：来访者能更自由地表达个人情感，但在表达当前情感时还有顾虑。

第五阶段：来访者能够自由地表达当时的个人情感，接受自己的感受，但仍然带有一些迟疑。

第六阶段：来访者能够完全接受过去那些被阻碍、被否认的情感，他的自我与情感变得协调一致。

第七阶段：来访者几乎不需要咨询师的帮助就可以继续自由地表达自己。

整个咨询过程就是来访者人格改变的过程，这个过程是渐进的、灵活的、相互联系的，并非相互割裂的，也并不是区分得十分严格的。

11．简述以人为中心的治疗的特点，并对其做出简要评价。

特点：

（1）基本理念的人本主义色彩；（2）重视来访者的主观世界；（3）反对教育的、行为控制的治疗倾向；（4）由来访者主导治疗过程；（5）咨询师做来访者的"朋友"和"伙伴"。

评价：

（1）贡献：①对咨询关系的研究（如发展咨询关系，培养真诚、同感理解和无条件积极关注，等等）成为绝大多数咨询师的共识，成了当代心理咨询和治疗实践的共同基础。②对人的能力持积极信念，重视人的价值。③强调咨询师的人格和态度的作用，而不是方法和技巧的作用，这对咨询师形成自己的咨询思想是有积极意义的。

（2）局限：①整个治疗体系透露出一股强烈的轻视理性的气息。②该体系的个人主义取向有一种个人至上的意味。③咨询师显得过于被动，有时甚至会受来访者操纵。④该体系排斥任何诊断或评估，不对障碍进行任何分类，也忽视具体策略和技术的运用。

12．简述认知行为疗法的心理病理观及其特点。

认知理论认为，人的情绪来自人对所遭遇的事情的信念、评价、解释或哲学观点，而非来自事情本身。情绪和行为受制于认知，认知是人的心理活动的决定因素。认知行为疗法的目标不仅仅针对来访者的行为、情绪这些外在表现，还分析其思维活动和应付现实的策略，找出其错误的认知并加以纠正。

理性－情绪－行为疗法（REBT）和贝克的认知行为疗法（CBT）是两种比较有代表性的认知行为疗法。认知行为疗法是一组通过改变思维和行为来改变不良认知，达到消除不良情绪和行为的短程心理治疗方法。其主要特点是：①来访者和咨询师是合作关系；②假设心理痛苦在很大程度上是认知过程发生机能障碍的结果；③强调改变认知，从而产生情感与行为方面的改变；④通常是一种针对具体的、结构性的目标问题的短期的、教育性的治疗；⑤强调家庭作业的作用，赋予来访者更多的责任，让其承担一个主动的角色。

13．简述不合理信念的特征。

韦斯勒等人对艾利斯提出的十一种不合理信念进行了归纳和简化，指出不合理信念的三个主要特征：绝对化的要求、过分概括化和糟糕至极。

（1）绝对化的要求。

绝对化的要求是指个体以自己的意愿为出发点，认为某一事物必定会发生或不会发生的信念。这种特征通常与"必须"和"应该"这类词联系在一起，如"我必须获得成功""别人必须友好地对待我"。这种绝对化的要求通常是不可能实现的，因为客观事物的发展有其自身规律，不可能依个人的意志而转移。因此，当某些事物的发生与个体对事物的绝对化要求相悖时，个体就会感到难以接受和适应，从而极易陷入情绪困扰之中。合理情绪治疗要帮助他们认识这些绝对化要求的不合理之处和不现实之处，并帮助他们学会以合理的方式去看待自己和周围的人与事物。

（2）过分概括化。

过分概括化是一种以偏概全的不合理思维方式的表现，就好像以一本书的封面来判定一本书的好坏一样。它是个体对自己或他人的不合理的评价，其典型特征是以某一件事或某几件事来评价自身或他人的整体价值。例如，一些人面对失败时常常认为自己"一无是处"或"毫无价值"，这种片面的自我否定导致其产生自责、自罪、自卑、自弃的心理，以及焦虑、抑郁等情绪；一旦这种评价转向他人，就会一味地指责他人，并产生愤怒、敌意等情绪。合理情绪治疗强调，世上没有一个人能达到十全十美的境地，每一个人都应接受自己和他人是有可能犯错的。

（3）糟糕至极。

糟糕至极是一种把事件的可能结果想象或推论为非常可怕、非常糟糕，甚至是灾难性结果的不合理信念。例如，一次失恋后就认为"自己再没有幸福可言了"。当人们坚持这样的信念，遇到了他认为糟糕透顶的事情时，就会陷入极度的负性情绪体验中。合理情绪治疗强调，对任何一件事情来说，都有可能有比之更坏的情况发生，因此没有一件事情可以被定义为百分之百糟糕透顶。人们应该努力接受现实，在可能的情况下去改变这种状态，而在不可能改变时去学会如何在这种状态下生活下去。

14. 简述家庭治疗的特点。

家庭治疗是以家庭为对象实施的团体心理治疗模式，其目标是协助家庭消除异常、病态的情况，以执行健康的家庭功能。家庭治疗是一种整合的治疗模式。

家庭治疗的主要特点：（1）针对的对象是整个家庭的界限与互动；（2）以系统的眼光看待家庭现象；（3）带有较强烈的指导色彩；（4）关注此时、此地，但也以动态的眼光看问题。

15. 试述行为治疗的各种技术。

（1）放松训练。

放松训练既可以单独使用，以克服一般的身心紧张和焦虑，又可以合并到其他技术（如系统脱敏法）中使用，以治疗有焦虑症状的障碍，包括身体放松训练、想象性放松、深呼吸放松等。放松训练有多种形式，最常用的是一种渐进式紧张 - 松弛放松法，即通过循序渐进地放松各组肌肉群，最后达到全身放松的状态。

（2）系统脱敏法。

系统脱敏法源于沃尔普对动物的实验性神经症的研究，其利用交互抑制或反条件作用的原理来达到治疗目的，即设法在诱发焦虑的刺激与放松反应之间建立联系，以取代和抵消原来的刺激与焦虑之间的联系。

基本思想：让一个原来可以引起微弱焦虑的刺激在来访者面前重复暴露，同时来访者以全身放松的状态予以对抗，从而使这一刺激逐渐失去了引起焦虑的作用。

系统脱敏法可用于治疗对特定事件、人、物体或泛化对象的恐惧和焦虑。例如，害怕某些动物、考试焦虑、社交恐惧、广场恐惧等。其基本方法是让来访者用放松取代焦虑。

在系统脱敏原理的基础上，有人发展出一种治疗强迫症的技术 —— **"暴露与反应阻止法"**。该技术主要针对强迫思维和强迫动作。暴露是指以想象或真实的方式，让来访者面对能够引起强迫思维的情境或线索；反应阻止是指在暴露的同时，阻止来访者做出仪式性的行为。

（3）模仿学习。

模仿学习的理论基础是班杜拉的社会学习理论。模仿学习可应用于多种行为障碍。模仿学习包括：①**榜样示范**，是指咨询师向来访者清楚地演示新的适应性行为，演示方式包括实际行为示范、影片、录像和录音等；②**模仿练习**，是指来访者依照榜样行为进行实际演练。只有榜样示范而来访者未被明确要求进行实际演练，称为被动模仿学习；既观察榜样示范又进行模仿练习，称为主动模仿学习。

（4）角色扮演或行为排演。

角色扮演多用于改变来访者的不良行为和进行社会技能训练。角色扮演在个体治疗和小组治疗中都比较常用。在角色扮演过程中，来访者可学习改变自己旧有的行为或学习新的行为，进而改变自己对某一事物的看法。

（5）行为矫正方法。

行为矫正方法是基于操作性条件作用发展而来的，是通过学习和训练来矫正行为障碍的方法，包括三类技术：

①**塑造新行为的方法，**包括：行为塑造技术 —— 多采用正强化法矫正来访者的行为，使之逐步接近某种适应性行为模式；行为渐隐技术 —— 先利用明显的线索使来访

者形成正确的反应，然后逐渐消退这些线索，使它们达到与自然环境相同的水平，再让来访者利用这些自然线索做出正确的反应。

②增加适应性行为的发生率的方法，包括：增强法——可分为正强化（给予正性刺激）和负强化（去掉负性刺激）；代币管制法（基于条件强化物发展而来）；等等。

③减少或消除非适应性行为的方法，包括：消退法——对非适应性行为不予注意、不予强化，使之渐趋削弱直到消失；惩罚法——可分为正惩罚（给予负性刺激）和负惩罚（去掉正性刺激）；各种减少行为的强化程序。

（6）其他行为治疗技术。

①肯定性训练（决断训练、自信训练），适用于人际关系的情境，用于帮助来访者正确、适当地与他人交往，使他们能够表达或敢于表达自己的正当要求、意见或内心的情感体验。

②冲击疗法，又称满灌疗法，是暴露疗法的一种，即让来访者持续一段时间暴露在现实的或想象的能唤起焦虑的刺激情境中，包括现实冲击疗法和想象冲击疗法。基本原理：消退性抑制，即尽可能迅猛地引起来访者极其强烈的焦虑或恐惧反应，并且对这种强烈而痛苦的情绪不给予任何强化，任其自然，最后迫使导致强烈情绪反应的内部动因逐渐减弱乃至消失，使强烈的情绪反应自行减轻乃至消除。

③厌恶疗法，是一种有效但要慎用的技术。其基本原理是拮抗条件作用（经典条件反射），即设法使一个要消除的行为（这一行为受到某种愉快反应的强化）与一种厌恶反应建立联系，从而使来访者放弃或回避该行为。

④生物反馈法，是借助一些能实时监测人体生理指标（如肌电、皮肤电等）的仪器来进行的，来访者根据反馈信号的变化，在咨询师的指导下有意识地通过呼吸、冥想等方法，学习调节自己体内不随意的内脏机能。

16. 试述艾利斯的人性观及合理情绪疗法的基本原理。

（1）艾利斯对人性的看法。

①人既可以是有理性的、合理的，也可以是无理性的、不合理的。当人们按照理性去思维、行动时，他们就会是愉快的、富有竞争精神的和行有成效的人。

②情绪是伴随着人们的思维而产生的，情绪上或心理上的困扰是由不合理的、不合逻辑的思维造成的。

③人具有一种生物学的和社会学的倾向性，倾向于存在有理性的合理思维和无理性的不合理思维。任何人都不可避免地具有或多或少的不合理的思维与信念。

④人是有语言的动物，思维借助语言进行。不断地用内化语言重复某种不合理的信念就会导致无法排解的情绪困扰。

⑤情绪困扰的持续是那些内化语言持续的结果。

（2）合理情绪疗法的基本原理：ABC 理论。

ABC 理论是合理情绪疗法的核心理论，是艾利斯关于非理性思维导致情绪障碍和神经症的主要理论，强调情绪或不良行为并不是由诱发性事件引起的，而是由经历了这一事件的个体对这一事件的解释和评价造成的。

在 ABC 理论中，**A 是指诱发性事件（activating events）；B 是指个体在遇到诱发性事件之后相应而生的信念（beliefs），即他对这一事件的看法、解释和评价；C 是指在特定情境下，个体的情绪及行为的结果（consequences）**。该理论指出，A 只是引起情绪及行为反应的间接原因，而 B 才是引起情绪及行为反应的直接原因。ABC 理论可以进一步扩展为 ABCDE 治疗模型。**D（disputing）是指与不合理的信念辩论；E（effects）是指通过治疗达到的新的情绪及行为的治疗效果**。艾利斯认为，人极少能够纯粹、客观地知觉、经验 A，而总是带着或根据大量的已有信念、期待、价值观、意愿、欲求、动机、偏好等来经验 A。因此，对 A 的经验总是主观的、因人而异的。同样的 A 发生在不同的人身上会引起不同的 C，主要是因为他们的信念有差别，即 B 不同。也就是说，对于同一诱发性事件，不同的信念可以导致不同的结果。人们对同一类事物的共同看法就是信念。合理的信念会引起人们对事物的适当的、适度的情绪和行为反应；而不合理的信念则会导致不适当的情绪和行为反应。ABC 理论认为，个体的认知系统对事物产生的不合理的、不现实的信念是导致情绪障碍和神经症的根本原因。每个人都要对自己的情绪负责。

合理情绪疗法认为，情绪在本质上是一种态度、价值观念，也是一种认知过程。情绪不仅源于这些信念，而且也会因为这些信念的稳定存在而持续下去。因此，人们可以通过改变自己的信念来改变、控制情绪和行为结果，这是咨询实践的核心。其中的重要方法就是与不合理信念辩论，使之转变为合理的信念，最终产生新的情绪及行为。

17．试述艾利斯合理情绪疗法的基本步骤和常用的治疗技术。

（1）基本步骤。

①心理诊断阶段——明确来访者的 ABC。

治疗师在这一阶段的主要任务是根据 ABC 理论对来访者的问题进行初步分析和诊断，通过与来访者交谈，找出情绪困扰和行为不适的具体表现（C），以及与这些反应相对应的诱发性事件（A），并对二者间的不合理信念（B）进行初步分析。治疗师应注意次级症状的存在，即来访者的问题可能不是简单地表现为一个ABC；应该分清主次，找出来访者最希望解决的问题；应向来访者解说合理情绪疗法关于情绪的ABC理论，使其接受这种理论及其对自己的问题的解释。这一阶段的咨询重心放在来访者目前的问题上。

②**领悟阶段。**

治疗师在这一阶段的主要任务是帮助来访者领悟合理情绪疗法的原理，使来访者真正理解并认识到：a.引起情绪困扰的并不是外界发生的事件，而是他对事件的态度、看法、评价等认知内容；b.要改变情绪困扰，应该改变认知；c.情绪困扰的产生与来访者自己有关，因此来访者要对自己的情绪和行为负责。这一阶段的工作包括两个方面：a.进一步明确来访者的不合理信念，抓住不合理信念的典型特征，并把它们与来访者的情绪困扰和行为反应联系起来；b.结合具体实例，使来访者进一步领悟自己的问题以及所存在的问题与自身的不合理信念之间的关系。

③**修通阶段。**

前面两个阶段的工作是解说性和分析性的，而这一阶段的工作是技术性和方法性的。治疗师在这一阶段的主要任务是运用多种技术，以改变来访者的不合理信念为中心进行工作，使来访者修正或放弃原有的不合理信念，并以合理信念代替，从而使情绪困扰得以减轻或消除。这是整个合理情绪疗法的核心内容。

④**再教育阶段。**

治疗师在这一阶段的主要任务是进一步巩固前几个阶段的治疗效果。其主要目的是重建，即帮助来访者在认知方式、思维过程以及情绪和行为表现等方面重新建立新的反应模式，减少其在以后生活中出现的情绪困扰和不良行为。

（2）**常用的治疗技术。**

①**与不合理信念辩论。**

与不合理信念辩论是指从科学、理性的角度对来访者持有的关于他们自己、他人及周围世界的不合理信念和假设进行挑战和质疑，以动摇他们的这些信念。辩论是合理情绪疗法中最常用、最具特色的方法，源于古希腊哲学家苏格拉底的辩证法，即"产婆术式"的辩论技术。基本思路：从来访者的信念出发进行推论，在推论过程中会因不合理信念而出现谬论，来访者必然要进行修改，经过多次修改，来访者持有的将是合理信念，而合理信念不会使人产生负性情绪，来访者将摆脱情绪困扰。提问的形式主要有质疑式和夸张式两种。利用"黄金法则"（像你希望别人如何对待你那样去对待别人）来反驳来访者的绝对化要求。与不合理信念辩论是一种主动性和指导性很强的认知改变技术，不仅要求治疗师抓住不合理之处，积极主动地不断向来访者发问和质疑，也要求治疗师引导来访者对不合理信念进行积极主动的思考。

②**合理情绪想象技术。**

合理情绪想象技术是帮助来访者停止传播不合理信念的方法。具体步骤：a. 使来访者在想象中进入他产生过不适当的情绪反应或自感最受不了的情境之中，体验在这种情境下的强烈的情绪反应。b. 帮助来访者改变这种不适当的情绪反应并体会适当的情绪反应。c. 停止想象，让来访者讲述他的想法是什么，怎样使自己的情绪发生了变化。此时治疗师要强化来访者的新的合理信念，纠正某些不合理信念，补充其他有关的合理信念。

③**认知性的家庭作业。**

认知性的家庭作业实际上是治疗师与来访者之间的一次咨询性辩论的延伸，即让来访者与自己的不合理信念进行辩论，主要有合理情绪疗法自助量表和合理自我分析报告（RSA）两种形式。

④**其他方法。**

自我管理程序、放松训练和系统脱敏等行为技术。

18. 试述贝克的认知治疗理论及常见的认知歪曲类型。

（1）贝克的认知治疗理论。

贝克的认知治疗理论有三个重要概念：①**共同感受**，指人们用以解决日常生活问题的工具。②**自动化思维**，指人们在使用共同感受这一工具时，常常因不加注意而忽略某些认知过程，因此许多判断、推理和思维是模糊、跳跃的，很像一些自动化的反应。③**规则**，指个体在成长过程中所习得的社会认可的行为准则。个体依据规则评价过去、预期未来，并用规则来指导现在的行为。

贝克认为，如果个体不能正确使用共同感受这一工具来处理日常生活中的问题，或对自动化思维中的某些错误观念不能加以内省，或过分地按规则行事，都会造成认知歪曲，产生不良的情绪和不适应的行为问题。

贝克认为，改变功能失调的情绪和行为的最直接方式就是修正不正确的及功能失调的思维。他进一步提出五种认知治疗技术：识别自动化思维；识别认知性错误；真实性验证——认知治疗的核心；去中心化；忧郁或焦虑水平的监控。

（2）常见的认知歪曲类型。

①**主观推断。**在缺乏充分的证据或证据不够客观的情况下，仅凭自己的主观感觉

便得出结论，包括"灾难化"或在大部分情境中都想到最糟糕的情况和结果。

②**过度概括化**。只根据个别事件，不考虑其他情况，就对自己或别人做出关于能力、价值等整体品质的普遍性结论，即仅根据一个具体事件就得出一般性结论。

③**选择性概括**。仅根据个别细节，忽略其他信息，就对整个事件做出结论。（以偏概全）

④**极端思维**。以绝对化的思考方式对事物做出判断或评价，要么全对，要么全错。把生活看作非黑即白的单色世界，认为不可能存在中间状态。持有不现实的标准，如果达不到这个标准就是失败的。（"全或无"、非黑即白的思维方式）

⑤**夸大或缩小**。对客观事物做出歪曲的评价，或过分夸大自己的失误、缺陷，或过分贬低自己的成绩、优点。

⑥**个人化**。个体在没有根据的情况下将一些外部事件与自己联系起来的倾向。将外界的一切不幸、事故都归因于自己，即使在没有明确证据的情况下也是如此。

⑦**贴标签和错贴标签**。根据缺点和以前犯的错误来描述一个人和定义一个人的本质。

🔖补充内容

1. 简述心理治疗中临床评估的内容要点。

对心理问题的临床评估包括一系列步骤，这些步骤的设计被用来收集个体及其生活环境的各种信息或资料，以确定其心理问题的性质、状态和治疗。评估实际上是要求咨询师确定求助者心理、生理及社会功能的哪方面出了问题，其表现程度如何，引发问题的关键点和原因是什么。

临床评估的主要内容：

（1）**一般资料**，包括人口学资料、生活状况、婚姻家庭、工作记录、社会交往、娱乐活动、自我描述、个人内在世界的重要特点等。

（2）**个人成长史资料**，包括婴儿期生活、童年期生活、少年期生活、青年期生活、个人成长中的重大转折事件以及现在对它的评价。

（3）**目前的精神状态、身体状态和社会工作与社会交往状态。**

①**精神状态**，包括感知觉、注意品质、记忆、思维状态、情绪和情感表现、意志行为（自控能力、言行一致性等）、人格的完整性和相对稳定性。

②**身体状态**，包括有无躯体异常感觉、近期体检报告。

③**社会工作与社会交往状态**，包括工作动机和考勤状况、社会交往状况（与他人接触是否良好）、家庭关系（亲子关系、夫妻关系等）。

（4）**判断资料来源的可靠性，予以说明。**

（5）**按资料的性质进行整理分类。**

2. 什么是倾听？倾听时容易出现哪些错误？

倾听是在接纳的基础上，积极地听，认真地听，关注地听，并在倾听时适度参与。倾听不仅仅是用耳朵听，还要用心听。倾听时给予适当的鼓励性回应，常用某些简单的词、句子或动作来鼓励来访者把会谈继续下去。最常用、最简便的动作是点头。点头时应认真专注，充满兴趣，并且常配合目光的注视，同时要适时、适度地点头。

倾听时容易出现的错误：①打断来访者，做不适当的道德或正确性判断。②急于下结论。③轻视来访者的问题。④干扰、转移来访者的话题。⑤不适当地运用咨询技巧——询问过多，来访者被动地提供资料；概述过多；不适当的情感反应。

3. 什么是移情？移情有哪几种类型？

移情是指来访者把对父母或过去生活中某个重要人物的情感、态度和属性转移到咨询师身上，并相应地对咨询师做出反应的过程。发生移情时，咨询师成了来访者某种情绪体验的替代对象。**移情通常分为两种类型：**

（1）**负移情：**来访者将咨询师视为过去经历中某个给他带来挫折、不快、痛苦或压抑情绪的对象。在咨询情境中，来访者原有的负性情绪转移到了咨询师身上，从而在行动上表现出不满、拒绝、敌对、被动、不配合等。

（2）**正移情：**来访者把咨询师当作以往生活中某个重要的人物，逐渐对咨询师产生浓厚的兴趣和强烈的情感，表现出十分友好、敬仰、爱慕，甚至对异性咨询师表现出情爱的成分，对咨询师十分依恋、顺从。虽然求助的问题逐渐解决，但来访者越来越频繁地前来咨询，特别是生活中的大小事都要咨询师出主意，表现出无限信任，甚至关心咨询师的衣食住行和家庭生活等。

4. 什么是阻抗？阻抗有哪些表现形式？

阻抗是指来访者在心理咨询过程中，以公开或隐蔽的方式否定咨询师的分析，拖延、对抗咨询师的要求，从而影响咨询的进展，甚至使咨询难以顺利进行的一种现象。阻抗的本质是来访者对心理咨询过程中自我暴露与自我变化的精神防御与抵抗，是来自来访者的抵抗咨询的力量。阻抗的概念最早是由弗洛伊德提出的，他将阻抗定义为：来访者在自由联想过程中对那些使人产生焦虑的记忆与认识的压抑。因此，阻抗的意义在于增强个体的自我防御。

阻抗可能有以下一些表现形式：（1）对会谈时间及规定的消极态度。（2）把注意力集中在与咨询师有关的问题上。（3）回避问题的方式。这种回避可能直接反映在对问题的回答上，如来访者对某些问题保持沉默或把话题从主要的问题转移到另外的问题上。（4）为自己的行为辩护。

5．卡瓦纳将沉默分为哪几种类型？

沉默就是在来访者进行探索、表达时的停止。会谈中出现沉默会给双方尤其是轮到说话的一方造成一种压力。**卡瓦纳将沉默分为三种类型：**

（1）**创造性沉默：**来访者对自己刚刚说的话、刚刚发生的感受的一种内省反应。"目光凝视空间某一点"是创造性沉默的典型反应。这往往是来访者集中注意力思考问题的特征。此时，咨询师最好什么也不要说，但要在等待中注视着来访者。这意味着咨询师了解来访者内心正在进行思考活动，以自己的非言语行为为来访者提供了所需的时空，这将成为很有收获的时刻。

（2）**自发性沉默：**产生于不知接下来该说什么好的情境。来访者的目光游移不定，从一处看到另一处，也可能会以征询、疑问的目光看着咨询师。此时咨询师可以先略等片刻，以确定这种沉默是否属于创造性沉默，若不是，咨询师应立即有所反应。

（3）**冲突性沉默：**可能由害怕、愤怒或愧疚引起，也可能起于内心在进行某种抉择（如选择话题和表达方式、衡量要不要反驳咨询师等），也可能在生咨询师的气，并用沉默作为一种被动攻击的形式。咨询师要以真诚的态度与来访者相处，表达自己的想法。如果来访者拒绝配合，那么咨询师要等待一下，直到来访者打算这么做了。此时的时间并未白白浪费，因为沉默的持续在不断增加着对方内心情绪紧张的程度，直到来访者感到无法再继续沉默了，这会有助于以后的咨询工作。咨询师要正视和面对沉默，很好地利用沉默。

6．倾听的基本技巧和影响性技巧都有哪些？

（1）**倾听的基本技巧。**

①**开放式提问与封闭式提问。**开放式提问是指问题没有预设的答案，来访者也不能简单地用一个或两个字来回答，从而能尽可能多地收集来访者的相关资料。封闭式提问是指问题带有预设答案，来访者的回答不需要展开，从而使咨询师明确某些问题。

②**鼓励。**咨询师通过语言等鼓励来访者进行自我探索和改变。

③**重复。**咨询师直接重复来访者刚刚陈述的某句话，引起来访者对自己陈述的某

句话的重视或注意，以明确要表达的内容。在来访者的表达出现疑问、不合理等情况时，可以使用重复技术澄清某些问题。

④**情感反应**。咨询师把来访者陈述的有关情绪、情感的主要内容经过概括、综合与整理，用自己的话反馈给来访者，以达到加强对来访者情绪、情感的理解并促进沟通的目的。

⑤**内容反应，也称释义或说明**。咨询师把来访者陈述的主要内容经过概括、综合与整理，用自己的话反馈给来访者，以达到加强对来访者的理解、促进沟通的目的。

⑥**具体化**。咨询师协助来访者清楚、准确地表述他们的观点、所用的概念、所体验到的情感以及所经历的事情。在问题模糊、内容过分概括、概念不清等情况下可使用具体化技术。

⑦**参与性概述**。咨询师把来访者的言语和非言语行为，包括情感等综合、整理后，以提纲的方式向来访者表达出来，相当于内容反应和情感反应的整合。这种技术使来访者能再次回顾自己的陈述，并使会谈有一个暂停调整的机会。

⑧**非言语行为的理解与把握**。

（2）倾听的影响性技巧。

①**解释**。运用心理学理论描述来访者的思想、情感和行为的原因、实质等，或对某些抽象复杂的心理现象、过程等进行解释。

②**指导**。咨询师直接指示来访者做某件事、说某些话或以某种方式行动。这是最具影响力的一种技术。

③**即时化**。咨询师对会谈过程中发生的事情及时做出反应，尤其是对涉及来访者对咨询师的感受、双方对咨询关系的感受等。

④**情感表达**。咨询师将自己的情绪、情感及对来访者的情绪、情感等告知来访者，以影响来访者，目的是促进来访者探索和改变。

⑤**内容表达**。咨询师传递信息、提出建议、提供忠告、给予保证、进行解释和反馈，以影响来访者。

⑥**自我开放，也称自我暴露**。咨询师将自己的情感、思想、经验与来访者分享，或开放对来访者的态度、评价等，或开放与自己有关的经历、体验、情感等。

⑦**影响性概述**。咨询师将自己所叙述的主题、意见等进行整理后，以简明扼要的形式表达出来，相当于内容较多的内容表达。

⑧**面质，又称质疑、对峙、对抗、正视现实等**。咨询师指出来访者身上存在的矛

盾，促进来访者探索和改变，最终实现统一。来访者身上常见的矛盾：理想与现实不一致；言行不一致；前后言语不一致；意见不一致。使用面质的注意事项：以事实根据为前提；避免个人发泄；避免无情攻击；要以良好的咨询关系为基础；可用尝试性面质。

⑨**逻辑推论**。根据来访者所提供的有关信息，运用逻辑推理的原则，引导来访者认识其思维及行动可能引发的结果。常用"如果……就会……"这类条件语句。

⑩**非言语行为的运用**。非言语行为包括面部表情、身体动作信息、目光接触、声音特征、空间距离、综合印象等。

7. 试述阻抗产生的原因以及处理阻抗的方法。

（1）阻抗产生的原因。

①阻抗来自成长中的痛苦。

成长中的变化总要付出代价，总会伴随着消除旧有的行为习惯、建立新的行为习惯的痛苦。由于来访者对成长所带来的痛苦没有心理准备，往往容易产生阻抗。

a.开始新的行为的问题。来访者需要重新考察自己的基本信念和价值观；来访者可能需要转变成一个独立自主的人；来访者可能需要承认自己在欺骗自己。

b.结束或消除旧的行为的问题。来访者可能必须停止那些他很喜欢的行为；来访者可能需要不再装假；来访者可能需要面对一种痛苦的抉择。

②阻抗来自机能性的行为失调。

机能性的行为失调是指失调的行为最初是偶然发生的，因其使某方面的需要在这里得到了满足，行为发生的次数增加，以致固定下来。

a.阻抗的产生源于失调的行为满足了某些心理需求，即来访者从中获益。

b.阻抗的产生源于来访者企图以失调的行为来掩盖更深一层的心理矛盾和冲突。

③阻抗来自对抗治疗或治疗者的心理动机。

a.阻抗来自来访者只是想得到咨询师的某种赞同的意见的动机。

b.阻抗来自来访者想证实自己与众不同或咨询师对自己无能为力的动机。

c.阻抗来自来访者并无发自内心的求治动机。

（2）处理阻抗的方法。

①通过建立良好的咨询关系来解除来访者的戒备心理。

咨询师不必把阻抗问题看得过于严重，似乎咨询会谈中处处有阻抗。一方面，咨询师要了解阻抗的产生原因和表现形式，以便在阻抗真正出现时能及时发现并进行处理；另一方面，咨询师也不必"草木皆兵"，而使咨询气氛过于紧张。

②**正确地进行诊断和分析。**

正确的诊断有助于减少阻抗的产生。来访者最初所谈的问题，可能仅仅是表层的问题，而对其深层的问题，咨询师若能及早把握，将有助于咨询顺利进行。

③**以诚恳地帮助来访者的态度对待阻抗。**

咨询师先告诉来访者某处可能存在阻抗，然后争得来访者对此的一致看法，确认阻抗的存在，进而了解阻抗产生的原因。本着这样的精神去处理各种阻抗问题，有助于缓解来访者的紧张、焦虑情绪，使来访者以合作的态度共同探讨阻抗问题。

④**使用咨询技巧突破阻抗。**

咨询中经常遇到的阻抗是来访者不愿意付出努力进行改变。例如，来访者说："我知道吸烟不好，但我改不了。"因此，咨询师需要先识别阻抗，了解阻抗产生的原因，掌握相应的咨询技巧。例如，咨询师说："你说想戒烟，请告诉我你为戒烟做了哪些努力？"此时来访者可能会暴露矛盾，咨询师可以用面质技术，促进来访者统一。例如，咨询师说："你说你想戒烟，可又说没有行为上的努力，这是存在矛盾的，你能进行解释吗？"

应对阻抗的主要目的在于解释阻抗，了解阻抗产生的原因，以便最终突破阻抗，使咨询取得进展。突破阻抗的关键是要调动来访者的积极性，使之能与咨询师一同寻找阻抗的来源，认清阻抗产生的根源。

变态
心理学

背诵打卡表

章节	一轮打卡	耗时/min	二轮打卡	耗时/min	三轮打卡	耗时/min	背诵要求
变态心理学概述	☐		☐		☐		答题逻辑和要点要记熟，细枝末节需要理解记忆
焦虑障碍	☐		☐		☐		
心境障碍与自杀	☐		☐		☐		
躯体形式障碍和分离性障碍	☐		☐		☐		
进食障碍	☐		☐		☐		
人格障碍	☐		☐		☐		
儿童心理障碍	☐		☐		☐		
精神分裂症	☐		☐		☐		

🧑 第一章　变态心理学概述

1. 简述变态心理的界定标准。

　　变态心理是一种伴随着痛苦和功能性损伤出现的个体内部的心理功能紊乱，是一种不典型的或文化上不被期待的行为反应。这一定义说明判断一个人是否变态有三个基本的标准：（1）心理功能紊乱，涉及认知、情感和行为三个方面的损伤。（2）痛苦或功能性损伤，社会功能受损在界定心理障碍时是一个非常重要的概念。（3）非典型性反应，心理障碍所表现出来的行为不符合一定文化的要求。

2. 简述重性精神病所具有的特征。

　　重性精神病，是相对于"轻性精神病"而言的。其具备以下特征：

　　（1）重性症状： 丧失正常的认知、情感和行为活动，伴随幻觉、妄想、思维联想障碍、受控体验等。

　　（2）社会适应能力丧失： 社会功能严重受损，无法正常进行学习、工作、生活等社会活动。

　　（3）明显的人格改变： 退缩、孤独或过分激进。

　　（4）自知力缺失： 自知力是一种对自身的精神状态和身体感受、体验正常与否的检验能力，属内省力范畴。自知力缺失，表明个体无法判断和检验自身是否处于病态。

3. 试述心理正常与异常的标准化与非标准化的区分标准（李心天）。

　　（1）标准化的区分（4个标准，李心天，1991）。

　　①**医学标准：** 将心理障碍当作躯体疾病一样看待，如果一个人身上表现的某种心理现象或行为可以找到病理解剖或病理生理变化的根据，则认为此人有精神疾病或心理疾患。其心理表现则被视为疾病的症状，其产生原因则归结为脑功能失调。但是，目前有些心理障碍未能发现明显的病理改变。

　　②**统计学标准：** 人的行为是呈正态分布的，大多数人的行为处于中间状态，异常心理是少见的，即统计学的偏移。因此，极端的内向或外向、极度的兴奋或抑郁都是不正常的。不过，我们可以确定智力低下为异常，而不能认为智力超常是异常。心理测验多以此为标准来评价个体的心理健康水平。

　　③**内省经验标准：** 一是指病人的内省经验；二是指观察者的内省经验（将自己的经验与被观察对象的行为相比较）。内省经验标准有很大的主观性。

④**社会适应标准**：将个体行为与社会行为的常模相比较。符合社会准则，能根据社会要求和道德规范行事，这样的行为就是社会适应性行为。

（2）**非标准化的区分（5个角度，李心天，1991）。**

①**统计学角度**：将心理异常理解为某种心理现象偏离了统计常模。

②**文化人类学角度**：将心理异常理解为对某一种文化习俗的偏离。

③**社会学角度**：将心理异常理解为对社会准则的破坏。

④**精神医学角度**：将心理异常理解为古怪无效的观念或行为。例如，幻觉、病理性错觉、性欲倒错等古怪的行为，以及妄想、强迫观念等无效的观念。

⑤**认知心理学角度**：将心理异常看作个体主观上的不适体验。根据个体的言语信息（诉说为情绪低落或紧张不安）和非言语信息（面部表情和形体表现），如果个体有着和以前不一样的表现或者和别人不一样的感受，就确认为心理异常的表现。

🏛 第二章　焦虑障碍

1. 试述恐怖症的类型及各种恐怖症的特点。

（1）**广场恐怖症，又称场所恐怖症**，最初用来描述对聚会场所感到恐惧的综合征，目前已不限于广场。

特点：

①身处开放、热闹的情境时所体验到的恐怖。在深感恐怖的同时，患者感到逃离困难，同时无法获得帮助。有些患者甚至因此不愿离家，并产生依赖。

②若伴有惊恐发作的体验，患者生活在对再次惊恐发作的恐惧中，竭力避免可能发作的场所，从而限制活动。（也有人可以在同伴的陪同下冒险外出）

③若不伴有惊恐发作的体验，患者更多地体验到头晕症状，这时他们会避免到自己感觉不安全或不易逃生的地方冒险，从而极大地影响其社会功能。

④女性患者多于男性患者。

（2）**社交恐怖症，也称社交焦虑障碍**，表现为对一种或多种人际处境存在持久的强烈恐惧和回避行为。恐惧的对象可以是某个人或某些人，也可以相当泛化，可包括除某些特别熟悉的亲友之外的所有人。

与特殊恐怖症相比，社交恐怖症害怕的社交情境往往不易回避，因此社交恐怖症对个人生活的影响往往更为明显。害怕见人脸红并被别人看到，因而惴惴不安，被称为"赤面恐怖症"。害怕社交场合十分广泛的病例称为"广泛性社交恐怖症"，这类患者常害怕出门，不敢与人交往，甚至长期脱离社会生活，无法工作。

特点：

①对社交场景过分恐惧，尽量避免与人接触，主要是为了避免负性评价。

②害怕说话或做事遭到羞辱或尴尬。

③感觉好像有千万双眼睛盯着自己的一举一动，所以很不自在。

④如果不能避免人际接触，则非常痛苦地忍耐着和别人在一起，所以倾向于寻找减少社交邀请的借口或事务。

⑤典型表现是怯场和演讲焦虑。

⑥大多数患者起病于童年期或青春期。

（3）特殊恐怖症，又称单纯恐怖症， 表现为对存在或预期的某种特殊物体或情境的不合理焦虑。最常见的恐惧对象包括某些动物、高空、雷电、黑暗、坐飞机、外伤或出血、锐器以及特定的疾病等。

特殊恐怖症以儿童较为常见。成人特殊恐怖症中，动物恐怖通常起病于儿童期，高空、幽暗、雷雨等恐怖则通常起病于青年期或中年期。大多数恐怖症发作时，患者都会出现心跳加快和血压升高，但有一种特殊的恐怖症——血液或外伤恐怖症——与此不同。此类患者在见到血液或受外伤时，可出现心跳变慢和血压下降，并伴随恶心、头晕或晕厥。

特点：

①一种对特定的事物或情境的持续的、过分的恐惧，如害怕高空（恐高症）、害怕封闭的环境（幽闭恐怖症）、害怕小动物等。

②当遭遇恐怖对象时，个体会体验到强烈的生理激活，并急欲逃离。

③个体会因为对恐怖对象的回避行为而影响其社会功能。

④四类特殊恐怖：动物恐怖、血液恐怖、注射恐怖、场所恐怖。

⑤动物恐怖常常在童年期（4.4岁）起病，场所恐怖起病较晚（22.7岁）。

2．试述恐怖症的特点、病因及心理治疗方法。

恐怖症，又称恐惧症，是指对于特定事物或处境具有强烈的恐惧情绪，患者采取回避行为，并有焦虑症状和植物性神经功能障碍的一类心理障碍。

（1）恐怖症的特点。

①恐怖是一种面对危险或威胁而产生的焦虑不安的感觉。②恐怖症是对事物或情境

的持续恐惧，其程度与威胁的等级不成比例。③患者所害怕的对象，往往是生活中的普通事件，且他们都能意识到自己的反应是过度的或不合理的，但这种认知并不能阻止恐怖的发作。④患者希望回避会引起恐惧的事物或情境。⑤患者的自知力正常。

（2）恐怖症的病因。

①心理分析理论。

恐怖症是对可能会给自身带来伤害的无意识冲动做出的防御性反应。例如，对刀（注射器）产生恐怖，说明个体存在自毁冲动，而恐怖症则使个体避免接触刀成为可能。

②行为治疗理论。

行为主义观点有一个基本假设，即所有的行为都可以通过学习获得。Mowrer提出了恐怖症形成和发展的著名的两阶段模式：a.通过经典条件反射，个体习得了对条件刺激（即中性刺激）的害怕反应；b.为了减少对条件性的害怕反应，个体习得了回避性条件反应的行为。这是一个操作性条件作用过程，它使得回避行为得到了强化而长期存在，同时使得对原本的中性刺激的恐惧得以持续。

③认知理论。

恐怖是由对危险信号的过度敏感或对危险的过度预期导致的。患者对危险倾注了过多的注意力。

④生物学观点。

目前研究较多的是五羟色胺（5-HT）系统和去甲肾上腺素（NE）系统。研究者推论，恐怖症患者可能存在突触后5-HT受体超敏现象。另有研究发现，恐怖症的发病同交感神经系统激活及血管-迷走反射有关。一项调查显示，患恐怖症一级亲属患恐怖症的可能性是非恐怖症一级亲属的3~4倍。这些发现都揭示了生物遗传因素与恐怖症的关系。

⑤人格和父母的教养方式。

个性因素与恐怖症的发生也有很大关系，不少研究认为，行为退缩的婴儿长大后易患恐怖症。另外，父母的教养方式不当也是导致恐怖症，尤其是社交恐怖症发生的因素之一。

（3）心理治疗方法。

①行为疗法。

a.系统脱敏法。该法是先让患者学会放松，将患者恐惧的刺激或情境按照其恐惧的程度由低到高排列出来，然后让患者在放松的状态下逐一循序渐进地暴露于引起焦虑、恐惧的刺激中，从而减轻对恐怖性刺激的害怕反应。

b.满灌疗法，又称冲击疗法。该法是把患者置于最令其恐惧的情境中，并要求和鼓励患者在恐惧面前不退缩，坚持到底，直到恐惧程度下降，最终不感到恐怖或焦虑为止。

c.模仿法。该法是治疗师作为榜样去面对患者害怕的事物或处境，而患者进行观察学习。

②**认知疗法。**

认知疗法是改变患者不合理的认知的心理治疗方法。认知疗法通常与行为疗法，如暴露技术、社交技巧训练等联合使用。有研究认为，认知疗法与行为疗法联合使用，不论是近期疗效还是远期疗效都要优于单独的行为疗法。

③**其他心理疗法。**

森田疗法也适合治疗恐怖症，其治疗原则是"顺其自然，为所当为"。该疗法鼓励患者接受恐怖症的一些症状，不把其当作身心异物加以排斥，不再关心心理症状，而是像正常人一样生活，使症状在不知不觉中消失。

3. 试述强迫症的临床表现及其病因。

强迫症（OCD）是严重影响个体日常生活的一种心理障碍，它以反复出现的强迫观念和强迫行为为主要临床特征。

（1）临床表现。

①**强迫观念。**

强迫观念是OCD的核心症状，是指反复进入患者意识领域的思想、表象或意向。这些思想、表象或意向对患者来说，是没有现实意义的、不需要的或多余的；患者意识到这些都是他自己的心理活动，极力摆脱，但又无能为力，因而感到十分苦恼和焦虑。

a.**强迫思维**，是指一些字句、话语、观念或信念反复进入患者的意识领域，没有现实意义，但干扰了正常的思维过程，又无法摆脱。其有以下几种表现形式：强迫怀疑，是指患者对自己言行的正确性反复产生怀疑，明知毫无必要，但又不能摆脱，常伴有焦虑。强迫性穷思竭虑，是指患者对事物追根问底，明知无现实意义，但不能自我控制。强迫联想（强迫性对立性思维），是指患者脑子里出现一个观念或看到一句话，便不由自主地联想起另一个观念或语句。强迫性回忆，是指患者过去经历的事件不由自主地在意识中反复呈现。

b.**强迫表象**，是指反复呈现逼真、形象的内容。出现的表象通常是令患者难堪或厌恶的，多见的是生殖器或性行为的表象。少数患者的表象外向投射，形成假性幻觉。

c. 强迫性恐惧，又叫强迫情绪，是指对某些事物担心或厌恶，明知这是不合理的或不必要的，但无法摆脱。例如，担心自己会伤害他人，担心自己会说错话，等等。

d. 强迫意向，是指反复体验到想要做某种违背自己意愿的动作或行为的冲动，且明确知道这样做是荒谬的。

②强迫行为。

强迫行为，又称强迫动作，是指反复出现的、刻板的仪式化动作，患者感觉到这样做不合理，别人也不会这样做，却不能不做。强迫行为的常见形式：a. 强迫检查；b. 强迫洗涤；c. 强迫询问；d. 强迫计数；e. 强迫整理；f. 强迫仪式行为；g. 强迫性迟缓。

强迫观念和强迫行为虽有不同之处，但其共同点值得注意：①症状反复、持续出现，患者完全能够觉察；②症状具有"属我"性，即非外力所致，但又"非我所愿"；③症状往往令患者内心焦虑、痛苦；④患者明知症状表现不应该、不合理、不必要或无意义，并有一种强迫抵抗的欲望，但难以控制和摆脱。

（2）病因。

①心理分析理论： 强迫症是对潜意识中"不洁或不吉"观念的保护，患者通过强迫性穷思竭虑和一系列强迫行为，来避免它们上升到意识领域，从而避免焦虑。

②行为主义理论： 强迫症状是习得的。患者因表现出强迫症状而得到了好处，该症状因此获得强化，表现频率也就增加了。

③生物学观点： 强迫症具有一定的遗传倾向。强迫症与大脑中的五羟色胺（5-HT）系统、去甲肾上腺素（NE）系统的功能活动失调有关。

④认知理论： 大多数人都有重复性的、闯入性的、消极的想法，如伤害他人等，通过忽略或时间的推移，这些想法会自然消失，然而有些人难以消除这些想法，他们就可会发展出强迫症。

4. 试述创伤后应激障碍的临床表现及其心理社会因素。

创伤后应激障碍（PTSD）是指经历异乎寻常的威胁性或灾难性应激事件或情境后而引起精神障碍的延迟出现或长期持续存在。

（1）创伤后应激障碍的主要临床表现。

①反复体验创伤性事件。

这是PTSD的核心症状，它以各种形式反复重新体验创伤性事件，无法控制地回想遭受过的创伤体验，如同电影中的"闪回"。

②**回避与创伤性事件有关的刺激，或情感麻木。**

患者回避谈及与创伤有关的话题，或回避可能勾起恐怖回忆的事情和环境，似乎已经忘了此事。患者有时可表现出一种"麻木"感（情感迟钝），对生活中的某些重要方面不能提及和不感兴趣，对周围环境淡漠、无反应，快感缺乏，与人相处不自然。

③**警觉性增高。**

患者的植物性神经过度兴奋，易产生惊跳反应，易激惹或暴怒发作，有睡眠障碍，注意力不集中。

④**其他表现。**

患者内疚和自责的情绪反应也十分常见。失去亲人的居丧反应与负罪感密切相关。还应注意的是，儿童也可发生 PTSD，但表现与成人有所不同。

（2）心理社会因素。

①**心理分析理论：** 创伤性事件的经历不断地在脑海里闪现是一件十分痛苦的事，以致痛苦的记忆要么通过分散注意力等方法加以克制，要么无意识地被压抑，而患者在是否把创伤经历整合到自己原先的信念中，内心存在着冲突。童年的创伤，如受歧视、受虐待、被遗弃、性的创伤、与父母分离的创伤等，都可以使后来遇到的创伤性事件更容易引发 PTSD。

②**行为主义理论：** PTSD 的发生是害怕的一种条件反射。

③**认知理论：** PTSD 患者发展了一种内部认知图式，会夸大危险信息对创伤性事件的消极解释。

此外，病前的人格特点和社会文化因素也与 PTSD 的发生有关。依赖型人格、边缘型人格、反社会型人格，都会妨碍人们成功地应对困境。

既往有过某种精神障碍，如惊恐障碍、强迫症、抑郁症等，也会增加患 PTSD 的危险。

5. 试述广泛性焦虑障碍的基本特征及其心理社会因素。

广泛性焦虑障碍（GAD）是指具有对一系列生活事件或活动感到过分的、难以控制的担忧。

（1）基本特征。

①慢性的、不可控的担忧。

②持续性、弥漫性的焦虑，常与其他焦虑障碍，如恐怖症、惊恐障碍以及抑郁障碍相伴发。弥漫性焦虑是 GAD 的核心症状，焦虑既无确定对象又无具体内容，有的患

者则反复呈现不祥的预感或期待性焦虑，总担心未来会发生不测，终日忐忑不安（如杞人忧天）。

③常伴有易激惹、注意集中困难、难以做决定、记忆力减退等。

④常伴有震颤、运动性不安、睡眠障碍、表情紧张、姿态僵硬；交感神经功能亢进：涉及心血管、消化、呼吸、泌尿系统（如心悸、胸闷、恶心、口干、尿频、皮肤苍白、多汗等）。

⑤社会功能受损（轻度、中度多见）。

（2）心理社会因素。

①心理分析理论：自我与本能冲动之间无意识的矛盾冲突是 GAD 的根源。本我中性或攻击的欲望力求表现，而自我不允许这些冲动表现，导致一种弥漫性焦虑。未将焦虑转化为对某一事物的恐惧，而是泛化到一切刺激。

②行为理论：GAD 是经过条件反射而形成的，只是条件刺激的范围更加广泛。

③认知理论：对危险做出过度评价 —— 功能失调性假设或图式导致病理性焦虑反应的形成。

④人本主义：GAD 患者在小时候没有得到父母无条件的积极关注因而只是接受父母赞许的那一部分自我，形成价值条件化。到了成年，继续价值条件化过程会使个体只把那些最有可能被生活中重要人物赞许、爱和支持的内容纳入自我概念。当外在信息与自我概念不一致时，个体就会产生焦虑。

⑤存在主义：GAD 的发生是由于存在的焦虑，即人类对自身存在的限制和责任的害怕。

🎓 第三章　心境障碍与自杀

1. 简述抑郁发作的特征性表现。

（1）抑郁心境；（2）在平常的活动中丧失兴趣和乐趣；（3）食欲紊乱；（4）睡眠紊乱；（5）精神运动性迟缓或激越；（6）精力减退；（7）无价值感和内疚感；（8）思维困难；（9）死亡或自杀的想法；（10）其他的抑郁发作症状：可能出现妄想和幻觉等精神病性症状。

2. 简述躁狂发作的主要特征。

（1）情感高涨：患者很高兴，整天笑，很有感染力；（2）注意力不集中或随境转移;（3）言语增多;（4）思维奔逸，联想加快或有意念飘忽;（5）自我评价过高或夸大;（6）精力充沛，不疲劳，难以安睡，不断改变计划;（7）行为鲁莽，挥霍，不负责任，不计后果;（8）睡眠少;（9）性欲亢进。

3. 简述单相心境障碍与双相心境障碍的主要表现和区别。

经历了一次或多次的抑郁发作，期间没有躁狂发作，被称为抑郁症，又叫单相心境障碍。单相心境障碍的常见症状有忧愁、寡欢、焦虑、紧张、缺乏精力、丧失兴趣、集中注意的能力丧失、缺陷观念和无用观念。

双相心境障碍是一种既有躁狂发作又可能有抑郁发作的疾病，包括Ⅰ型双相心境障碍和Ⅱ型双相心境障碍。在典型的病例中，双相心境障碍患者会先出现躁狂发作，下一次发作可以表现为其他形式。

二者的区别:

（1）二者的发病率不同;（2）二者在人口统计学上有差异，与单相心境障碍不同的是，双相心境障碍在两性间没有明显差异，同时，双相心境障碍在高社会经济阶层更多见;（3）是否已婚与单相心境障碍的发病率有关，但与双相心境障碍的发病率没有明显相关;（4）单相心境障碍患者的心理特点是自尊、依赖、固执，而双相心境障碍患者往往有轻躁狂史;（5）双相心境障碍患者在抑郁发作期间较单相心境障碍患者更易出现弥漫性的迟缓状态;（6）二者的病程有所不同，双相心境障碍的病程较短，但发作较频繁。

4. 简述心境障碍的心理治疗方法。

（1）心理动力学治疗: 强调工作的重点是支持和再保证，通过减少患者的焦虑使他们感到安全，获得支持、舒适和轻松的感觉来缓解症状。待患者情绪稳定后再揭示其症状的根源。

（2）认知治疗: 目标是改变患者抑郁性的想法，这些改变通过行为实验、逻辑辩论、证据检验、问题解决、角色扮演、认知重建等途径得以实现。其中，认知重建是用积极的、符合现实的认知代替那些消极的、不符合现实的认知，这是认知治疗最为重要的方面。

（3）行为治疗: 通过操纵强化的时机、提高患者获得强化的比率来消除抑郁状态，还可以借助一种社会技能训练的技术来达到治疗的目的。

（4）人本主义治疗: 尝试帮助抑郁和自杀的患者认识到他们的情感痛苦是一种真实的反应，引导患者发现实现自己的个人生活目标是获得更好生活的理由。

（5）**团体心理治疗**：既高效又可以激发和运用患者之间的积极的互动作用，从而提高治疗的效果和患者对治疗的信心和依存性。

5．试述 DSM-5 中重性抑郁障碍的诊断标准

（1）在同样的2周时期内，出现5个或5个以上的下列症状，表现出与先前功能相比不同的变化，其中至少有1项是：①心境抑郁；②丧失兴趣或愉悦感。

a.几乎每天大部分时间都心境抑郁，既可以是主观的报告（例如，感到悲伤、空虚、无望），也可以是他人的观察（例如，表现为流泪）。（注：儿童和青少年，可能表现为心境易激惹。）

b.几乎每天或每天的大部分时间，对于所有或几乎所有的活动兴趣或乐趣都明显减少（既可以是主观体验，也可以是观察所见）。

c.在未节食的情况下体重明显减轻，或体重增加（例如，一个月内体重变化超过原体重的5%），或几乎每天食欲都减退或增加。（注：儿童则可表现为未达到应增体重。）

d.几乎每天都失眠或睡眠过多。

e.几乎每天都精神运动性激越或迟滞（由他人观察所见，而不仅仅是主观体验到的坐立不安或迟钝）。

f.几乎每天都疲劳或精力不足。

g.几乎每天都感到自己毫无价值，或过分地、不恰当地感到内疚（可达到妄想的程度，并不仅仅是因为患病而自责或内疚）。

h.几乎每天都存在思考或注意力集中的能力减退或犹豫不决（既可以是主观的体验，也可以是他人的观察）。

i.反复出现死亡的想法（而不仅仅是恐惧死亡），反复出现没有特定计划的自杀观念，或有某种自杀企图，或有某种实施自杀的特定计划。

（2）这些症状引起有临床意义的痛苦，或导致社交、职业或其他重要功能方面的损害。

（3）这些症状不能归因于某种物质的生理效应，或其他躯体疾病。

（4）这种重性抑郁发作的出现不能更好地用分裂情感性障碍、精神分裂症、精神分裂症样障碍、妄想障碍或其他特定的和非特定的精神分裂症谱系及其他精神病性障碍来解释。

（5）从无躁狂发作或轻躁狂发作。

6. 试述抑郁症的成因。

（1）生物医学。

遗传方面：同卵双生子的抑郁症共病率为40%。

生物化学方面：神经递质失衡理论，某些药物会改变突触部位神经递质的浓度。

神经内分泌系统方面：目前强调下丘脑—垂体—肾上腺皮质的共同作用。

（2）心理动力学观点。

抑郁是指向自身的愤怒。抑郁症患者口唇期的需要没有或过分得到满足，心理发展固着在此阶段，倾向过分依赖他人以维持自尊。在离丧生活事件中易表现出来。

（3）行为理论。

消退：抑郁是一种不完全或不充分的活动。

回避型社会行为：对个体正常行为的强化过少。

强化：正常情感的强化量不断减少，异常情绪症状的奖励量增加，从而出现异常情绪的恶性循环。

（4）认知理论。

Beck的理论：消极的信心信念、负性生活事件背后的消极图式或信念、歪曲的认知三个因素相互作用，导致抑郁。Beck的消极的三联征，即负性的自我观、世界观和未来观。

习得性无助理论：个体的消极状态和无法有所行动、无法控制自己生命的感觉来自个体的不成功的控制尝试的经历和心理创伤。

归因和习得性无助理论：抑郁不是在消极的、不可控的事件发生时便产生，而是取决于人是否将它归因于自身的相对稳定的内部特征以及生活的其他方面。

无望感理论：个体存在一种对自己所希望的结果不会发生或自己不希望的结果将会发生的预期，并因此不再做出任何行动以改变这种情境的心理反应。该理论考虑的是一种认为负性生活事件将会有严重的消极结果和对自己做出消极的推论的倾向性。

🔆 第四章　躯体形式障碍和分离性障碍

简述 DSM-5 中分离性身份障碍的诊断标准。

（1）存在2个或更多以截然不同的人格状态为特征的身份瓦解，这可能在某些文化中被描述为一种附体体验。身份的瓦解涉及明显的自我感和自我控制感的中断，伴随与情感、行为、意识、记忆、感知、认知和/或感觉运动功能相关的改变。这些体征和症状可以被他人观察到或由个体报告。

（2）回忆日常事件、重要的个人信息和/或创伤事件时，存在反复的空隙，它们与普通的健忘不一致。

（3）这些症状引起有临床意义的痛苦，或导致社交、职业或其他重要功能方面的损害。

（4）该障碍并非一个广义的可接受的文化或宗教实践的一部分。

注：对于儿童，这些症状不能更好地用假想玩伴或其他幻想的游戏来解释。

（5）这些症状不能归因于某种物质的生理效应或其他躯体疾病。

第五章　进食障碍

1. 试述神经性贪食症的主要特征及其诊断标准。

（1）主要特征。

①发病的典型年龄为 16～19 岁。

②显著特征：a. 暴食。如何量化暴食是一个有争议的问题，从热量摄入的角度来看，暴食现象有很大差异，DSM-Ⅳ 委员会建议用结构化访谈来确定是否有暴食症状。b. 对进食行为不能控制。c. 采用补偿性行为以防止暴食引起的体重增加，最常用的是导泻行为。

③存在对肥胖的过度恐惧，非常在乎自己的体重和外形，往往在追求苗条的动机下开始控制体重。

④DSM-Ⅳ 中将神经性贪食症分为导泻型与非导泻型。（DSM-5 中不再区分）

⑤过度运动（其他补偿行为），自我评价或自尊过分受到体形和体重的影响。这类行为可能造成严重的临床后果，除反复呕吐导致电解质失衡外，还可能出现躯体并发症，如手足抽搐、癫痫发作、心律失常、肌无力等。

⑥几乎不存在体象障碍。

⑦体重正常或轻微偏低。

⑧病人常有抑郁情绪、焦虑症状和自杀行为。研究表明，这类临床病人的社会适应不良。

（2）诊断标准（DSM-5）。

①反复发作的暴食。暴食发作以下列 2 项为特征：

a. 在一段固定的时间内进食，食物量大于大多数人在相似时间段内和相似场合下的进食量。

b. 发作时感到无法控制进食。

②反复出现不恰当的代偿行为以预防体重增加，如自我引吐，滥用泻药、利尿剂或其他药物，禁食或过度锻炼。

③暴食和不恰当的代偿行为同时出现，并且出现频率维持在 3 个月内平均每周至少 1 次。

④自我评价受到身体体形和体重的过度影响。

⑤该障碍并非仅仅出现在神经性厌食症的发作期。

2. 试述神经性厌食症的主要特点及其诊断标准。

（1）主要特点。

①核心症状是对肥胖的强烈恐惧及对苗条的狂热追求。患者一般是先开始节食，然后逐步发展成对苗条的强迫性关注。患者对肥胖的恐惧是不合理的，即使本人已经异常消瘦。一般发病于青春期，通常在 13 岁。

②过度运动，严格限制热量摄入。神经性厌食症分为限制型和暴食－导泻型两种亚型。与神经性贪食症患者不同，暴食－导泻型神经性厌食症患者吃相对较少的东西就会泻出，通常用到的泻出方法有自我引吐、滥用泻药等，并且这种行为经常发生。

③一个关键的诊断标准是对身体形象的歪曲知觉。神经性厌食症患者看到的自己和别人眼中的他们是不一样的，尽管自己已经极度瘦弱。（体象障碍）

④女性神经性厌食症患者最常见的临床症状是闭经，还包括皮肤干燥、毛发或指甲脆硬、对寒冷的敏感或低耐受性以及四肢和脸部长出软毛发。

⑤神经性厌食症患者不会主动求医，因为他们不认为自己有什么不正常。

⑥过低体重和饥饿状态会伴有严重抑郁情绪，表现为退缩、易激惹、性欲减退、自杀行为、无能感、与进食有关的强迫思维、酒精和药物的滥用。长期拒食或节食会使体重锐减、代谢失调、内分泌紊乱，还可造成内脏功能失调——肾功能损伤、心血管问题、骨质疏松等，成为一种慢性的致命疾病，严重时必须住院治疗以恢复体重，使体液及电解质失衡得到治疗。

（2）**诊断标准（DSM-5）**。

①相对于需求而言，在年龄、性别、发育轨迹和身体健康的背景下，出现了因限制能量的摄取而导致显著的低体重。显著的低体重被定义为低于正常体重的最低值或低于儿童和青少年的最低预期值。

②即使处于显著的低体重，仍然强烈害怕体重增加或变胖，或有持续的影响体重增加的行为。

③对自己的体重或体形的体验障碍，体重或体形对自我评价的不当影响，或持续地缺乏对目前低体重的严重性的认识。

3．试述进食障碍的病因。

（1）**生物因素**。

①基因：进食障碍有家族性。

②设定点理论：至少在一段时间内，个体的身体有自己设定好的体重正常值范围，并且拒绝大幅度的改变。

③进食障碍与脑：下丘脑是调节饥饿与进食的关键中枢。此外，有研究发现，内源性血清素在进食障碍中也具有某种作用。

（2）**社会文化因素**。

社会文化因素在进食障碍的发生、发展上是有显著作用的。女性对社会文化的认同程度越高，患进食障碍的可能性也就越大。大众传媒对进食障碍的发展也有一定作用。

（3）**心理因素**。

①人格特点：神经性厌食症患者具有完美主义、害羞、依从的特点；而神经性贪食症患者还具有歇斯底里特征、情绪不稳定及好交际的倾向；进食障碍患者有较高的神经质、焦虑及低自尊，且表现出对家庭及社会标准的强烈认同。

②心理动力学观点：神经性厌食症是一种对口唇受孕恐惧的防御，之所以要回避食物，是因为食物象征性地等同于性和怀孕。

③家庭动力学观点：将心理动力学理论的因素与关注家庭联系在一起，认为孩子在生理上是脆弱的。

④认知行为观点：怕胖的恐惧和体象障碍是引起自我挨饿的动机因素，而体重减轻是有力的强化物。

第六章　人格障碍

1. 简述 DSM-5 中人格障碍的诊断标准。

（1）明显偏离了个体文化背景预期的内心体验和行为的持久模式，表现为下列2项（或更多）症状：①认知（即对自我、他人和事件的感知和解释方式）；②情感（即情绪反应的范围、强度、不稳定性和适宜性）；③人际关系功能；④冲动控制。

（2）这种持久的心理行为模式是缺乏弹性的和泛化的，涉及个人和社交场合的诸多方面。

（3）这种持久的心理行为模式引起有临床意义的痛苦，或导致社交、职业或其他重要功能方面的损害。

（4）这种心理行为模式在长时间内是稳定不变的，发生可以追溯到青少年期或成年早期。

（5）这种持久的心理行为模式不能用其他精神障碍的表现或结果来更好地解释。

（6）这种持久的心理行为模式不能归因于某种物质（例如，滥用的毒品、药物）的生理效应或其他躯体疾病（例如，头部外伤）。

2. 简述反社会型人格障碍及其诊断标准。

反社会型人格障碍患者的特征是具有高度攻击性、缺乏羞愧感、不能从经历中吸取经验教训、行为受偶然动机驱使、社会适应不良等，然而这些均属相对的。Ziskind（1982）对社会病态提出5条诊断标准和5条排除指标。5条必需的诊断标准是冲动性、不负责任、情感肤浅、不能从既往经验或惩罚中得益和良知的损害；排除指标包括5种疾病，即精神发育迟滞、器质性脑综合征或脑损伤、精神分裂症、情感性精神病和神经症。

DSM-5 中反社会型人格障碍的诊断标准：

（1）一种漠视或侵犯他人权利的普遍模式，始于15岁，表现为下列3项（或更多）症状：

①不能遵守与合法行为有关的社会规范，表现为多次做出可遭拘捕的行动。

②欺诈，表现出为了个人利益或乐趣而多次说谎，使用假名或诈骗他人。

③冲动性或事先不制订计划。

④易激惹和攻击性，表现为重复性地斗殴或攻击。

⑤鲁莽且不顾他人或自身的安全。

⑥一贯不负责任，表现为重复性地不坚持工作或不履行经济义务。

⑦缺乏懊悔之心，表现为做出伤害、虐待或偷窃他人的行为后显得不在乎或合理化。

（2）个体至少18岁。

（3）有证据表明品行障碍出现于15岁之前。

（4）反社会行为并非仅仅出现于精神分裂症或双相心境障碍的病程之中。

3．试述人格障碍的不同类型及其临床表现。

DSM-5中列出了10种人格障碍，分为3大类群：

A类人格障碍（古怪群）：以行为古怪、奇异为特点，包括偏执型人格障碍、分裂样人格障碍、分裂型人格障碍。

B类人格障碍（戏剧化群）：以戏剧化、情感强烈、不稳定为特点，包括表演型人格障碍、自恋型人格障碍、反社会型人格障碍、边缘型人格障碍。

C类人格障碍（焦虑–恐惧群）：以紧张、焦虑为特点，包括回避型（焦虑型）人格障碍、依赖型人格障碍、强迫型人格障碍。

（1）偏执型人格障碍。

偏执型人格障碍以猜疑和偏执为特征，患病率为0.4%～7.3%，患者中男性居多。心理分析理论认为，偏执来自无意识中强烈的仇恨和敌意的外向投射（因其不为意识所容）。这类患者表现为主观、固执、好胜、刻薄、病态嫉妒、心胸狭窄、自我评价过高、强烈怀疑他人的意图；对他人的怀疑没有达到妄想的地步，也无幻觉；尽管广泛的怀疑和不信任影响了人际关系，但通常能维持基本的社会功能。

（2）分裂样人格障碍。

分裂样人格障碍以社会隔绝、情感疏远、情绪冷淡或感情平淡为特征，患病率为0.7%～5.1%，住院者罕见，男性居多。这类患者表现为孤单、冷淡、沉默，不介入日常事务、不交际、不关心他人，往往将精力投注于与人无关的兴趣方面。

（3）分裂型人格障碍。

分裂型人格障碍以社会隔绝、情感疏远、行为古怪和多疑为特征，不易与精神分裂症相区分。

（4）表演型人格障碍。

表演型人格障碍又称癔症型人格障碍、寻求注意型人格障碍，以人格不成熟、情绪不稳定为特征，患病率为1.3%～3%，这类患者中女性是男性的2倍。这类患者有三项基本表现：需要情爱和注意，有依赖性，有作弄他人的倾向。

（5）自恋型人格障碍。

自恋型人格障碍患者妄自夸大观念，全神贯注于自己的智慧和成功的幻想，表现为过度的自我中心，要求受到特殊对待，这不仅令他人难受，而且也给患者自己带来适应不良的痛苦。其患病率为 0～0.4%。

（6）回避型人格障碍。

回避型人格障碍以长期、全面地脱离社会关系为特征，表现为回避、退缩、过分敏感、易焦虑、对自我价值缺乏信心。中国的诊断标准命名为"焦虑型人格障碍"，以持久的和广泛的内心紧张及忧虑体验为特征。这类患者一贯感到紧张、提心吊胆、不安全、自卑，总是需要被人喜欢和接纳，对拒绝和批评过分敏感，因习惯性地夸大日常处境中的潜在危险，而有回避某些活动（尤其是社会交往）的倾向。其患病率为 0.4%～1.6%，此类患者中女性多于男性，大致比例为 3∶2。

（7）依赖型人格障碍。

依赖型人格障碍又称不适当型人格障碍，以缺乏自信和依附于他人为特征。这类患者遇到轻微应激即退却、寻求帮助，需要保护。

（8）强迫型人格障碍。

强迫型人格障碍以情绪限制、秩序性、坚持执拗、犹豫不决、追求完美为特征，对自己过于严格，做事谨小慎微，要求十全十美，优柔寡断，缺乏自信，内心的不安全感、道德感过强，对他人强求。这类患者表现为秩序性、固执、思维僵硬、异常节俭、谨小慎微、爱整洁、犹豫不决、严肃沉闷等，易出现强迫障碍、抑郁障碍、身心障碍。

（9）边缘型人格障碍。

边缘型人格障碍以人际关系、自我形象和情感的不稳定性为特征。这类患者表现为人际关系不良，不能忍受孤独，常感孤单、空虚，易抑郁，情绪不稳定，行为具有冲动性，易发生自伤、自杀行为，易发生抑郁、药物滥用等方面的问题。

（10）反社会型人格障碍。

反社会型人格障碍以经常发生违反社会规范的行为为特征。这类患者具有高度攻击性，好欺骗，不负责任，缺乏羞愧感，无情无义，行为受偶然动机驱使，社会适应不良，不能从经历中吸取经验教训。其患病率为 0.05%～2%，监狱中的患病率为20%～70%，男性多于女性。这类患者表现为表面正常甚至讨人喜欢，但工作、婚姻不良，经济上依赖他人，酒精与药物滥用，情感肤浅、无情、自我中心，不诚实、作弄他人，冲动性、攻击性及法律问题，等等。青少年期表现为说谎、学习成绩不良、逃学、野蛮、流氓、斗殴、偷窃、违纪、起假名、屡教不改。在儿童期出现品行障碍者，可能在成年后形成反社会型人格。

🔥 第七章　物质依赖

略

🔥 第八章　儿童心理障碍

1. 试述孤独症的临床表现、诊断标准、病因与治疗方法。

孤独症，又称自闭症，属于广泛性发育障碍。广泛性发育障碍起病于婴儿期，具有严重和广泛的社会交往、语言沟通和认知功能等发育性缺陷。其特征是对自己周遭环境表现出顽强的冷漠、无动于衷和缺乏感应性。患者在几个重要的发展领域中表现出严重的和广泛性的损害，如社会互动交往技能、沟通技能等的损害。通常在个体生命的最初几年就有所显现，可能伴随着一定程度的精神发育迟滞。

（1）临床表现。

①**社交障碍：**孤独症的核心特点。孤独症儿童逃避与人交往，特别逃避目光的接触，难以发展正常的人际关系。

②**语言发育延迟或不发育：**只用简单词语交流或使用模仿语言，故言语沟通困难。约50%的孤独症儿童缺乏语言或语言发展能力，约75%的孤独症儿童会持久地使用模仿语言。

③**仪式性或强迫性行为：**拒绝环境改变或拒绝学习、从事新的活动。孤独症儿童表现出某些怪异的自我刺激行为，不断重复某些动作，如以某种节奏不停地摇摆身体；还可能出现自残行为，如打自己的身体。有些孤独症儿童只吃固定的食物，或吃饭时要坐固定的位置；喜欢把玩具或物品排列成行，被搞乱会痛苦、会大发脾气。

④**非语言交流障碍：**以哭或尖叫表示他们的不舒适或需要，缺乏相应的面部表情，常显得表情愤然，很少用点头、摇头、摆手等表示他们的意愿。

⑤**智能和认知障碍：**有研究人员认为，孤独症儿童有潜在正常智力，亦有人认为

许多孤独症儿童属于智力迟滞，大约有 3/4 的孤独症儿童有智力迟滞现象，虽然他们可能拥有正常智力，但病症使其未能接受正常教育，所以相比正常儿童，他们的智力水平通常显著较低，有些存在孤立的智能，如有极强的刻板记忆力。

⑥**感觉和动作障碍：**坐不住，动个不停，做出怪异姿势。

（2）DSM-5 中孤独症的诊断标准。

①在多种场所下，社交交流和社交互动方面存在持续性的缺陷，表现为目前或历史上的下列情况（以下为示范性举例，而非全部情况）：

a. 社交情感互动中的缺陷，例如，从异常的社交接触和不能正常地来回对话，到分享兴趣、情绪或情感的减少，再到不能启动或对社交互动做出回应。

b. 在社交互动中使用非语言交流行为的缺陷，例如，从语言和非语言交流的整合困难到异常的眼神接触和身体语言，或在理解和使用手势方面的缺陷到面部表情和非语言交流的完全缺乏。

c. 发展、维持和理解人际关系的缺陷，例如，从难以调整自己的行为以适应各种社交情境的困难，到难以分享想象的游戏或交友的困难，再到对同伴缺乏兴趣。

②受限的、重复的行为模式、兴趣或活动，表现为目前的历史上的下列情况的至少 2 项（以下为示范性举例，而非全部情况）：

a. 刻板或重复的躯体运动，使用物体或言语（例如，简单的躯体刻板运动、摆放玩具或翻转物体、模仿言语、特殊短语）。

b. 坚持相同性，缺乏弹性地坚持常规或仪式化的语言或非语言的行为模式。

c. 高度受限的、固定的兴趣，其强度和专注度方面是异常的。

d. 对感觉输入的过度反应或反应不足，或对环境的感受方面有不同寻常的兴趣。

③这些症状必须存在于发育早期。

④这些症状导致社交、职业或目前其他重要功能方面的有临床意义的损害。

⑤这些症状不能用智力障碍（智力发育障碍）或全面发育迟缓来更好地解释。智力障碍和孤独症（自闭症）谱系障碍经常共同出现，做出孤独症（自闭症）谱系障碍和智力障碍的合并诊断时，其社交交流应低于预期的总体发育水平。

（3）病因。

①生物因素。

神经生理因素和遗传因素对儿童孤独症的发病起了很大作用。家中有一个孤独症儿童，其他兄弟姐妹的同病率为 1%～2%。有研究表明，15 号染色体、X 染色体病变与孤独症有关；难产与孤独症有关；孤独症儿童表现出第四脑室增大、脑干明显较小、小脑发育不良等；大脑功能失调与孤独症存在关系。

②心理因素。

孤独症儿童与父母的交往存在缺陷，父母对孩子的冷淡和不关心导致了婴儿的情感退缩，而婴儿的情感退缩导致父母进一步对其采取拒绝态度。在一个充满拒绝与危险的环境中，孩子逐步发展为拒绝整个世界。

（4）治疗方法。

对孤独症的治疗一般都会采用综合措施，包括药物治疗、行为矫治、特殊教育和家庭治疗。因此，在治疗孤独症儿童时往往需要医生、临床心理学家、语言治疗师、老师和家长的充分合作。

①药物治疗：主要目的是改善症状，为照料和训练教育提供条件。常用药物有氟哌啶醇、匹莫齐特、兴奋剂、三环抗抑郁药、吗啡拮抗药、利培酮等。

②行为治疗：主要以条件作用原理对孤独症儿童的行为进行训练。针对孤独症儿童言语方面的问题，多采用强化法、塑造法和示范法等；利用渐隐法提高孤独症儿童关注复合刺激的能力；采用消退法改变其自伤行为和破坏性行为。

③心理动力学疗法与人本主义疗法：重新建立正常的亲子关系，近期应用得较少。

2．试述多动症的临床表现、诊断标准、病因以及治疗方法。

多动症是注意缺陷或多动障碍（ADHD）的简称，是一种较常见的儿童行为障碍，又称"儿童多动综合征"。多动症的高峰就诊年龄为8～10岁，男孩明显多于女孩。男女患儿的症状虽然都有注意缺陷，但男孩多伴有多动，属注意障碍伴多动型，而女孩则以注意障碍不伴多动型为主。ADHD主要分为三种：注意缺陷型、多动－冲动型、混合型（特点是高度注意力不集中和过分好动与冲动）。

（1）临床表现。

①注意障碍：多动症的主要症状，表现为选择性地集中注意和保持注意有困难。多动症儿童很容易被环境中的无关刺激吸引，使注意力分散和转移。周围的任何事物都似乎能引起他们的兴趣。

②活动过多：最引人注意的特征。多动症儿童从小便开始表现出几乎没有静下来的时候，只要是清醒的，便总是不停地活动。上学后多动便更为突出，因为其行为与学校要求学生安静听课的差距太大、太过明显，便成为问题儿童。

③行为冲动，情绪不稳：多动症儿童的行为缺乏计划性，往往突然出现；情绪不

稳，人们难以知道他今天因为什么高兴，昨天因为什么不高兴。

④**学习困难：**多动症儿童大部分有学习困难，他们的学习困难是由多种因素造成的，但与智力因素无关。

（2）DSM-5中注意缺陷/多动障碍的诊断标准。

①一个持续的注意缺陷和/或多动——冲动的模式，干扰了功能或发育，以下列第一点或第二点为特征。

第一点，注意障碍：6项（或更多）的下列症状持续至少6个月，且达到了与发育水平不相符的程度，并直接负性地影响了社会和学业/职业活动。

a.经常不能密切关注细节或在作业、工作或其他活动中犯粗心大意的错误。

b.在任务或游戏活动中经常难以维持注意力。

c.当别人对其直接讲话时，经常看起来没有在听。

d.经常不遵循指示以致无法完成作业、家务或工作中的职责。

e.经常难以组织任务和活动。

f.经常回避、厌恶或不情愿从事那些需要精神上持续努力的任务。

g.经常丢失任务或活动需要的物品。

h.经常容易被外界的刺激分神。

i.经常在日常活动中忘记事情。

第二点，多动和冲动：6项（或更多）的下列症状持续至少6个月，且达到了与发育水平不相符的程度，并直接负性地影响了社会和学业/职业活动。

a.经常手脚动个不停或在座位上扭动。

b.当被期待坐在座位上时却经常离座。

c.经常在不适当的场所跑来跑去或爬上爬下。

d.经常无法安静地玩耍或从事休闲活动。

e.经常"忙个不停"，好像"被发动机驱使着"。

f.经常讲话过多。

g.经常在提问还没有讲完之前就把答案脱口而出。

h.经常难以等待。

i.经常打断或侵扰他人。

②若干注意障碍或多动——冲动的症状在12岁之前就已存在。

③若干注意障碍或多动——冲动的症状存在于2个或更多的场所。

④有明确的证据显示这些症状干扰或降低了社交、学业或职业功能的质量。

⑤这些症状不能仅仅出现在精神分裂症或其他精神病性障碍中，也不能用其他精神障碍来更好地解释。

（3）病因。

①**生物学因素：** 多动症有遗传倾向，且可能与轻微脑损伤、轻微脑功能障碍或感觉统合失调有关。

②**社会心理因素：** 多动症是不良的社会、心理环境引起儿童的精神高度紧张、内心不安与冲突的结果。

（4）**治疗方法。**

①**药物治疗：** 中枢神经兴奋剂，包括利他林等；受体激动剂；三环类抗抑郁药。

②**心理治疗：** 主要是行为矫正法，目的是修正不良行为，塑造正确行为。

③**家庭治疗：** 对患有多动症的儿童进行治疗时，其中一项重要内容是进行家庭治疗和家庭训练。在许多情况下，儿童的行为只是家庭关系的症状表现，与家庭关系的不和谐密切相关。

④**学校的管理和教育：** 课程行为管理、课外行为管理以及必要的特殊教育安排。

3．试述学习障碍的临床表现、病因与矫正方法。

学习障碍是一种在学业方面未达到同龄儿童应达到的水平的不适当的发展状态，可以表现在阅读、言语、数学、运算、运动等不同方面。学习障碍不是由生理缺陷或神经缺陷造成的，也不存在智力障碍。其中，阅读障碍最为常见。

（1）**临床表现。**

①学业不良。②注意力不集中，做事磨蹭、有头无尾，缺乏时间观念和任务感。③缺乏学习兴趣，缺乏好奇心，对人、对事缺乏兴趣；或学习兴趣肤浅、范围狭窄、兴趣不能稳定持久，易"见异思迁"，带有情绪性影响。④缺乏学习动机或学习动机多停留在短暂、肤浅的消极水平上，具有游移、摇摆的特点，缺乏强大而稳固的动机支持。⑤学习态度不良，目的不明确，呈现一种漫无目的的学习倾向，缺乏学习热情和自觉性，自制性和坚持性差。⑥活动过度，问题行为、违纪行为较多，自我控制力差，不易与同学建立良好的人际关系，寻求反面心理补偿，出现逆反心理及情绪对抗。⑦自我评价差，容易受挫折，产生忧郁、焦虑、窒息感、压抑感，易自卑及封闭。

（2）**病因。**

①**生理因素。**

a. 中枢神经系统缺陷。儿童在胎儿期、出生时、出生后由某种伤病造成轻度脑损伤或轻度脑功能障碍，这方面的研究与假说集中在阅读障碍上，其他类型的研究证据还比较缺乏。

b. 遗传因素。有些学习技能障碍具有遗传性，如在儿童的父亲、爷爷或其他亲属身上可见到类似情况。

c. 身心发展水平落后于同龄儿童的发展水平。

d. 身体疾病。孩子若体弱多病，经常缺课，会使得所学功课的连续性间断，学习的内容联系不起来，自然会导致学习困难；有的孩子在上课时小动作多或存在注意缺陷，不能集中注意力，也会导致学习困难。

e. 营养与代谢。近来有研究证实，儿童学习困难与营养和代谢相关，某些微量元素不足、膳食不合理、营养不平衡均可影响智力发育。

②**环境因素。**

a. 不良的家庭环境。父母长期在外工作或家庭成员关系紧张等导致儿童从小就未得到大人充分的关爱。缺乏母爱尤其易导致学习障碍。

b. 儿童在幼年时未得到良好教养。儿童在早年生长发育的关键期没有得到丰富的环境刺激和教育。

c. 不适当的学习内容和教育方法使儿童产生厌学情绪。有些父母望子成龙心切，拔苗助长，不按儿童的身心特点进行教育，常在教育的内容、方式上违反教育规律。

③**心理因素。**

儿童学习困难与心理因素密切相关，如学习困难的儿童学习动机水平低、学习动力不足、学习兴趣差、情绪易波动、有意志障碍和认知障碍、自我意识水平低等。

（3）矫正方法。

①加强教师和家长之间的联系，试图了解孩子学习的强项和学习障碍的性质，共同制订辅导方案；②加强学生对学习的兴趣和信心，对学生的努力和取得的进步多加赞赏；③在教学方面做出调适，进行有针对性的多元化教学活动；④弹性处理作业要求。

第九章　精神分裂症

1. 简述精神分裂症的临床表现。

精神分裂症是一种病因未明的常见精神障碍，具有感知、思维、情感、意志和行为等多方面的障碍，以精神活动的不协调和脱离现实为特征。患者通常意识清晰、智能尚好，但某些认知功能出现障碍。精神分裂症多起病于青壮年，缓慢起病，病程迁延，有慢性化倾向和衰退的可能，但部分患者可保持痊愈或基本痊愈状态。在发作期，个体的自知力基本丧失。

精神分裂症主要表现在思维障碍、知觉障碍、情感平淡、紧张症、自知力障碍五个方面。

（1）思维障碍。

精神分裂症的思维障碍的特点是交替性，即患者健康与异常的思维特性是并存的。

①思维形式障碍中较为常见的有思维散漫、思维破裂、语词新作、象征性思维、言语贫乏。

②思维内容障碍中较为常见的有被害妄想、关系妄想、嫉妒妄想、影响妄想、非血统妄想。

③思维体验障碍主要为异己体验，包括思维被插入感、思维扩大或被传播、妄想知觉、思维云集。异己体验具有不可理解性，是指病人体验到有某种无形的力量在发动或中止自己的思考，却不是出于自己的意志。

（2）知觉障碍。

听幻觉是最常见的幻觉，70%的精神分裂症患者有听幻觉。

（3）情感平淡。

情感平淡和言语贫乏是精神分裂症典型的阴性症状。精神分裂症患者并非缺乏与人交流的能力（他们智力良好），而是缺乏与人交流的动机，当他人试图与之交流时，会有一种特殊的受挫感，因此有人认为精神分裂症患者是难以接触的。事实上，他们的情感并未消失，如果坚持与之接触，在一段时间后会发现在其冷漠的外表后依然存在着活力，甚至具有敏感的情绪活动（但他们的表达是受阻的）。

（4）紧张症。

紧张症包括运动、姿势和行为等症状，共同特征是其自身的不自主性，包括木僵状态、违拗症、紧张性自动症、作态与特殊姿态、刻板症、精神运动性兴奋。它是本能内驱力和运动技能等方面出现的障碍。紧张症是一种特殊的意识障碍，常伴有各种躯体异常表现，如肢端冰凉、低血压等。

（5）自知力障碍。

精神分裂症患者一般都存在不同程度的自知力缺陷。自知力的完整程度及其变化是精神分裂症的病情恶化、好转或痊愈的重要指标之一。

2. 简述精神分裂症的心理和社会因素。

（1）**早期的心理创伤、心理诱因和生活事件**。各种形式的儿童期虐待引起的儿童的退缩性行为被认为与精神分裂症的发生有关。同正常人相比，精神分裂症患者患病前负担过重的生活境遇更为常见。精神分裂症患者在发病前的 3 周内，各种严重程度的应激性生活事件的发生率显著高于一般人群。由于精神分裂症患者往往存在人际关系方面的问题，在他们遇到严重的应激性生活事件时，所受到的压力更大。应激性生活事件是精神分裂症发病的一个因素。

（2）**心理动力学**认为，在精神分裂症患者中，自我被挫败。弗洛伊德认为，在对自我的把握不足时，高度发展的自我就无法守住它的全部防线，潜意识就会在自我失控之处入侵。倒退至早期的自我状态之后，它的进一步变化如果受到限制，这种状态则保持下去，并由此引出精神分裂症的最重要特征。新心理分析学派强调人与人之间的相互关系及焦虑的作用。他们认为，精神分裂症是起源于人的焦虑，并以混乱的方式对待他人的一种病态的状态。

（3）对精神分裂症患者的**生活史和家庭史**的研究发现，许多患者从童年期起就有不良遭遇。精神分裂症患者是疯狂家庭环境的延伸。患者幼年在不确定、不协调的环境中成长，促使了以后的精神分裂性的交往障碍的形成。

3. 简述 DSM-5 中精神分裂症的诊断标准。

（1）2 项（或更多）的下列症状，每一项症状均在 1 个月中有相当显著的一段时间存在（如经成功治疗，则时间可以更短），至少有其中一项是①、②或③。

①妄想；②幻觉；③言语紊乱（如频繁的思维脱轨或联想松弛）；④明显紊乱的或紧张症的行为；⑤阴性症状（即情感表达减少或意志减退）。

（2）自障碍发生以来的明显时间段内，1 个或更多的重要方面的功能水平，如工作、人际关系或自我照顾，明显低于障碍发生前具有的水平（或当障碍发生于儿童或青少年时，则人际关系、学业或职业功能未能达到预期的发展水平）。

（3）这种障碍的体征至少持续 6 个月。此 6 个月应包括至少 1 个月（如经成功治疗，则时间可以更短）符合诊断标准（1）的症状（即活动期症状），可包括前驱期或残留期症状。在前驱期或残留期中，该障碍的体征可表现为仅有阴性症状或有轻微的诊断标准（1）所列的 2 项或更多的症状（如奇特的信念、不寻常的知觉体验）。

（4）分裂情感性障碍和抑郁或双相障碍伴精神病性特征已经被排除，因为：①没有与活动期症状同时出现的重性抑郁或躁狂发作；或②如果心境发作出现在症状活动期，则它们只是存在此疾病的活动期和残留期整个病程的小部分时间内。

（5）这种障碍不能归因于某种物质（如滥用的毒品、药物）的生理效应或其他躯体疾病。

（6）如果有孤独症（自闭症）谱系障碍或儿童期发生的交流障碍的病史，除了精神分裂症的其他症状，还需有显著的妄想或幻觉，且存在至少1个月（如经成功治疗，则时间可以更短），才能做出精神分裂症的额外诊断。

4. 简述精神分裂症的心理治疗方法。

（1）心理动力学治疗。

心理动力学治疗的主要原理是使患者早年未获得满足的要求、欲望（如父母的爱和关心）在治疗关系中得到满足。其治疗目的是共同处理目前的问题。在治疗中提倡多鼓励患者向较为理想的目标迈进，这比单纯的解释更为重要。

（2）认知行为治疗（CBT）。

认知行为治疗注重建立、培养患者有利的、适应性的行为方式，尽可能避免产生新的冲突或问题，减少病情复发的概率。操作性条件反应形式的行为治疗对长期住院的患者疗效显著。CBT主要基于Beck的认知治疗原则，帮助病人识别出精神症状，并直接进行处理。CBT能有效减少对药物不敏感的患者的幻觉、妄想症状，对于急性发作期的患者，CBT也是一种有益的补充。

对于慢性发作期的患者，治疗可以分为5个方面：①认知训练；②对社会的理解；③交谈；④社交技能；⑤人际间问题的解决。

（3）家庭干预治疗。

家庭干预治疗的目的在于提高患者对治疗的依从性和减少应激的影响。其主要方法有：心理教育；应激处理；危机干预（帮助患者计划处理威胁治疗依从性、拒绝服药的问题）。

5. 试述精神分裂症的分类及不同类型的症状表现。

（1）偏执型：也称妄想型，是精神分裂症中最常见的类型。

①一开始表现为敏感多疑，逐渐发展为妄想。妄想的内容荒谬离奇，脱离现实，以关系妄想、被害妄想、嫉妒妄想、钟情妄想、夸大妄想、非血统妄想以及影响妄想较为多见。

②妄想常与各种幻觉合并存在，听幻觉最为常见。

③情感和行为受幻觉和妄想支配，表现为恐惧、冲动、自伤、伤人等。

④精神衰退不明显，在不涉及妄想症状时，其言语、思维和行为无明显异常，因此在发病后较长时间内患者可维持日常工作。

（2）紧张型： 有紧张性木僵和紧张性兴奋两种基本表现，可单独发生，也可交替出现。

①紧张性木僵表现为精神运动性抑制，患者缄默不语、不吃不喝、静卧不动，出现蜡样屈曲、空气枕头等现象，但患者意识清晰，木僵状态解除时能回忆整个经过，也可出现运动缓慢、少言少语的情况（亚木僵状态）。有些患者表现出违拗行为、模仿动作、刻板动作，木僵状态可持续数周或数月，有时可自行缓解或突然转入紧张性兴奋。

②紧张性兴奋表现为不协调的精神运动性兴奋，患者行为明显增多且杂乱、不可理解、突然发生，常无目的性，可能大声骂人、喊叫或进行性活动，可出现冲动伤人、自杀、自伤或毁物行为，可持续数日或数周，有时可自行缓解或转入紧张性木僵。

（3）瓦解型： 也称青春型，最符合一般人对"疯子"的印象。其主要症状为思维内容荒谬，思维破裂，情感不协调，表情做作，行为幼稚、愚蠢，做鬼脸，傻笑，常有兴奋冲动行为和本能意向亢进。该类患者的幻觉、妄想凌乱，社会性退缩严重，病程发展快，症状丰富。

（4）残留型： 过去至少有1次发病，目前仍存在个别症状，如妄想、情感平淡、社会性退缩、人格改变等，症状保持相对稳定，近1年来无明显好转或恶化。

（5）未分化型： 具有精神分裂症的一般表现，但不符合以上任何一种类型，或是同时存在多种类型的部分症状，又有明显的阳性症状。

第十章　适应障碍

略

第十一章　心理卫生

略

社会
心理学

背诵打卡表

章节	一轮打卡	耗时 / min	二轮打卡	耗时 / min	三轮打卡	耗时 / min	背诵要求
社会思维	☐		☐		☐		答题逻辑和要点要记熟，细枝末节需要理解记忆
社会影响	☐		☐		☐		
社会关系	☐		☐		☐		

🎯 第一章　社会心理学概述

略

🎯 第二章　社会思维

1. 总体印象形成过程中的信息整合模式是什么?

在总体印象形成过程中，个体先获得关于认知对象的各种具体特征，然后把各种具体信息综合后，按照保持逻辑一致性和情感一致性的原则，形成一个总体印象。

（1）**加法模式：**形成总体印象时参考的是各种品质的评价分值的总和。个体被肯定评价的特征越多，强度越大，给人的总体印象就越好。

（2）**平均模式：**将各种特征的分值加以平均，然后根据平均值的高低来形成对他人好或不好的总体印象。

（3）**加权平均模式：**不仅考虑积极特征和消极特征的数量与强度，还从逻辑上判断各种特征的重要性，依据加权平均数形成总体印象。

（4）**中心品质模式：**仅仅根据几个重要的、对个体意义大的特征来形成总体印象。例如，真诚、热情等是积极的中心品质，虚伪、冷酷等是消极的中心品质。处于支配地位的品质是中心品质，处于次要地位的品质是边缘品质。这一模式更接近大多数人日常生活中总体印象形成过程的实际情况。

2. 简述自我差异理论。

希金斯（Higgins，1987）的自我差异理论进一步说明了自我概念的内涵，该理论认为：

（1）个体知觉到的自我概念包含三个部分：①**理想自我**，是指自己和他人希望自己在理想状况下将成为什么样的人。②**应该自我**，是指自己和他人认为自己应该成为什么样的人。③**现实自我**，是指自己现在是什么样的人。

（2）理想自我和应该自我具有自我指引的作用。理想自我使个体关注目标和成就，指引着个体对目标的追求；而应该自我使个体关注责任和义务，并回避一些目标。

（3）现实自我和理想自我之间存在的差距，会促使人们缩小二者之间的距离。如果没有缩小这种差距，个体就会产生抑郁和沮丧的情绪；如果不能缩小这种差距，个体就会产生焦虑或愤怒的情绪。

3．个体可以通过哪些方式来提高自尊？

自尊是指个体对自己整体状况的满意水平，是个体对自己所做的评价以及对自身价值的认可程度。

（1）大多数心理学家认为，自尊的确立有两条途径：一是让个体有自己控制环境的成功经验；二是让他人对自己有积极的评价。

（2）研究者总结了一系列提高自尊的方法，包括：用自我服务的方式去解释生活；用自我障碍的策略为失败找借口；用防御机制否认或逃避消极的反馈；学会向下比较以及采用补偿作用；在自己某一方面的能力受到怀疑时转到自己擅长的活动中去；等等。

4．印象形成过程（社会知觉）中有哪些偏差？

（1）**首因效应和近因效应**。首因效应是指人们在对他人的总体印象形成过程中，最初获得的信息比后来获得的信息影响更大的现象。近因效应是指人们在对他人的总体印象形成过程中，新近获得的信息比原来获得的信息影响更大的现象。

（2）**晕轮效应**。晕轮效应，也称光环效应，是指评价者对一个人多种特质的评价往往因受某一特质的高分印象影响而普遍偏高。如果认知对象被标明是"好"的，他就会被"好"的光圈笼罩着，并被赋予一切好的品质；如果认知对象被标明是"坏"的，他就会被"坏"的光圈笼罩着，他所有的品质都会被认为是坏的。

（3）**刻板效应**。刻板效应是指人们对他人产生的一种概括的和固定的看法。人们由于地理、经济、政治、文化等条件聚集在一起，在进行社会认知时，人们也往往将聚集在一起的群体赋予相同的一些特征，对不同职业、地区、性别、年龄、民族等群体的人们形成较为固定的看法。社会刻板印象是对社会群体最简单、最经济的认识，它有利于对某一群人做概括的了解，但也容易使人形成先入为主的偏见，造成社会认知的偏差。

（4）**正性偏差**。正性偏差，也称慈悲效应，是指人们在评价他人时对他人的正性评价超过负性评价的倾向。对于这种偏差的发生，心理学家有两种解释：一种解释是由Matlin提出的"极快乐原则"，强调人们的美好经验对评价他人的影响，认为当人们被美好的事物包围时便觉得愉快，即便后来发生了一些不愉快的事情，人们依然会按照美好的经验对自己所处的环境做出有利的评价。另一种解释仅限于我们对人的评价。Sears指出，人们对所评定的他人有一种相似感，因此人们对他人的评价要比对其他事物的评价更宽容。人们倾向于对自己做较好的评价，所以对他人的评价也比较高。

（5）**相似性假定作用**。人们在认知活动中有一种强烈的倾向，即假定对方与自己在个性或态度上存在许多相同之处。

5．为什么会产生社会知觉偏差？

（1）**认知启发**。

认知启发是指个体在社会认知中喜欢"走捷径"，并不对关于他人的所有信息进行感知，而是倾向于"抄近路"，感知那些最明显、对形成判断最必要的信息的现象。它是人们经常快速、简便进行推理，得出结论的决策法则，因此容易出现偏差。对于不确定事件的判断，人们常采用三种启发方式：

①**表征性启发**：人们倾向于根据当前信息或事件与其认为的典型信息或事件的相似程度进行判断。

②**可用性启发**：人们倾向于根据那些容易被回忆和联想的信息进行判断。

③**调整性启发**：也称锚定启发，是指先抓住某个锚定点，然后逐渐调整，最终得出结论的判断方法。这种启发方式适合对模糊信息进行评价。

（2）**与知觉者有关的影响因素**。

①**知觉者的情绪状况**。知觉者的情绪状况直接影响印象形成过程中的信息选择与解释，因而影响印象的准确性。

②**投射作用**。投射作用是指人由于自身的需要和情绪倾向，将自己的特征投射到别人身上的现象。投射作用使人将自己具有的特征看成别人具有的。

③**内隐人格**。每个人都倾向于根据一个占重要位置的品质来推断其他品质。但这种"内隐人格理论"是不科学的，时常会出现错误。

④**知觉者对被知觉者的熟悉与个人情感卷入**。人们对陌生人的印象判断比较准确，但对熟悉的人的印象判断的准确性会降低。人与人越熟悉，个人情感卷入成分越大，个人偏差的作用也越大。一般来说，随着个人情感卷入的增加，人们进行信息选择和解释的客观性会下降，从而使人们印象判断的准确性变差。

6．简述凯利的三维归因理论。

（1）凯利认为，任何事件的原因最终可以归于三个方面：**行动者、刺激物以及环境背景**。

（2）人们通过检查三个独立维度的信息进行归因。

①**一致性信息**：行动者的反应是否与其他人的反应一致。（其他人也如此吗？）

②**一贯性信息**：行动者的反应是一贯的还是偶然的。（这个人经常如此吗？）

③**区别性信息**：行动者的反应是否是针对特殊刺激物的。（此人是否只对这个刺激以这种方式反应，而不对其他刺激有同样的反应？）

7. 阐述常见的归因偏差及其产生原因。

（1）基本归因偏差。

基本归因偏差是指人们在对他人的行为进行归因时，往往将其行为归因于人格或态度等内在特质，而忽视情境因素的影响。

犯这种错误的原因：①人们总有一种对自己活动结果负责的信念，所以更多地从内因去评价结果，而忽略外因对行为的影响；②情境中的行动者比其他因素突出，所以人们把原因归于行动者，而忽略情境因素对行为的影响。

（2）行动者–观察者效应。

行动者–观察者效应是指当人们作为自我评价者对自己的行为进行归因时，往往倾向于进行外部归因；当人们作为评价者对他人的行为进行归因时，往往倾向于进行稳定的内部归因。也就是说，行动者高估情境因素的作用，观察者高估个人特质因素的作用。

行动者–观察者效应的产生原因：①行动者与观察者的视角不同。行动者注意外在情境因素；而观察者更关注行动者的个人特质因素。②行动者与观察者的信息来源不同。观察者通常很少掌握行动者过去的信息，只注意他此时、此地的行为表现；而行动者对自己过去的行为非常了解，不仅仅是看当时的情况。

（3）自我服务偏差。

自我服务偏差是指个体一般都对良好的行为采取居功的态度，而对于不好的、欠妥的行为则会否认自己的责任。当某个行为有个体的自我卷入时，归因会有明显的自我价值保护作用，即归因会朝有利于自我价值确立的方面倾斜。自我服务偏差往往随自我卷入的深浅不同而有所不同。自我卷入越深，自我服务的程度越高。

印象管理理论可以较好地解释自我服务偏差。根据这一理论，人们总是试图创造一个特殊的、良好的印象，使他人对自己有一个良好的评价。把这一概念用到自我服务偏差中去，当别人问成功或失败的原因时，人们会尽量让对方相信，成功完全是由于自己本身，失败则不能怪自己，如此才能使对方对自己做出较高的评价。

（4）忽视一致性信息。

人们往往只注意行动者本人的种种表现，却不太注意行动者周围的其他人如何行动。这是因为：①人们习惯于注意具体的、生动的、独一无二的事情，往往忽略抽象的、空洞的、统计类型的信息；②人们可能觉得直接信息比非直接信息更可靠，而一致性信息涉及行动者周围的其他人，这方面的信息相对分散，无法靠观察者自己一一获取；③行动者周围的其他人与行动者本人相比，处于不突出的位置，往往只构成观察的背景，因而被忽视。

第三章　社会影响

1．简述从众的经典实验研究。

从众是指个人在社会群体压力下，放弃自己的意见，转变原有的态度，而采取与大多数人一致的行为。

（1）谢里夫有关群体规范形成的研究。

谢里夫利用自主运动现象研究个体的反应如何受他人的反应影响。自主运动现象是指在黑暗的环境中，当人们观察一个固定不变的光点时，由于视错觉的作用，这个光点看起来好像发生了前后左右的移动的现象。实验中，被试产生了对象在动的错觉，每个被试对于"运动幅度"的判断完全是主观的，他们之间判断的差异很大，从几厘米到几十厘米都有。

谢里夫把被试分成3人一组，在同一房间里共同观察和判断，但是每个人还是报告自己的估计，第一次报告的时候不同个体通常会给出十分不同的答案，从0～2.5厘米到17.5～20厘米都有。但经过一段时间后，他们就会相互影响，彼此的判断趋于一致，趋向大家的判断结果的平均数。也就是说，大家对这个问题形成了一个共同的标准。谢里夫认为，这个阶段实际已经建立起群体规范。

（2）阿希的线段判断实验。

阿希的线段判断实验是让被试坐在七人一排的第六个位置，而其他六个位置坐着的均为实验助手。实验的任务是判断三条线段中的哪一条与标准线段一样长。尽管正确的答案显而易见，但第一个人答错了，第二个人也答错了，第三个人也同意前面两个人的答案，第四、第五个人也同意前面几个人的答案，这时被试面临认识论上的两难困境。研究发现，有37%的人的回答是从众的。尽管有些人从来不从众，但75%的人至少有过一次从众行为。

2．从众产生的原因是什么？

（1）**寻求行为参照**。在许多情境中，个体由于缺乏知识、经验等而必须从其他途径获得自己行为合适性的信息。根据社会比较理论，在情境不确定时，其他人的行为最有参照价值。而从众所指向的是多数人的行为，自然就成了最可靠的参照系统。

（2）**对偏离的恐惧**。对于群体一般状况的偏离，会使个体面临群体的强大压力。任何群体都有维持一致性的倾向及对偏离的惩罚机制。对那些与群体保持一致的成员，群体的反应是喜欢、接纳和优待；而对那些偏离群体的成员，则倾向于厌恶、拒绝和制裁。当群体出现不稳定状态时，先被排挤的往往是先前偏离群体的成员。个体的从众性越强，其偏离群体时产生的焦虑也越大，也就越不容易偏离。

（3）**人际适应**。在人际交往中，有时为了获得肯定，需要建立和维持良好的关系，人在必要时就必须改变自己的行为和态度，以保持和大多数人一致。

3．简述服从的原因。

服从是指个体在社会要求、群体规范或他人意志的压力下，被迫产生的符合他人或规范要求的行为。服从的原因包括：

（1）**规范性社会影响**：规范性压力使得人们很难拒绝，只好继续行动。如果有人真的希望我们做某事，要拒绝似乎是很困难的事，特别是当这个人处于权威的位置时。

（2）**信息性社会影响**：当环境模糊不清时，信息性社会影响的威力尤其强大。

（3）**对错误规范的遵守**：一旦人们开始服从某一规则，要在中途改变似乎是很困难的。

（4）**自我辩解**：个体必须在心中找到理由为自己的行为辩护。

4．服从的影响因素有哪些？

（1）**命令者的权威性**：命令者的权威性越大，如权力大、职位高、知识丰富等，其命令就越容易被他人接受，并做出服从行为。

（2）**他人支持**：社会支持能够增加人们对权威的反抗，从而降低服从的概率。

（3）**执行者的道德水平和人格特征**：个体的道德水平越高，越倾向于按照自己的独立价值观行事，拒绝服从权威。有权威人格特征或倾向的人，往往十分重视社会规范和社会价值，毫不怀疑地接受权威人物的命令。

（4）**权威的靠近程度**：权威越靠近，人们完全服从的概率越高；反之，则人们服从的概率越低。权威的压力随距离的变远而减小。

（5）**行为后果的反馈**：不同的反馈形式会影响服从行为产生的概率。行为后果的反馈越直接、越充分，人们服从权威、做出伤害行为的可能性就越低。

5．顺从的影响因素有哪些？

顺从是指在他人的直接请求下按照他人的要求去做的倾向。在做出顺从行为时，人们可能私下同意他人的要求，也可能私下不同意他人的要求，或者没有自己的主意。

（1）积极的情绪。 情绪好时，人们顺从的可能性更大，尤其是在要求他人做出亲社会的助人行为时。心情之所以有这样的作用：第一种解释是心情好的人更愿意也更可能做出各种各样的行为；第二种解释是好的心情会激发愉快的想法和记忆，而这些想法和记忆使得人们喜欢提要求的人。

（2）顺从的互惠性。 互惠规范强调一个人必须对他人给予自己的恩惠予以回报，如果他人给了我们一些好处，我们必须要相应地给他人一些好处。这种规范使得双方在社会交换中的公平性得以保持，但同时也变成了影响他人的一种手段。

（3）合理原因。 当他人能给自己的要求一个合理解释时，人们顺从的可能性就越大。

6．简述增加顺从的技巧。

（1）登门槛技巧： 先向他人提出一个小的要求，等他人满足该要求之后，再向其提出一个较大的要求，此时对方满足较大要求的可能性增加。

（2）门前技巧： 先向他人提出一个很大的要求，在对方拒绝之后，紧跟着提出一个小的要求，这时小的要求被满足的可能性增加。门前技巧必须满足三个前提：首先，最初的要求必须很大，当人们拒绝该要求时不会对自己产生消极的推论。其次，两个要求之间的时间间隔不能过长，过长的话义务感就会消失。这一点与登门槛技巧不同，后者具有长期性。最后，较小的请求必须由同一个人提出，如果换了他人提出，该效应不会出现。

（3）折扣技巧： 先提出一个很大的要求，在对方回应之前赶紧打些折扣或给对方其他好处。与门前技巧相比，这种技巧不给对方拒绝初始大要求的机会。

（4）滚雪球技巧： 在最初的要求被他人接受之后，再告诉他人自己的要求被低估了，于是又提出了新的较高的要求。

7．举例说明有计划行为理论。

有计划行为理论是从理性行为理论中发展出来的。按照这一理论的思路，人类有意识的行为取决于人们的态度、自身的主观规范以及人们知觉到的控制感。

（1） 在有计划行为理论中，**指向行为的态度** 由两方面的因素决定：一是人们对行为结果的信念；二是对这些信念的评价。

（2）主观规范 是指一个人对来自他人的社会压力的知觉，即该不该做出这样的行为的考虑，它也由两方面的因素决定：一是感受到的其他重要的人的期望；二是遵从这些期望的动机。

（3）**知觉到的控制感**是指人们对完成行为是困难或容易的知觉。Ajzen 指出，只有当人们对完成行为有控制感时，态度才有可能影响行为。

举例：张三想要戒掉30多年的烟瘾（对戒烟持正性态度），同时他也知道家人和医生都期望他戒烟，而他也想取悦他们（主观规范），然而在之后戒烟的过程中，考虑到改变习惯的难度后，他可能对自己失去信心（知觉到对行为只有低的控制感）。这样不论态度与主观规范如何，张三都戒不了烟。

8．态度改变的方法有哪些？

（1）**信息影响力的提升**：尽可能通过高可信度与高吸引力的传达者来提供有关信息。

（2）**态度防卫的回避**：传达者需要尽可能使自己的立场向信息接收者靠拢，并避免命令式地给定结论，同时适当通过分散人们的注意而减弱其自我防御倾向。

（3）**参照群体的引导**：个人对群体的认同、群体成员必须按照群体规定去做的社会压力、群体的权威性以及群体与个人的关系等，都会促使个人选择与群体一致的态度与行为。

（4）**过度理由效应**：附加的外部理由取代了人们行为原有的内部理由而成为行为的支持力量，从而行为由内部控制转向外部控制的现象。

（5）**行为改变的态度改变作用**：①诱导服从。当个体做出了与内心的态度不一致的行为时，如果没有其他附加的理由可以解释这一行为的话，个体就只能通过改变态度来减少自己的不协调感。②角色扮演。角色扮演是扭转人们日常生活中的顽固态度与行为的很好的方法。

9．简述说服的精细加工模型。

陪狄和卡司欧伯认为，说服可能通过两种途径产生：（1）当人们有动机、有能力对一个问题进行深入思考时，他们更多地使用说服的**"中心途径"**，即关注论据。如果论据有力且令人信服，那么他们就很可能被说服；如果信息包含无力的论据，思维缜密的人会很快驳倒它。（2）当人们不愿花太多的时间去推敲信息的内容时，他们所采用的是说服的**"外周途径"**，即关注那些使人不经过很多考虑就接受的外部线索，而不考虑论据本身是否令人信服。

10．社会助长的原因有哪些?

社会助长是指人们在有他人旁观的情况下工作表现比自己单独进行时更好的现象。

（1）优势反应强化说。扎琼克认为，他人在场时，个体的动机水平将会提高，其优势反应易于表现，而弱势反应会受到抑制。优势反应是已经学习和掌握得相当熟练的动作，不假思索即可做出。如果个体的活动是相当熟练或简单机械性的工作，那么他人在场会提高其动机水平，使活动效率提高。反之，如果需要推理、判断等思维过程，那么他人在场反而会对个体产生干扰作用，使活动效率降低。个体可能通过其竞争动机和他人对其评价的认知获得社会助长的效果。

（2）评价恐惧理论。该理论从害怕被他人评价的角度解释社会助长。在有他人存在的环境中，人们由于担心他人对自己的评价而引发了唤起，进而对工作绩效产生了影响。

（3）分心冲突理论。社会助长作用不仅在人类身上存在，在许多动物身上也有类似现象发生，而我们相信动物是不用担心评价的。分心冲突理论认为，当一个人从事一项工作时，他人或新奇刺激的出现会使他分心，这种分心使得个体在注意任务还是注意他人或新奇刺激之间产生了一种冲突，这种冲突使得认知系统负荷过重，从而唤起增强，导致社会助长效果。

11．社会惰化产生的原因是什么?

社会惰化，也称社会懈怠，是指在团体中由于个体的成绩没有被单独加以评价，而是被看作一个总体时所引发的个体努力水平下降的现象。社会惰化产生的原因：

（1）在团体中，个体认识到自己并不会成为评价的焦点，而自己的努力也会被埋没在人群中，因此对自己行为的责任感降低，从而不去努力，致使其作业水平下降。从这一点来看，社会惰化现象的产生与**责任分担**有关。

（2）在团体成员完成团体外他人指定的作业时，**每一个个体仅仅是外人影响的目标之一**，外人的社会影响会分散到每一个个体身上，每一个个体感受到的压力随着团体规模的增加而降低，社会惰化现象也就产生了。

12．如何减少社会惰化?

（1）单独测量，使个体保持足够的被评价焦虑，使个体的行为动机得以激发；（2）将群体中成员的工作明确化，让每个人都必须对自己的工作负责；（3）增强群体凝聚力，群体有鼓励个人投入的"团队精神"；（4）群体成员之间关系密切；（5）个体相信群体中其他成员也像自己一样努力；（6）让成员相信自己在完成工作任务的过程中起到的作用是无可替代的；（7）以群体的整体成功为目标进行激励引导；（8）工作本身具有挑战性、号召性或能有效激发个体的卷入水平。

13. 去个性化的原因是什么？

去个性化，也称去个体化，是指个体丧失了抵制从事与自己的内在准则相矛盾的行为的自我认同，从而做出了一些平常自己不会做出的反社会行为。去个性化现象是个体的自我认同被团体认同所取代的直接结果。去个性化的产生与三个因素有关：

（1）**匿名性**：引起去个性化的关键，团体成员越隐匿，他们越觉得不需要对自我认同与行为负责。

（2）**自我意识降低**：人们的行为通常受道德意识、价值系统以及所习得的社会规范控制，但在某些情境中，个体的自我意识会失去这些控制功能。在团体中，个体认为自己的行为是团体的一部分，这使得人们觉得没必要对自己的行为负责，也不顾及行为的严重后果，从而做出不道德与反社会的行为。

（3）**责任扩散**：津巴多认为，一个人在单独活动时，往往会考虑这种活动是否合乎道义，是否会遭到谴责；而个人和团体其他成员共同活动时，责任会分散到每一个人头上，个体不必承担这一活动所导致的谴责，因此更加为所欲为。

14. 群体思维产生的先决条件有哪些？

群体思维产生的先决条件包括五个方面：（1）决策群体是高凝聚力的群体；（2）群体与外界的影响隔离；（3）群体的领导是指导型的；（4）没有一个有效的程序保证群体对所有选择从正、反两个方面加以考虑；（5）外界压力太大，要找出一个比领导者所偏好的选择更好的解决方式的机会很小。这些因素使得群体成员强烈地希望群体内部保持一致性，而不管是否有群体思维的产生。

15. 如何克服群体思维？

第一，领导者应该鼓励每一个成员踊跃发言，并且对已经提出的主张加以质疑。

第二，领导者在讨论中应该保持公平，在群体所有成员表达了观点之后，领导才能提出自己的期望。

第三，最好先把群体分成若干个小组独立讨论，然后再一起讨论以找出差异。

第四，邀请专家参与群体讨论，鼓励专家对成员的意见提出批评。

第五，在每次讨论时，指定一个人扮演批评者的角色，向群体的主张发出挑战。

16. 群体极化产生的原因有哪些？

群体极化是指群体讨论使得成员的决策倾向更趋极端的现象。群体极化的原因有：

（1）**社会比较理论**：强调在群体极化产生过程中规范性社会影响的作用。在决策过程中，通过与他人观点的社会比较，人们发现自己的观点并不像当初想象的那样与社会要求相一致，而又希望他人能对自己做出积极的评价（规范性社会影响），所以会采取更为极端的方式以达到与他人或社会的要求相一致，最终造成群体的决策趋于极端。

（2）**说服性辩论**：认为人们在群体中的极化现象并非希望自己或他人对自己有一个积极的评价，而是期望获得有关问题的正确答案。在这里，论点对决策选择更为重要（信息性社会影响）：因为人们从他人那里获得论点和信息，如果多数人支持这些论点，个体也会倾向于支持它，并且更多支持而不是反对的论点会出现，使得这种观点变得极端。

17．影响从众的因素有哪些？

（1）**情境因素**。

①**团体规模**。团体规模越大，则团体给个人的压力就越大，个体越容易从众。但是如果团体规模超过 3~4 人，则人数增加并不一定会导致从众行为的增加。

②**团体凝聚力**。在一般情况下，团体凝聚力越大，从众的压力就越大，人们的从众行为越有可能发生。

③**团体的社会支持**。有研究者指出，社会支持通过降低规范性社会影响减少了人们的从众行为。

（2）**个人因素**。

①**自我**。内在自我意识强的人做事情往往按照自己的方式，不太会从众；而公众自我意识强的人往往以他人的要求与期望作为自己的行为标准，从众的可能性更大。

②**个体保持自身独特性的需求**。许多研究证明，有时候人们不从众是为了保持自身独特的自我同一性。

③**个人的控制愿望**。对自己行为的控制愿望会影响人们对从众行为的反应。

另外，个体的社会地位、预先的承诺和性别等都会对从众行为产生影响。社会压力会引发人们的从众行为，但有时候人们也以其他方式进行反应，最常见的有反从众和独立。

（3）**文化因素**。

从众在全世界都非常普遍，但也会表现出文化和时代的差异。

18．阐述并评价米尔格莱姆的服从实验。

（1）**米尔格莱姆有关电击的服从实验。**

主试告诉被试，他们参加一项学习和记忆的研究，考察惩罚对学习的影响。实验时，两人一组，每组只有一个人是真被试，另一个人是实验助手，也就是假被试。被试抽签决定谁当"学生"，谁当"教师"，经过事先安排，抽签的结果是真被试总是"教师"，而假被试总是"学生"。

实验开始时，真、假被试被安排在两个房间里，中间用一堵墙隔开，实验者把"学生"困在椅子上，向"教师"解释说防止他逃走。"学生"和"教师"彼此不能看见，用电讯传声保持联系。给"学生"的电极惩罚的按钮有30个，电压范围从15伏到450伏，但实际上，电击都是假的。实验中，"学生"故意多次出错，"教师"指出错误后随即给予电击，随着电压值升高，"学生"叫喊、怒骂，尔后哀求讨饶，最后停止叫喊。"教师"不忍心继续进行下去，问实验者怎么办，实验者严厉督促"教师"继续进行，表示一切后果由实验者承担。实验结果：有26名（65%）被试服从实验者的命令，坚持实验直到最后，但都表现出不同程度的紧张和焦虑。

（2）评价。

①**肯定之处**：米尔格莱姆的实验设计十分巧妙，实验采取假目的、假被试和假电击，使被试的自我防御机制不能发挥作用，增加了实验的可靠性。使用的指标也很客观，而且实验结果也有一定的参考价值。

②**伦理道德问题**：有人认为该实验缺乏科学道德，由"教师"对"学生"实施电击，使被试内心遭受巨大冲击，引起紧张和焦虑，有损被试的身心健康。实验采用假目的、假被试、假电击，用欺骗的手段进行实验，不符合科学的、实事求是的原则。而且实验情境中的行为和现实生活的实际行为不一致。

19. 影响态度预测行为准确性的因素有哪些？

（1）**态度的特殊性水平**：态度的特殊性水平越高，其预测行为越准确。

（2）**时间因素**：一般来说，在态度测量与行为发生之间的时间间隔越长，偶然事件改变态度与行为之间的关系的可能性越大。

（3）**自我意识**：内在自我意识高的人较为关注自身的行为标准，用他们的态度预测行为有较高的效度；而公众自我意识高的人较为关注外在的行为标准，难以用他们的态度对其行为加以预测。

（4）**态度的强度**：与弱的态度相比，强烈的态度对行为的决定作用更大。

（5）**态度的可接近性**：态度被意识到的程度。越容易被意识到的态度，它的可接近性就越大。一般来说，来自直接经验的态度对行为的影响大，是因为这类态度的可接近性大。

（6）**行为的主动性水平**：主动的行为一般指那些针对态度对象需要付出努力且明

显直接的行为；而被动的行为则指那些隐蔽、间接、不需要花费多大的精力的行为。

（7）**心境的影响**：研究证明，在悲伤状态下，人们会采用更精细的加工方式，消耗较多的认知资源；而在高兴状态下，人们的加工过程则更多是自动的、不需要主动控制的。

（8）**情境的作用**：勒温指出行为是人和环境的函数，即 $B = f(P, E)$。其中，B 代表行为，P 代表个体，E 代表环境。环境在态度影响行为的过程中发挥着重要作用。

20. 举例说明费斯汀格的认知失调理论。

费斯汀格认为，个体关于自我、环境和态度对象都有许多的认知因素，当各认知因素之间出现"非配合性"关系时，个体就会产生认知失调。认知失调给个体造成心理压力，使其处于不愉快的紧张状态。也就是说，认知失调是指个体由于做了一项与态度不一致的行为而引发的不舒服的感觉。人们通过改变态度的某些认知成分，以缓解由认知失调引起的紧张，达到认知协调的平衡状态。

以戒烟为例，**减少认知失调的方法有：**

①**改变态度**。改变自己对戒烟的态度，使其与以前的行为一致，如"我喜欢抽烟，我并不想真的戒烟"。

②**增加认知**。增加更多一致性认知来减少认知失调，如"吸烟可以让我放松"。

③**改变认知的重要性**。让一致性认知变得重要，不一致性认知变得不那么重要，如"现在的放松比担心 30 年后患癌更重要"。

④**减少选择感**。让自己相信自己做出与态度相矛盾的行为是因为别无选择，如"生活压力太大，只能靠吸烟来缓解"。

⑤**改变行为**。使自己的行为不再与态度冲突，如"我将再次戒烟，别人给也不抽"。

21. 影响说服的因素有哪些？

（1）**说服者的因素**。

①**专家资格**：在某些方面具有专长的人在说服他人时比较有效。

②**可靠性**：说服者是否值得他人信任，即他的可靠性如何，也对说服效果产生影响。如果人们认为说服者能从自己倡导的观点中获益，人们便会怀疑说服者的可靠性，即使他的观点很客观，人们也不大会相信。

③**受欢迎程度**：说服者是否受欢迎由三个方面的因素决定，即说服者的外表、说服者是否可爱及其与被说服者的相似性。

（2）**说服信息的因素。**

①**说服信息中所提倡的态度与被说服者原来持有的态度之间的差异：**在某一范围内，态度改变随着差异的增大而增加；超过上限后，如果差异继续增大，态度改变开始减少。但是如果说服者的可信度高，他能产生最大态度改变的差异水平也就越大。

②**说服信息唤起的恐惧感：**随着说服信息唤起的恐惧感增加，人们改变态度的可能性增加；但是当说服信息唤起的恐惧感超过某一界限后，人们可能会采取防御措施，否定该威胁的重要性，无法理性地思考该问题，因此态度反而不发生改变。

③**信息的呈现方式：**包括说服所使用的媒体以及单面说服与双面说服。从媒体的角度来看，大众传播加上面对面交谈的效果要好于单独的大众媒体。当说服信息非常复杂时，不生动的媒介的说服效果较好；而当信息简单时，视觉最好，听觉次之，书面语最差。从单面说服与双面说服来看，当被说服者已经处于争论之中时，双面说服的效果要比单面说服的效果好；当人们最初同意该信息时，单面说服的效果好。

④**信息的呈现顺序和关联性：**在单面说服中，先呈现的信息有可能成为评判后续信息的依据，从而影响说服过程。信息的呈现顺序同样也会影响双面说服的效果。信息的关联性也是影响说服效果的重要因素。人们首先依据知觉到的信息的专业性来对论据进行评判。当后呈现的证据模糊不清时，基于专家的评判可处于主导地位；当后续的论据能强有力地驳斥之前的信息时，这些新论据将会引导人们形成截然相反的态度。当然，前提是先前的信息能够激活人们用来解释后续信息的判断标准，即先后呈现的信息存在关联，才会影响最终的说服效果和态度改变过程。

（3）**被说服者的因素。**

①**人格特性：**包括个体的可说服性、智力、自尊。

②**心情：**心情好的人更易于接受他人的说服性观点。

③**卷入程度：**卷入是一种动机状态，指向与自我概念相联系的态度，卷入越深，态度改变越难。

④**动机水平：**在低动机水平下，被说服者将直接使用先行论据来形成自己的态度判断；在高动机水平下，先行论据会影响之后的论据加工过程，从而影响最后的态度。

⑤**自身的免疫情况：**过多的预先说服会使被说服者产生免疫，从而使态度改变变得困难。

⑥**个体差异：**包括认知需求、自我监控、年龄等。

⑦**自我在说服中的角色：**说服的过程实际上是一个说服者创造适当情境，以使他

人愿意改变态度的过程。在这个过程中，自我起着重要的作用。

（4）**情境因素**。

①**预先警告**：如果预先告诉或暗示被说服者他将收到与他立场相矛盾的信息，此时被说服者的态度将难以改变，预先的警告会使人产生抗拒，但这仅限于讨厌的信息。

②**分散注意**：能够减少抗拒，更有利于改变态度。

第四章　社会关系

1. 简述偏见产生的原因。

偏见是人们以不正确或不充分的信息为依据形成的对他人或群体的片面的甚至错误的看法。偏见产生的原因包括：

（1）**团体冲突理论**：为了争得稀有资源，团体之间会产生偏见。偏见实际上是团体冲突的具体表现。当人们认为自己有权获得某些利益却没有得到时，他们若把自己与获得这种利益的团体相比较，便会产生相对剥夺感，这种相对剥夺感最可能引发对立与偏见。

（2）**社会学习理论**：偏见是偏见持有者的学习经验，在偏见的学习过程中，父母的榜样作用和新闻媒体的宣传效果最为重要，儿童的种族偏见与政治倾向大部分来自父母，儿童从所接受的新闻媒体中习得对他人的偏见。

（3）**认知理论**：用分类、图式和认知建构等解释偏见的产生，认为人们对陌生人的恐惧、对待内团体与外团体的不同方式以及基于歧视的许多假相关等都助长了我们对他人的偏见。

（4）**心理动力理论**：用个体的内部因素解释偏见，认为偏见是由个体内部发生、发展的动机性紧张状态引起的。它有两种不同的形式：一种形式把偏见看成一种替代性的攻击；另一种形式则将偏见视为一种人格反常和人格病变。

（5）**人格理论**：有研究者用右翼权威性（RWA）量表来测量权威性人格中的保守主义、攻击性和服从，发现RWA能聚合成单一维度，而且能有效地预测偏见和自我中心行为。

2. 偏见会产生哪些影响？

（1）**对知觉的影响**。偏见会影响人们对他人的知觉。以性别偏见为例，尽管照片上男性与女性的身高一样，但人们的实际判断依然有很大的差异。

（2）**对自身和他人行为的影响**。人们对他人的偏见会影响他人实际的行为表现，这一点最明显地表现在自证预言中。偏见不仅影响偏见持有者自己的行为，而且影响对方的行为。偏见持有者对他人的预期会使对方按照这一预期去表现、行动。这种个体使得目标对象产生符合预期的行为的现象叫作自证预言或自我实现的预言。

3. 如何消除偏见？

（1）**社会化**：儿童、青少年的偏见主要通过社会化过程形成，因而通过对这一过程的控制可以减少或消除偏见，而在社会化过程中，尤其要注意父母与周围环境以及媒体的影响。

（2）**受教育程度**：偏见是后天习得的，更多地源于自己知识的缺乏和狭隘，所以通过让人们接受更多的教育来减少偏见是很有效的方法。

（3）**直接接触**：接触假设认为，在某些条件下，对立团体之间的直接接触能够减少他们之间存在的偏见。这里所指的条件包括地位平等、有亲密接触、团体内部有合作并有成功机会、团体内部有支持平等的规范。增加和鼓励个体间的平等沟通有利于人们获得新信息，进而改变原有的看法。

（4）**自我监控**：由于偏见本身也与认知过程有关，所以通过对认知过程进行监控也可以减少偏见。也就是说，当人们意识到自己有偏见时，能通过静下心来想、抑制自己的偏见反应等来减少偏见。在此过程中，内疚感、自我批评、搜寻引发偏见反应的情境线索都有助于偏见的减少或消除。

4. 什么是旁观者效应？旁观者效应产生的原因有哪些？

当有其他人存在时，人们不大可能去帮助他人，其他人越多，给予帮助的可能性越小，同时给予帮助前的延迟时间越长，这种现象被称为旁观者效应。

旁观者效应的产生主要与以下几个因素有关：

（1）**责任扩散**：周围的人越多，每个人分担的责任越少，这种责任分担可以降低个体的助人行为。

（2）**情境的不明确性**：从决策分析过程来看，人们有时无法确定某一情境是否真正处于紧急状态，这时，其他旁观者的行为就会自然而然地影响该个体对情境的定义，进而影响他的行为。假如其他人漠视该情境，或表现得好像什么事情也没有发生，我们也可能认为没有任何紧急事件发生。

（3）**评价恐惧**：如果人们知道他人正在注视着自己，就会去做一些他人期待自己去做的事情，并以较受大家欢迎的方式表现自我。试图避免社会非难的心态抑制了人们的助人行为。

5．如何增加助人行为?

（1）**利他主义的社会化。**

①**树立利他主义榜样。**如果人们看见他人的帮助行为或读到他人帮助的故事，会更有可能做出帮助行为。

②**做出具体的帮助行为。**研究显示，不道德的行为能滋生不道德的态度，而帮助行为能促进进一步的帮助行为。儿童和成人都可以通过帮助行为来学习。

③**利他主义的内部动机。**要警惕过度辩护效应。过度辩护效应指的是当对一种行为给予过度的反馈时，个体可能会将行为归因于奖励这一外部反馈而非内部动机。因而奖励人们本来就会做的事情反而会削弱其内在动机。我们可以将这一原理积极地表述为：对人们的良好行为给予恰到好处的反馈，也许可以增加他们从做这些事情中得到的快乐。

（2）**增加旁观者干预的可能性。**了解了抑制利他主义的因素，就会减少这些因素的影响。有证据显示，通过普及旁观者效应的知识，就可以有效抑制旁观者效应的发生。

（3）**积极心理学与亲社会行为。**对移情和亲社会行为的研究，是社会心理学家已经对积极心理学产生兴趣的一个极佳例子，是对人们的长处和优点的研究。有研究者认为，人们有纯粹、无私的助人动机，当他们产生移情时就会去帮助别人。

6．人际关系发展有哪些阶段?

（1）**交往定向阶段：**涉及交往对象的选择，包含对交往对象的注意、抉择和初步沟通等多个方面的心理活动。

（2）**情感探索阶段：**双方探索彼此在哪些方面可以建立信任和真实的情感联系，而不是仅仅停留在一般的正式交往模式上。情感融合的基础是双方共同信任。

（3）**感情交流阶段：**双方关系的性质开始出现实质性变化，此时双方在生活领域中涉及的人际关系的安全感和信任感已经得到确立。

（4）**稳定交往阶段：**人们心理上的相容性进一步增加，自我表露更为广泛和深刻。人们已经可以允许对方进入自己高度私密性的个人领域，分享自己的生活空间和财产。

7．哪些因素会影响人际吸引?

（1）**熟悉性：**彼此越熟悉，越容易引发喜欢。曝光效应能很好地说明这一点。曝光效应是指某个人只要经常出现在你的眼前，就能增加你对他的喜欢程度。

（2）**接近性**：距离越近，交往的频率越高，越容易建立良好的人际关系。

（3）**相似性和互补性**：人们倾向于喜欢在态度、价值观、兴趣、背景及人格等方面与自己相似的人。互补性可以视为相似性的特殊形式，双方的需要、社会角色和职业、人格特征等方面的互补关系会增加吸引和喜欢。

（4）**个人特质**：能力、外表吸引力、个人的温暖等也影响人际吸引的程度。

8．为什么熟悉性会影响人际吸引？

Bornstein（1989）认为，在进化过程中，人类经常小心翼翼地去应付不熟悉的物体或情境，而这种针对不熟悉情境的谨慎又加强了我们的生物适应性。通过与这些环境不停地相互作用，给我们带来危险的不熟悉的事物逐渐被我们适应，也就变得熟悉与安全了。随着戒心的解除和舒适感的上升，人们对该事物的正性情感也必然增加。

有研究者认为，重复出现可以增加对某个人的再认，这是喜欢产生的第一步。当人们变得越来越熟悉彼此时，他们更容易预测对方的行为。我们会假设经常看到的人与我们很相似。

9．为什么接近性能引起喜欢？

（1）接近性能增加**熟悉性**，而越熟悉，喜欢的可能性越大。

（2）接近性也与**相似性**有关，在有选择的情况下，人们往往选择在某些方面与自己相似的人为邻居。

（3）从**社会交换**的观点看，物理距离上的接近性使得个体更易获得来自他人的好处，他人可以随时给予帮助。与这样的人交往，个体可以用较小的代价换取较多的好处。

（4）根据**认知失调理论**，人们努力维持态度和行为的和谐一致，以平衡、无冲突的方式组织他们的喜好。如果和人们住在一起或一起工作的人是他们不喜欢的，就会引起人们的焦虑，因而在和必须与之交往的人相处时，人们就会有去喜欢这些人的认知压力。认知一致的压力会使人们从积极的方面去认识他们的室友、邻居或其他和他们接近的人，进而喜欢这些人。

10．简述斯滕伯格的爱情三元理论。

斯滕伯格提出了爱情三元理论，认为所有的爱情都应包含三个基本成分：

（1）**亲密**：心理上的喜欢的感觉，要和对方加强联系，包括善待对方和给予支持等，它是情绪性的。

（2）**激情**：情绪上的着迷，它是动机性的，与生理唤起有关，有些和性有关，有些则源于需要和个性特征。

（3）**承诺**：与对方相守的意愿及决定，包括短期内爱一个人的决定以及长期关系中为维持这种爱而做出的承诺或担保。承诺是爱情的认知成分。

斯滕伯格根据这三种成分在爱情中的比例，将爱情分为**七种形式**：①喜欢式爱情，主要是亲密，没有激情和承诺，如友谊关系；②迷恋式爱情，主要是激情，没有亲密和承诺，如初恋；③空洞式爱情，主要是承诺，没有亲密和激情，如纯粹为了结婚的爱情；④浪漫式爱情，有激情和亲密，没有承诺；⑤伴侣式爱情，有亲密和承诺，没有激情；⑥愚蠢式爱情，有激情和承诺，没有亲密，如一见钟情；⑦完美式爱情，激情、承诺和亲密都有。

11．冲突产生的原因是什么？

（1）**竞争**。谢里夫解释，得到 — 失去的竞争情境引发了群体的冲突。竞争是引发冲突的一个重要因素。

（2）**威胁**。多依奇和克劳斯的卡车运输游戏实验证明，威胁不仅不是应对冲突的有效方法，还会对冲突的发生和升级起推波助澜的作用。

（3）**不公正感**。公正指的是个体或群体感知到的一种投入与获得成比例的心理平衡状态。

（4）**知觉偏差**。社会群体间的冲突常常是由知觉偏差引发的，刻板印象、偏见、群体极化、自我服务倾向等都可能引起人们对其他的社会群体的误解。

①**镜像知觉**：对立双方持有关于对方的相似的知觉印象。这种印象通常是负性的、消极的，其主要特征是相互之间对对方的看法惊人的相似，像镜子一样相互反射。

②**双重标准**：人们倾向于认为自己所做的事情都是具有正向意义的，而对方所做的事情都是负向指向的。

③**冲突维持归因**：人们倾向于用不好的解释去推断对方的某种行为。

知觉偏差的结果：使双方维持不信任状态，并会在特定事件的触发下最终引发冲突。尤其需要注意的是，这些归因上的偏差在群体情境中更容易出现。

（5）**个人因素**。这是能够引发冲突的一个潜在根源，其中包含个人的价值观体系和个性特征两个方面。某些人的个性特征可能更容易引发冲突。

12．冲突的解决策略有哪些？

（1）**接触**：接近性包括互动、对互动的预期和曝光效应，都能够增加喜爱的程度。因而，将相互冲突的个人或者团体放在一起，并进行近距离的接触，有助于他们相互了解，并喜欢上彼此。

（2）**共同目标**：尽管地位平等的接触有助于改善态度，但有时这是不够的。若是团体之间的敌意非常强烈，那么简单的接触只能给他们提供一个相互嘲弄和攻击的机会而已。共同的外部威胁能够建立内部的团结，当面对同样的困难需要解决时，成功的合作会增强冲突双方之间的吸引力和好感。

（3）**沟通**：群体间的冲突还可以通过沟通来解决。当夫妻之间、劳资双方或者两个国家之间发生不同的意见时，他们可以直接谈判，也可以请第三方通过提议或促进协商来调解，或者将双方的分歧交由第三方进行研究并仲裁。

（4）**和解**：有时候冲突的气氛太紧张，以至于实质性的沟通变得完全不可能。在这种情况下，某一方的一些小小的和解行动可以引发对方回报性的和解行动。其中一种调和策略就是GRIT（逐步、互惠、主动地减少紧张）的行动，它可以减少国家之间的紧张状态。

（5）**第三方的介入**：与冲突双方有关联的第三方主动介入，充当和解人、调停人、仲裁人，以帮助冲突双方找到解决办法。

13. 侵犯行为的理论解释有哪些？

侵犯行为，即攻击行为，是指有意图地伤害或危害他人的行为。侵犯行为的理论解释有：

（1）**生物学理论**。

弗洛伊德等人的本能理论指出，人类的侵犯行为源于一种自我破坏的冲动，侵犯行为把这种对死亡的原始的强烈欲求所蕴含的能量转向他人。动物学家洛伦茨认为，侵犯行为更多是适应性的而非自我破坏的。

（2）**挫折–侵犯理论**。

该理论最初由多拉德和米勒等人提出。他们认为，挫折是"对行为后果的阻碍"，即"当我们想要什么东西却又得不到的时候，我们就会遭受挫折"。挫折既指阻碍个体达到目标的情境，也指在行为受阻时，个体产生的心理紧张状态。侵犯只有一个原因（挫折），挫折只有一个反应（侵犯）。

米勒指出，挫折也可以产生侵犯以外的结果，并不一定引起侵犯。

伯克维茨认为，挫折并不是侵犯的唯一原因，而且挫折并不总是导致侵犯，侵犯也不一定是挫折的自动化反应，从挫折到侵犯，这中间还有其他影响因素，如侵犯线索。

（3）**社会学习理论**。

班杜拉提出了社会学习理论。他认为，人们对侵犯行为的学习可以发生在亲身体验其后果时，也可以通过观察别人进行学习，当看到别人表现出侵犯行为而并没有受到惩罚时，他们会习得侵犯行为。由不愉快体验产生的情绪唤醒会激发侵犯行为，但是个体是选择做出侵犯行为还是其他行为，还取决于我们对结果的预期，这是通过学习获得的。

总之，社会学习理论认为侵犯行为是习得的，通过亲身经历和观察别人的成功，我们会习得侵犯行为。家庭、亚文化、大众媒体、网络都能对侵犯行为产生重要的影响。父母是儿童早期的模仿对象，也会极大地影响儿童侵犯行为的习得。

（4）侵犯的认知观。

社会认知信息加工模型认为，攻击性强的人攻击他人或采用攻击的方式处理人际关系的原因是他们对环境信息的认知加工存在偏差或社会认知能力低下和社会技能低下。

社会信息加工理论中最有代表性的理论模型是由多吉（Dodge）提出的。多吉将单一行为产生的认知加工过程分为六个阶段：第一阶段，线索译码；第二阶段，线索解释和表征；第三阶段，澄清目标或选择目标；第四阶段，搜寻或建构新反应；第五阶段，评估与决定行为反应；第六阶段，启动行为，实施反应。

14. 试述挫折－侵犯理论，并对其做出简要评价。

该理论最初由多拉德和米勒等人提出。他们认为：

（1）挫折是"对行为后果的阻碍"： 当我们想要什么东西却又得不到的时候，我们就会遭受挫折。挫折既指阻碍个体达到目标的情境，也指在行为受阻时，个体产生的心理紧张状态。

（2）挫折和侵犯的关系： "侵犯永远是挫折的一种后果""侵犯行为的发生，总是以挫折的存在为条件"。侵犯只有一个原因（挫折），挫折只有一个反应（侵犯）。

（3）替代性侵犯： 挫折－侵犯理论也探讨了受到挫折后可能出现的侵犯类型。多拉德及其同事认为，直接的身体侵犯和言语侵犯是最常见的侵犯类型。然而在很多情况下，侵犯由于种种原因并不能直接实施在引发挫折感的对象身上，就会产生替代性侵犯。替代性侵犯有两种类型：侵犯对象的替代和侵犯类型的替代。

后来，许多研究者对这一理论提出了修正。米勒指出，挫折也可以产生侵犯以外的结果，并不一定引起侵犯。

伯克维茨认为，挫折并不是侵犯的唯一原因，而且挫折并不总是导致侵犯，侵犯也不一定是挫折的自动化反应，从挫折到侵犯，这中间还有其他影响因素，主要包括：（1）侵犯线索。挫折引发了个体做出侵犯行为的预备状态，以及被个体标定为"愤怒"的情绪状态；只有当环境中出现能引发侵犯的适当线索时，侵犯行为才会出现。（2）武器效应。武器的存在促使愤怒的个体做出侵犯行为，是有效的侵犯线索。后来，人们将武器增强侵犯行为的现象称为"武器效应"。

理论评价：

（1）**贡献**：使研究者从本能论的小圈子中暂时跳出来，用实验来证实其观点，由此引发了大量关于侵犯的实验研究。

（2）**局限**。

①一些研究者对侵犯和挫折的概念提出了质疑。有研究者认为，暴力行为是一种体现控制感的方式。个体对事物进行破坏，并不是为了破坏而破坏，而是为了证明自己有能力掌控它们，决定它们的去留。

②挫折究竟是指一种外部的环境条件（某一事件），还是一种个体的内部状态（由这一事件引起的内部感受），挫折－侵犯理论在这一点上阐述不足。

③人们对于什么样的事物会成为替代性侵犯的目标物尚未给出充分的界定和研究实证。

④无法解释侵犯行为的多样性的问题。

⑤挫折－侵犯理论受到了研究者的质疑：被试可能猜测出这种条件下的要求特征，并对此做出相应的反应。

15．侵犯行为的影响因素有哪些？

（1）**个人因素**。

①**A型人格**：具有三个最主要的特点——更有竞争性，更能为成功而奋斗；有时间紧迫感；在对待挫折情境时，更容易产生攻击性和敌意。

②**敌意归因偏差**：在情境不明确的情况下，个体会将对方的动机或意图视为有敌意的倾向。当人们的归因出现偏差时，个体可能做出报复性的侵犯行为。

③**性别**：男性比女性更具侵犯性。男性的侵犯多为身体侵犯；女性的侵犯多为言语侵犯和其他间接的侵犯行为。

④**道德发展水平**：个体的道德发展水平越高，侵犯行为越难发生。

（2）**情境因素**。

①**高温**：温度与侵犯行为之间的相关为曲线关系。

②**酒精和药物**：大剂量的酒精会使人们对周围环境以及侵犯后果的意识程度降低，以致他们表现出更多的侵犯行为。镇静剂也有跟酒精类似的效果。

③**唤醒水平：** 情绪体验分为生理唤醒和认知性唤醒，被其他原因唤醒的个体可能把这种唤醒状态定义为愤怒。不仅高水平的非特异性的情绪唤醒水平直接影响人们的侵犯行为，特异性的情绪唤醒水平也会增加人们的侵犯性。

④**去个性化：** 个体在群体中自我同一性意识下降，自我评价和自我控制能力降低的现象，此时个体的侵犯性倾向于增加。

⑤**侵犯线索：** 情境中与侵犯有关的线索，如刀、枪、棍等器械往往会成为侵犯行为产生的原因，这种现象称为"武器效应"。

（3）社会因素。

①**文化因素：** 如果社会文化对某种社会角色较为容忍，那么拥有这种社会角色的个体的侵犯性就会明显增加。

②**媒体因素：** 大众媒体传播暴力内容会降低人们对暴力行为的敏感度，增加公众尤其是儿童的侵犯性。

16．如何减少侵犯行为？

（1）利用惩罚。

按照行为主义的观点，惩罚能够减少一个人的侵犯冲动。但惩罚是一件很复杂的事情，尤其是在涉及侵犯的时候。一方面，人们可能会认为对一项侵犯行为进行惩罚，能够减少它发生的频率；另一方面，既然惩罚本身往往采用侵犯形式，那么惩罚者实际上是在对他们想要压制的人示范侵犯行为，这将会引发被惩罚者模仿自己的行为。对孩子们而言，这种观点尤为正确。

（2）降低挫折与学习抑制自己的侵犯行为。

侵犯行为与挫折有着紧密的联系，因此通过降低挫折来抑制侵犯行为也是一种较好的方式。

（3）替代性侵犯与宣泄。

人们经常受挫折或烦扰，但由于对方的权力太大等而不能加以报复，在这种情况下，个体可能以其他方式对另一目标表现出侵犯行为，这种现象被称为侵犯转移或替代性侵犯。替代性侵犯的基本原则是目标对象与挫折来源越相似，个体对该目标对象的侵犯性冲动越强烈。

有时候人们也使用宣泄的方法来抑制自己进一步的侵犯行为。只要提供场合或机会，让那些遭受挫折的人把自己的愤怒发泄出来，他们进一步侵犯的动机就会减弱。

（4）示范非侵犯行为。

研究发现，让儿童先观看一些在激怒时表现出非侵犯行为的年轻人的行为，当这些儿童后来被安排在另一个他们自身被激怒的情境时，他们表现侵犯行为的频率，比起那些没有接触非侵犯行为榜样的儿童要低得多。

（5）培养沟通与解决问题的技巧。

减少暴力的方法之一就是教人们如何以建设性的方式来表达愤怒与批评、如何在冲突时学会协调与妥协以及如何对别人的需求更敏感地做出反应。

（6）培养同情心对抗去个性化。

培养同情心能够减少人们的侵犯行为。通过在人与人之间建立同情心，侵犯行为就会更难实施。

17. 阐述利他行为的理论解释。

（1）进化心理学。

按照达尔文的进化论，生物在进化过程中的自然选择，更偏好那些能促进个体生存的基因。任何能促进生存和增加繁衍后代概率的基因都将会代代相传；而那些降低生存机会、导致疾病和减少繁衍后代概率的基因将会被淘汰。

E. O. Wilson（1975）等人提出社会生物学的观点，用进化论的思想来解释利他行为。他认为，从个体角度来讲，利他行为确实会使一个人处于危险之中。但对群体而言，利他行为有利于整个群体。

Buss（2005）进一步提出了"进化心理学"思想，试图依据自然选择法则和遗传因素来解释人类的社会行为。进化心理学从以下两方面来解释人类的利他行为：

①亲缘保护：基因使人们愿意关心与自身有亲缘关系的人，能够提高基因存活可能性的自我牺牲就是为自己的亲戚做奉献。

②群体选择：生物学家Trivers认为，一个机体帮助其他个体，是因为它期待得到回报。付出者希望日后成为收获者，不做出互惠行为则会受到惩罚。达尔文认为，当群体之间进行竞争时，相互支持的、利他的群体比不利他的群体会持续更长的时间。

（2）社会进化论。

社会进化论认为，在人类文化与文明的历史发展中，人类将选择性地进化本身的技能、信念、技术。利他行为是遍布整个社会的行为，因此它也在进化中得到了提高，并已成为社会规范的一部分。社会进化论认为，有三种规范对利他行为很重要：

①**社会责任规范：**人们有责任和义务去帮助那些依赖他们并需要他们帮助的人。

②**相互性规范**：也叫互惠规范，是指人们之间的利他行为应该是互惠的，别人帮助了他，那么他也应该帮助别人，即帮助那些帮助过他的人。这种规范对维持人际关系的协调和稳定有重要意义。

③**社会公平规范**：帮助那些值得帮助的人。

（3）学习理论。

人们在基因上设置了学习社会规范的程序，其中之一就是利他主义。同时，学习理论在看待人们的利他行为时，认为儿童在成长的过程中掌握有关利他行为的规范是学习的结果。在学习过程中，强化和模仿很重要，儿童会模仿父母或他人的利他行为，并把它融入自己的生活中，而在这个过程中，父母的教养方式对孩子的利他行为也有较大的影响。

（4）社会交换理论。

社会交换理论认为，人们所做的许多事源于他们对利益和成本的衡量，希望获得最大化的利益和付出最小化的代价。按照这一理论，人们在利他行为中也试图追求最大的收益和最小的成本。利他行为的收益可以有多种形式，得到赞扬、受到奖励，甚至对将来可能的回报的预期等都可以看作利他收益。利他行为的成本则包括时间、金钱和可能的责难等。

（5）移情与利他主义。

Batson（1991）是人们常常纯粹出于善心而助人的观点的极力拥护者。Batson 认为，人们的动机有时是纯粹的利他主义，其唯一目的就是帮助其他人，即使做这些事会使自己付出某些代价。当对需要帮助的人产生移情时，人们把自己置于他人的位置，并以那个人的方式体验事件和情绪。由此，人们会试图出于纯粹的利他主义理由来帮助这个人，无论他们会得到什么。

18. 影响利他行为的因素有哪些?

（1）情境因素。

①**文化差异**：在所有文化中的人，都更可能帮助他们认为是团体内成员的人，而较少帮助他们认为是团体外成员的人。

②**他人的存在**：当有其他人存在时，人们不大可能去帮助他人，其他人越多，给予帮助的可能性越小，同时给予帮助前的延迟时间越长，这种现象被称为旁观者效应。

③**环境因素**：物理环境，如天气条件、社区大小以及环境中的噪声等都会对人们的利他行为产生影响。

④**时间压力因素**：在没有时间压力的情境下，人们会有更多的利他行为。

（2）**助人者的特点。**

①**人格因素**：存在一些人格特质，能使一个人在一些情境下表现出较大的利他倾向。

②**心情**：当一个人心情很好时，比较乐于帮助他人。

③**内疚感**：当人们做了一件自己认为是错误的事时所唤起的一种不愉快情绪。为了降低这种情绪，人们常常会选择去帮助他人。

④**个人困扰与同情性关怀**：个人困扰是指人们在面对他人受难时所产生的个人反应，它会促使一个人设法去降低自己不舒服的感觉，人们既可以通过帮助他人而达到此目的，也可以通过逃避或忽略苦难事件而达到此目的。同情性关怀是指同情心及对他人的关心等情绪，尤其是指替代性地或间接地分担他人的苦难。同情性关怀只能通过帮助处于困境中的他人来降低。

⑤**宗教信仰**：有宗教信仰的人比没有宗教信仰的人在帮助他人方面所花的时间更多。

⑥**性别因素**：所有的文化对男性和女性的特质和行为都有不同的规范。男性和女性在成长中学习这些规范。有研究发现，女性比男性更倾向于对她们的朋友提供社会支持以及从事帮助他人的志愿者工作。

（3）**求助者的特点。**

①**是否受到他人喜爱**：人们经常会帮助自己喜欢的人，在许多情况下，长相漂亮的人更可能获取他人的帮助。

②**是否值得他人帮助**：一个人是否会得到帮助部分取决于他是否值得帮助。

③**性别的影响**：研究表明，在危险出现时，男性比女性表现出更高的助人倾向，但这种行为只针对女性求助者，尤其是漂亮的女性求助者。女性助人者的利他行为则不受求助者性别的影响，并且在特定情境下，女性也会有较高的利他倾向。

管理
心理学

背诵打卡表

章节	一轮打卡	耗时 / min	二轮打卡	耗时 / min	三轮打卡	耗时 / min	背诵要求
管理哲学	☐		☐		☐		答题逻辑和要点要记熟，细枝末节需要理解记忆
组织激励	☐		☐		☐		
领导理论	☐		☐		☐		
组织理论	☐		☐		☐		
补充内容	☐		☐		☐		

🎓 绪论

略

🎓 第一章　管理哲学

1. 简述"经济人"假设的内容，并对其进行评价。

"经济人"假设认为，人的一切行为都是为了追求自身利益的最大化，其工作动机是获得经济报酬。

（1）"经济人"假设的主要观点。

①多数人天生懒惰，逃避工作。②多数人胸无大志，不愿负责任，甘愿受他人领导和指挥。③多数人的个人目标与组织目标是矛盾的，必须用强制惩罚的办法迫使员工为达成组织目标而工作。④多数人工作是为了满足基本的生理需要和安全需要，因此只有金钱和其他物质利益才能激励他们努力工作。⑤人大致可分为两类，即被管理者和管理者。大多数人具有上述特性，属于被管理者；少数人能克制自己的感情冲动而成为管理者。

（2）"经济人"假设的管理方式。

①采用任务管理的方式，认为管理的主要职能就是计划、组织、经营、指导和监督。②少数人参与管理，大多数员工听从管理者的指挥。③实施明确的奖惩制度，采用"胡萝卜加大棒"的政策。

（3）评价。

局限性：①这种以金钱激励为主的机械的管理模式，用权力严密地控制员工，不可能激发员工的主人翁精神、主动性和创造性。②反对员工参与管理，这就把管理者与被管理者对立起来，不符合管理的本质。③对员工的思想感情漠不关心，不可能激发员工的工作动机，所以也不可能最大限度地发挥人的积极作用。

合理性：在当时生产力不发达，物资比较匮乏的条件下，"经济人"假设的提出，为缓和劳资矛盾、提高生产率提供了可操作的理论基础。即使是现在，在一些欠发达国家或一些中小型企业的管理实践中，仍然能看到这种理论的影子。

2. 简述"自动人"假设的内容，并对其进行评价。

"自动人"假设，也叫"自我实现人"假设，认为人们力求最大限度地发挥自己的潜能，充分表现自己的才华，只有这样，才会获得最大的满足感。

（1）"自动人"假设的基本观点。

①一般人都是勤奋的，如果环境条件有利，工作如同游戏或休息一样自然。②人们在执行任务的过程中能够自我指导和自我控制。③一般人在适当条件下，不但能够接受责任，而且会追求责任。④高度的想象力、智谋和解决组织中各种问题的创造性广泛存在于人群中。⑤在现代工业化社会条件下，普通人的智力只得到了部分发挥。

（2）"自动人"假设的管理方式。

①管理重点：把管理重点转移到重视工作环境上，主张创造适宜的工作环境和工作条件，充分发挥人的潜力和才能，发掘个人的特长和创造力。②管理者的职能作用：管理者的主要职能是生产环境与条件的设计者与采访者。③奖励制度：重视内部激励。④管理制度：主张下放管理权限，建立较为充分的决策参与制度、提案制度、人员发展规划等，以满足员工自我实现的需要。

（3）评价。

局限性： 从理论上看，仅仅把管理建立在人们自我实现的潜能和勤奋向上的本性基础之上，忽视了社会现实和主体能动性的综合作用对个体发展的影响。

合理性： 强调为员工创造学习与深造的机会和条件，主张给员工以"挑战性"的工作，提倡建立决策参与制度、提案制度等，这些对管理实践都有重要的参考价值。

3. 简述"社会人"假设的内容，并对其进行评价。

"社会人"假设认为，人的最大动机是社会需求，只有满足了人的社会需求，才能对人有最大的激励作用（良好的人际关系是调动员工生产积极性的决定因素）。梅奥在进行了著名的霍桑实验之后，提出了人际关系学说。

（1）"社会人"假设的主要观点。

①员工的社会心理需求是影响员工积极性的主要因素。②推行"以人际关系为中心"的管理。③重视"非正式群体"。④建立新型领导方式，使正式团体的经济需要和非正式团体的社会需要取得平衡。

（2）"社会人"假设的管理方式。

①管理者不应只注意工作任务的完成，也应注意满足员工的各种需求。②重视培养员工之间良好的人际关系。③提倡集体奖励。④提出"参与管理"的新型管理形式。

（3）评价。

局限性： 尽管突出了人际关系对调动员工积极性的重要性，但是忽略了工作本身对员工的重要作用。

合理性： ①加深了对人性的认识。②丰富了激励理论。③改变了管理重心。

4．简述"复杂人"假设的内容，并对其进行评价。

"复杂人"假设认为，人是因时、因地、因各种情况采取适当反应的"复杂人"。

（1）"复杂人"假设的主要观点。

①人的需要是多种多样的，并且随着人的发展和生活条件的变化而变化。②人在同一时间内有各种需要和动机，它们会结合为一个动机模式。③动机模式的形成是内部需要和外界环境相互作用的结果。④一个人在不同单位工作或同一单位的不同部门工作时，会产生不同的需要。⑤人们的需要不同、能力各异，对于不同的管理方式会有不同的反应，因此没有一套适合任何时代、任何组织和任何个人的普遍行之有效的管理方法。

（2）"复杂人"假设的管理方式。

①管理者要有权变论的观点。②管理者应该根据具体情况具体分析，采取灵活多变的管理方法。③管理者应采取不同的组织形式提高管理效率。④管理者应注重个体的差异性。

（3）评价。

局限性： ①不易操作。②过分强调人的个别差异、特殊性，在某种程度上忽视了人的共性、普遍性。③过分强调管理措施的灵活性、应变性，不利于管理组织和管理制度的相对稳定，不利于正常规章制度的建立和稳定。④否定了管理的普遍性和一般规律，不利于管理科学的发展。⑤具有历史唯心主义倾向。

合理性： 承认了人的个性差异，强调因人而异、灵活多变的管理方式，有辩证法思想；对改善企业的管理具有启示作用。

5．简述"文化人"假设的主要观点及其对管理的启示。

"文化人"假设由日裔管理学家大内提出，认为人是文化的产物，人的心理与行为由人的价值观等内在因素决定。

（1）"文化人"假设的主要观点。

①人是文化的产物。②同一文化背景下的人具有共同的行为模式，不同地区的人也有不同的地域性格，这其实是由人类行为的文化模式不同造成的。③人格的塑造最

核心的是对人的价值观、行为方式的培养和训练。④群体或企业行为的效率主要依赖于群体成员是否具有共同的价值观和行为准则。

（2）"文化人"假设的管理方式。

①长期雇佣制。②集体决策。③个人负责制。④缓慢的评定和提升。⑤适度专业化的职业道路。⑥含蓄控制和明确控制相结合。⑦整体关心，包括对员工家庭的关心。

6．简述"决策人"假设的主要观点及其对管理的启示。

"决策人"假设率先由巴纳德提出，后由西蒙完善而成，认为组织只有充分调动员工的"大脑"，才能获得良好的管理效果。

（1）"决策人"假设的主要观点。

①每个人都是自主决策的行为主体，而决策本身并非"不可分解的基本单位"，而应视为"由前提推出结论的过程"。决策前提包括价值要素和事实要素。②决策前提的引入既与决策者本身的素质有关，也与决策者所处的环境有关。③组织可以通过提供相关的事实前提和价值前提影响个人决策。

（2）"决策人"假设的管理方式。

①制订因人而异的激励策略，以达到最大的激励效果。②把经济利益、社会心理需要都看成一种可变的决策前提。③充分关注组织的生存环境。

7．简述"学习人"假设的主要观点及其对管理的启示。

"学习人"假设，也称"知识人"假设，认为知识型员工是"知识人"，有其独特的特点。

（1）"学习人"假设的主要观点。

①"知识人"具有利己性。②"知识人"具有公益性。③"知识人"具有理性。

（2）"学习人"假设的管理方式。

①满足"知识人"的利己性，构筑收入基准，发挥货币的多重激励效应。②增加管理的柔性与灵活性，给予知识型员工更多的自主性。③引导"知识人"的公益性，促进"知识人"的理性发展。④制订职业生涯规划，以自我实现需求开启知识型员工自我激励的动机。⑤差异对待，制订个性化管理与激励方案。⑥整体照应，平衡和处理好一致性与差异性的关系。

🎯 第二章　组织激励

1. 简述激励理论的分类。

激励理论是企业和组织中，如何根据人的需要来激发动机，调动员工积极性的指导思想、原理法则和方法的概括总结。激励理论大致可以分为三类：

（1）内容型激励理论：着重从人的需要角度出发，探讨哪些因素对人的行为具有激励作用，如马斯洛的需要层次理论、ERG 理论、三重需要理论（成就需要理论）和双因素理论等。

（2）行为改造型激励理论：着重研究人的行为怎样转化和改造，如何使人的心理和行为变消极为积极，如行为矫正理论等。

（3）过程型激励理论：着重研究如何由需要引起动机，由动机引起行为，并由行为导向目标，如期望理论、公平理论、目标设置理论等。

2. 简述双因素理论及其对管理的启示。

（1）主要内容。

赫茨伯格把企业中影响人的积极性的因素分为激励因素和保健因素两大类。

①激励因素：导致人们满意的因素，包括成就、认可、工作本身（其挑战性、意义等）、责任、晋升、成长等。这些因素能产生直接的激励作用。

②保健因素：导致人们不满意的因素，往往与工作环境或外在因素有关，包括公司政策与行政管理、与同事或上下级的关系、地位、安全等。保健因素带有预防性，具有保持人的积极性、维持工作现状的作用。

（2）对管理的启示。

①在管理实践中，不能仅限于改善企业的物质条件或工作环境这些保健因素，更为重要的是要改善激励因素，为每个员工提供发挥自己才能的机会，增强他们的成就感和责任心，让他们感到有前途、有奔头。

②注意处理好保健因素和激励因素的关系，善于把保健因素转化为激励因素。

③区别对待不同的人的保健因素和激励因素，才能提高激励效果。

3. 简述强化理论及其在管理中的应用原则。

强化理论特别重视环境对行为的影响，认为人的行为受外界环境刺激调节和控制，改变外界刺激有助于改变行为。对于管理者来说，强化理论的意义在于用改造环境的办法来保持、巩固积极行为，减少和消除消极行为。

在管理中应用强化理论应遵循以下原则：

（1）建立目标体系，遵循目标强化的原则；（2）采取小步子强化的原则（把总目标分成若干步完成）以增强行为转化的信心；（3）贯彻及时反馈、及时强化的原则；（4）实行奖惩结合、以奖为主的原则；（5）贯彻精神奖励与物质奖励相结合的原则；（6）贯彻公开、公平、公正的强化原则；（7）贯彻因人而异的强化原则；（8）采取定期与不定期、定值与不定值相结合的强化原则；（9）采取连续强化与间断强化相结合、固定比率与变化比率相结合的原则。

4．简述期望理论。

期望理论由著名心理学家和行为学家弗鲁姆提出，他将期望理论应用于激励并将其公式化。他认为，当个体预期某种行为能带来某种特定的结果，而且这种结果对个体具有吸引力时，个体就倾向于采取这种行为。

该理论认为，激励程度（M）由期望值（E）与效价值（V）的乘积决定，用公式表示为：$M = E \times V$。要使被激励对象的内部力量达到最大，效价值和期望值都必须很高。

弗鲁姆认为，根据人的期望模型，为了有效地发员工的工作动机，需要正确处理以下三种关系：①努力与绩效的关系；②绩效与奖励的关系；③奖励与满足个人需要的关系。

5．简述亚当斯的公平理论及其对管理的启示。

公平理论由美国心理学家亚当斯提出，也称社会比较理论，属于过程型激励理论。

（1）主要观点。

公平理论认为，员工的工作积极性不只受报酬的绝对数量影响，还受报酬的相对数量影响。员工往往会通过比较对报酬公平与否做出判断，从而对自己的工作积极性产生影响。

这种比较可以用公式表示为：$OA/IA = OB/IB$。其中，OA 指员工的报酬，IA 指员工的投入，OB 指比较对象的报酬，IB 指比较对象的投入。这种比较的方向可以是横向的，也可以是纵向的。横向比较的对象是组织中的其他人，纵向比较的对象是自己过去的状况。

进行社会比较后，当员工感到公平时，他们就会感到心安理得，保持心理平衡，维持甚至增加工作努力程度；当员工感到不公平时，他们就会产生紧张、焦虑和不安。

为了削弱不公平感，他们会做出一些行为：①做出某种行为改变自己的付出或所得；②做出某种行为使得他人的付出或所得发生改变；③在心理上重新估价自己或他人的付出或所得来获得公平感；④选择另一个参照对象进行比较；⑤辞职。

（2）对管理的启示。

①建立赏罚分明的制度。②发展员工参与制度。③加强组织沟通。④做好员工的心理疏导工作。

6．简述目标设置理论。

洛克最先提出了目标设置理论，认为目标本身就具有激励作用，能够把人的需要转化为动机，使得人们的行为朝着一定的方向努力。洛克认为，目标设置应该重点考虑目标的具体性、困难度和反馈性。

根据众多对目标设置的研究，可以得到以下结论：

（1）清晰而具体的目标比不明确的目标能产生更高的绩效。

（2）困难或有挑战性的目标比中等程度或容易的目标能产生更高的绩效。

（3）短期目标可以帮助长期目标的实现。

（4）目标通过影响努力、坚持、注意力指向、激发策略的发展来影响绩效。

（5）信息的及时反馈对于目标设置是必要的。

（6）只有被接受的目标才能更好地影响绩效。

（7）制订行动计划和策略有助于完成目标。

（8）行动中的关键部分——竞争，可以成为目标设置的因素。

7．简述工作特征理论及其对管理的启示。

（1）主要内容。

哈克曼等人提出的工作特征理论认为，工作特征是影响员工工作行为的重要因素。根据工作特征模型，任何工作都可以用五种客观工作特征来描述：①技能的多样性；②工作的完整性；③任务的重要性；④主动性；⑤反馈性。可将以上五种工作特征加以综合，形成一个"激励潜在分数"（MPS）作为工作特征的指标：

$$MPS = \frac{(V + I + S) \times A \times F}{3}。$$

（2）对管理的启示。

在工作设计方面，工作特征理论适用于那些缺乏激励、满意感较低的工作系统的重新构造。具体方法有以下几种：①任务合并；②按工作类型、顾客群体、地理位置等形成自然的工作单元；③建立客户关系；④纵向分配工作；⑤开辟反馈渠道。

8．简述工作再设计的主要方法。

工作再设计主要是为了减少员工长期从事一项工作所带来的单调感，激发员工的工作积极性。同时，有些工作再设计也是为了更好地适应组织环境的变化。具体方法包括：

（1）**工作轮换：**也称交叉培训法，是在员工感到一种工作不再具有挑战性和激励性时，把他们轮换到同一水平、技术要求相近的另一岗位上，在预定的时期内变换工作岗位，使其获得不同岗位的工作经验，一般主要用于新员工。

（2）**工作扩大化：**横向工作扩展或工作范围的扩大。当员工对某项职务更加熟练时，提高他的工作量（也相应提高待遇），这样会让员工感到更加充实。

（3）**工作丰富化：**在工作中赋予员工更多的责任、自主权和控制权。它不是水平地增加员工的工作内容，而是垂直地增加工作内容。这样员工会承担更多重要的任务、更大的责任，有更大的自主权、更高程度的自我管理以及对工作绩效的反馈。

（4）**弹性工作制：**通过给予员工一定的工作时间安排的自主权，来达到激励员工的工作积极性的目的。

9．试述三种最具代表性的内容型激励理论及其对管理的启示，并阐述三种理论间的关系。

（1）**马斯洛的需要层次理论。**

①**基本内容。**

a.人的需要分为五个层次：生理的需要、安全的需要、社交的需要、尊重的需要和自我实现的需要。其中，生理的需要和安全的需要属于低级需要，剩余三种需要属于高级需要。

b.一般来说，只有在低层次的需要得到满足之后，人才会进一步追求较高层次的需要。在同一时期，人们可以同时存在几种需要，但总有一种需要占支配地位，它决定着人们行为的方向。

c.未被满足的需要才有激励作用。

②**对管理的启示。**

管理者可以根据五个需要层次对员工的多种需要加以归类和确认，了解员工未满足的或正在追求的需要是什么，并采取相应的管理和激励措施，既不能落后，又不能超前于员工的需求状况。

（2）三重需要理论（成就需要理论）。

①主要观点。

麦克利兰提出的"三重需要理论"，也称"成就需要理论"，认为人的生理需要获得满足后，基本需要有权力需要、友谊需要和成就需要。

a.权力需要：影响和控制他人行为的欲望。具有较高权力欲望的人对影响和控制他人行为表现出很大的兴趣。这种人总是追求领导者的地位。

b.友谊需要：也称亲和需要，是指与他人建立和保持亲密关系的愿望。具有友谊需要的人通常从友爱、情谊和社交中得到满足和快乐。这种人比较适合需要协作的岗位。

c.成就需要：争取优秀、追求卓越的需要。具有成就需要的人，经常考虑个人事业的前途和发展，对工作的胜任感和成功有强烈的要求，把取得成就看作人生最大的乐趣。麦克利兰认为，一个人成就需要的高低直接影响他的进步和发展。成就需要的强烈程度与其童年经历、职业经历以及所在组织的风格有关。麦克利兰认为，**高成就需要者有四个主要特征**：愿意为自己设立目标，并承担责任；不会选择高难度的目标，而会选择中等难度的目标；喜欢能及时提供反馈的工作；能从完成工作中获得很大的满足。

②对管理的启示。

不同人的这三种基本需要的排列层次和所占比重是不同的，个人行为主要取决于其中被环境激活的那些需要。

（3）**奥德弗的"生存、关系、成长"（ERG）理论**。

①主要内容。

奥德弗将马斯洛的需要层次理论中的需要层次进行重组后提出了三种人类需要：

a.生存需要：与人们基本的物质生存需要有关，包括生理的需要和安全的需要。

b.关系需要：相当于社交的需要和他人尊重的需要（和尊重的需要中的外在部分相对应。

c.成长需要：表示个人谋求发展的内在愿望，相当于尊重的需要中的内在部分（自尊）和自我实现的需要，包括个人事业、前途方面的发展与成长。

②主要观点。

a.各个层次的需要得到的满足越少，则这种需要越被人们渴望。

b.较低层次的需要越能够得到较多的满足，人们对较高层次的需要就越渴望，这是一种"满足—前进"的逻辑。例如，生存需要越得到满足，员工对人际关系的需要以及工作成就的需要的追求就越强。

c.较高层次的需要得到的满足越少，人们对较低层次的需要的渴求就越大。

d.存在"受挫—倒退"现象，即当较高层次的需要受到挫折时，需要的重点就可能倒退到较低层次的需要。例如，成长需要得不到满足的话，人们对人际关系的需要就越大。

e.各种需要可能同时出现。

③**对管理的启示。**

a.需要本身就是激发动机的原始驱动力。如果有需要，便存在着有效的激励因素。管理者如果能够充分了解广大员工的需要，就可以找到激励员工的有效途径。

b.每一层都包含众多的需要内容，因此具有相当丰富的激励因素，可以供管理者设置目标、激发动机、引导行为。

c.管理者应该特别注重下属的较高层次的需要的满足，以防止"受挫—倒退"现象的发生。

（4）三者的关系。

三重需要理论和ERG理论是在需要层次理论的基础上的升华，主要表现在以下方面：

①**着重点不同**。需要层次理论研究从低到高的五种需要；而三重需要理论不研究基本的生理需要，主要研究在人的生理需要基本得到满足的前提条件下的其他需要。

②**认识度不同**。需要层次理论认为，五种需要都是生来就有的，是内在的；而三重需要理论和ERG理论明确指出，通过教育和培训可以造就具有高成就需要的人才。

③**发展观不同**。需要层次理论认为，人的需要是严格地按照由低到高逐级上升的；三重需要理论认为，不同的人对这三种基本需要的排列层次和所占比重是不同的，个人行为主要取决于被环境激活了的那些需要；ERG理论认为，人的需要存在"受挫—倒退"现象，可能因受到挫折而倒退。

第三章　领导理论

1. 简述情境领导理论。

（1）主要内容。

情境领导理论由赫斯和布朗夏尔提出。该理论认为，在选择适当的领导行为时，要充分考虑员工的成熟度。员工的成熟度可以从两个方面衡量：工作成熟度和心理成熟度。该理论将领导行为分为任务和关系两个层面。一个领导表现出的任务和关系行为的适宜程度取决于员工的成熟水平。赫斯和布朗夏尔提出了四种领导风格，分别是：

①**指导型领导：高任务、低关系的领导风格**，适合不成熟的员工（工作、心理成熟度均低）。

②**支持型领导：高任务、高关系的领导风格**，适合中等成熟的员工（缺乏技能，但心甘情愿或有信心）。

③**参与型领导：低任务、高关系的领导风格**，适合中等成熟的员工（有技能，但不愿意或没信心）。

④**授权型领导：低任务、低关系的领导风格**，适合高度成熟的员工（工作、心理成熟度均高）。

（2）对管理的启示。

该模型建立在"因材施教"的基础上，认为领导者应该根据员工所处的状态决定自己的领导方法和行为。没有哪种管理方式永远是最好的，领导者要根据被领导者当下的能力和意愿来决定领导方式。领导者应该根据被领导的个人或团体不断调整自己的领导行为。

2. 简述变革型领导。

变革型领导是指领导者通过让员工意识到所承担任务的重要意义和责任，激发员工的高层次需要或扩展员工的需要和愿望，使员工将团队、组织和更大的政治利益放于个人利益之上。

变革型领导包含以下四个维度：

（1）领导魅力：领导者给追随者树立榜样，追随者认同领导者，并愿意效仿领导者。

（2）**感召力**：领导者对追随者寄予很高的期望，通过动机激励使他们投身于实现组织愿景的事业中去。

（3）**智力激发**：领导者激发其追随者创造和革新的意识，支持追随者尝试新理论、创造新方法来解决组织的问题，鼓励追随者独立思考和解决问题。

（4）**个人化关怀**：领导者创造一种支持性氛围，仔细聆听追随者的个体需求，在帮助个体自我实现时扮演教练和建议者的角色，帮助追随者实现其自身的需求和发展。

3. 简述交易型领导的主要特征。

交易型领导重视员工的责任，阐明对员工的期望和员工必须完成的任务，以及员工达到预期标准后所能获取的回报。交易型领导者具有影响力是因为员工会为了自身利益去完成领导者希望的事情。

交易型领导的主要特征有：

（1）**权宜酬赏**：领导者与员工交换的过程。在这一过程中，员工的努力可以换得特定的奖励。

（2）**例外管理**：包括矫正批评、负反馈和负强化。它采取两种形式：主动形式，即主动寻找员工的错误或违规的情况，然后进行纠正；被动形式，即仅在员工未达到标准或已经出现问题时才进行干预。

4. 论述领导风格理论。

勒温等人发现，团体的领导者通常使用不同的领导风格，这些领导风格对团体成员的工作绩效和工作满意度有着不同的影响。他们认为，三种不同的领导风格，会造成三种不同的团体氛围和工作效率。

（1）**专制型领导**：非常专断，并不允许员工的任何形式的参与，试图以友好的或客观的而不是公开的敌意方式进行批评或表扬。

（2）**民主型领导**：鼓励团体讨论和决策，在给予表扬和批评时试图表现得"客观"，领导者与被领导者之间的社会心理距离比较近。

（3）**放任型领导**：给予团体完全的自由，这种领导者本质上并没有实施领导，人际关系淡薄。

评价：

（1）**贡献**：较为有效地区分出领导者的不同风格和特性，并以实验的方式加以验证，这对实际管理工作和有关研究非常具有启发意义。

（2）**局限性**：仅仅注重领导者本身的风格，没有充分考虑到领导者实际所处的情境，而领导者的行为是否有效，不仅取决于其自身的领导风格，还受团体成员的特点和周边的环境因素影响。

5．论述任意三种领导权变理论。

领导特质理论和领导行为与风格理论都偏重于对领导者本身的特征和行为的研究，而对决定领导行为效果的其他因素没有予以充分考虑。领导权变理论就是研究被领导者的特征、领导者与被领导者的关系，以及环境因素如何影响领导行为的有效性的理论。

（1）费德勒模型。

①主要内容。

费德勒及其同事提出了第一个有效的领导权变模型。该领导权变模型强调绩效是建立在领导者的激励系统和领导者控制与影响情境的程度之上的情境结果。这个模型包含三个情境变量：a.群体气氛，是指一个领导者被团队认可的程度。如果领导者与员工之间关系融洽，就很少发生摩擦。b.任务结构，是指员工完成任务的方式的单调程度。c.职位权力，是指领导者所处的职位能提供的权力和权威是否明确、充分，在上级和整个组织中所得到的支持是否有力，对雇佣、解雇、纪律、晋升和增加工资的影响程度的大小。

费德勒模型利用上述三个因素评估情境：三种因素都处于积极状态，即为最有利的情况；三种因素都处于消极状态，即为最不利的情况。在最有利和最不利的情况下，任务取向型的领导风格效果最好；在中等有利的情况下，关系取向型的领导风格效果最好。

②评价。

费德勒模型得到了大量研究结果的支持。但这一模型在应用与实践中存在着缺陷，需要进一步改进：一些研究对最难共事者问卷（LPC）的使用方法提出了质疑，且三个情境因素在实践中的评估也过于复杂，很难进行量化。

（2）路径－目标理论。

①主要内容。

路径－目标理论认为，领导者的基本职能在于制订合理的、员工所期待的报酬，同时为员工实现目标扫清道路、创造条件。根据该理论，领导方式可以分为四种：

a.指示型领导方式： 领导者对员工提出要求，为其指明方向，提供帮助，使员工能够按照工作程序去完成自己的任务，实现自己的目标。

b. 支持型领导方式：领导者对员工友好，平易近人，平等待人，与员工的关系融洽，关心员工的生活福利。

c. 参与型领导方式：领导者经常与员工沟通信息，商量工作，虚心听取员工的意见，让员工参与决策、管理。

d. 成就指向型领导方式：领导者做的一项重要工作是树立具有挑战性的组织目标，激励员工想方设法地去实现目标，迎接挑战。

②影响领导方式选择的因素。

a. 员工的特点：主要指控制点的内外源、经验的多少、知觉能力的强弱等。内控型员工对参与型领导更满意，外控型员工对指示型领导更满意；经验丰富的员工适合支持型领导，能力稍弱或有困难的员工适合指示型领导。

b. 环境权变因素：当领导者面临一个新的工作环境时，可以采用指示型领导方式，指导员工建立明确的任务结构并明确每个人的工作任务；接着可以采用支持型领导方式，与员工形成一种协调、和谐的工作气氛。当领导者对组织的情况进一步熟悉后，可以采用参与型领导方式，积极主动地与员工沟通信息、商量工作，让员工参与决策和管理。在此基础上，领导者就可以采用成就指向型领导方式，与员工一起制订具有挑战性的组织目标，然后为实现组织目标而努力。

（3）领导－参与模型。

领导－参与模型将领导行为与参与决策联系在一起。该模型认为，对于某种情境而言，以下五种领导行为中的任何一种都是可行的。

①**A Ⅰ（独裁Ⅰ）**：领导者使用自己手头上现有的资料独立解决问题或做出决策。

②**A Ⅱ（独裁Ⅱ）**：领导者从员工那里获得必要的信息，然后独自做出决策。

③**C Ⅰ（磋商Ⅰ）**：领导者与有关的员工进行个别讨论，获得他们的意见和建议。领导者所做出的决策可能受到也可能不受到员工的影响。

④**C Ⅱ（磋商Ⅱ）**：领导者与员工们集体讨论有关问题，收集他们的意见和建议，领导者所做出的决策可能受到也可能不受到员工的影响。

⑤**G Ⅱ（群体决策Ⅱ）**：领导者与员工们集体讨论问题，一起提出和评估可行性方案，并试图获得一致的解决办法。

第四章　组织理论

1．简述组织结构的要素。

组织结构一般由六个关键要素构成，是设计组织结构的基本依据。这些要素分别是：

（1）**工作专门化**：将组织中的任务进行细分，分至各个独立职务的程度。

（2）**部门化**：职务组合的基础，一旦组织任务分为各个不同的职务，就需要将不同的工作进行组合，包括职能部门化、产品部门化、地域部门化、生产过程部门化、顾客类型部门化。

（3）**命令链**：组织从高层到基层的不间断的权力链条，它明确谁向谁汇报工作的脉络。

（4）**控制跨度**：一个管理者可以有效指导的员工数量，在很大程度上，它决定着组织的结构和规模。

（5）**集权与分权**：在组织中，决策权放在哪一级别，高层、中层还是基层？决策权所在的级别越高，权力越集中；反之，则是权力分散。

（6）**正规化**：组织中的工作实行标准化的程度。如果一种工作的正规化程度较高，就意味着做这项工作的人对工作内容、工作时间、工作手段没有多大的自主权。

2．简述组织承诺的影响因素。

（1）**直接或间接的影响因素**：①管理性因素，分为领导因素、结构因素、工作或职务因素以及企业经济效益和财务状况；②文化价值因素；③心理性因素；④个人性因素。

（2）**中介变量**：员工在组织中的地位感和控制感。

（3）**结果变量**：①个人性结果变量，如个人对组织关系的认识等认知因素，以及出产率、出勤率等客观因素；②组织性结果变量。

3．试述组织变革的动力、阻力及克服方法。

组织变革是指运用行为科学和相关管理方法，对组织的各个方面进行有目的的、系统的调整和革新，以适应组织所处的内外环境、技术特征和组织任务等方面的变化，提高组织效能。

（1）组织变革的动力。

①**外部环境的变化**：各种组织都需要通过调整与变革去适应外部环境，并与其保持平衡，从而得到自身生存发展的条件，否则就会被淘汰。

②**内部环境的变化**：包括技术条件的变化、人员条件的变化、管理条件的变化等。

③**企业本身成长的要求**。

（2）**组织变革的阻力**。

组织变革的阻力可以是多方面的，有社会的政治、经济、法律、秩序等因素的制约，也有组织本身的体制、人员素质、技术、财力等因素的作用。就**心理因素**而言，主要有：

①急剧的变革打破了常规，人们会感到陌生和不适应，产生心理失衡，由此产生抵制变革的心理。

②多数员工安于现状，求稳怕乱，对需要冒风险的变革往往缺乏坚定的信心，这种心理惰性也是变革的一种阻力。同时，变革会带来内部人际关系的变化，导致人们心理上的紧张和不愉快。

③人事或技术的变革会涉及人的地位变化，员工原有的关于权力、地位的旧观念势必遭到冲击。

④对经济利益得失的考虑往往也是变革的一种阻力。

⑤组织中存在的非正式群体会在组织变革时受到巨大的冲击，这也可能成为变革的一种阻力。

（3）**克服组织变革的阻力的方法**。

①**统一认识**：认识得到统一，组织成员才会有自觉的行动，使组织变革开展起来，并坚持下去。

②**积极参与**：当组织成员积极参与时，就容易产生认同感，减少抵触情绪，组织变革就会顺利进行。

③**威信**：威信高的领导者对组织的影响力大，其改革和指挥容易被人接受。

④**心理适应**：人们对变革所带来的新的活动方式和行为规范有一个适应过程，组织变革需要时间，组织成员需要有心理准备。

⑤**注意群体作用**：在组织变革时，应注意引导，善于找到变革的内容与群体成员的心理行为中有积极意义的结合点，利用健康群体的积极力量去影响和转化群体成员的观念和行为。

4．试述组织承诺的维度及其与工作绩效的关系。

组织承诺是指组织成员认同组织的目标与价值观，把实现和捍卫组织的利益和目标置于个人或小群体的直接利益之上的态度和行为方式，愿为组织的利益付出巨大努力并渴望保持在该组织中的成员资格的态度。**加拿大学者 Meyer 与 Allen 提出了组织承诺的三因素模型：**

（1）**感情承诺：**员工对组织的感情依赖、认同和投入，员工对组织所表现出来的忠诚和努力工作，主要是由于对组织有深厚的感情，而非物质利益。感情承诺越高的员工，对组织投入的感情越多，对组织的任何工作都会全身心地投入，能够主动帮助他人，员工的工作绩效也就越高。

（2）**持续承诺：**员工对离开组织所带来的损失的认知，是员工为了不失去多年的投入所换来的待遇而不得不继续留在该组织内的一种承诺。持续承诺的员工担心离开所在组织会遭受较大的经济损失，所以他不仅会努力工作，而且会与同事打好关系，以期在现有组织长期待下去。因此，持续承诺越高，员工的工作绩效就越高。

（3）**规范承诺：**员工对继续留在组织的义务感，是员工由于受到在长期的社会影响下形成的社会责任的影响而留在组织内的承诺。规范承诺高的员工一般有着良好的职业道德，其工作绩效也较高。

综上所述，提升员工的组织承诺有利于提高员工的工作绩效。

🎓 补充内容

1．组织中常用的培训方式有哪些？如何避免培训效果不佳？

（1）**组织中采用的培训方式。**

①**专题讲授：**知识体系较系统，采用集中学习的形式，信息量大，这是目前企业培训采用得最多的一种培训方式。但这种培训类似于"填鸭式"教学，学员很难在短时间内全盘掌握学习内容，需要及时评估和反馈培训效果。

②**角色情景演练：**进入角色实施培训，可亲身体验所处角色的特点，加深学习印象，提高培训主动性，可与实际工作进行很好的结合，但耗时较长。如果设计不合理，过程管理不当，培训效果也将大打折扣。此种培训方式可独立进行，也可与其他培训方式相结合。

③**案例培训**：通过对案例进行讲解、分析来学习知识、方法等，增强分析问题、解决问题的能力以及系统思考的能力。目前很多培训师在培训时所使用的案例大多是源于企业外部的案例，如果能通过提炼企业内部的典型案例进行案例培训，将对解决企业实际问题更具指导意义。通过案例培训，可达到统一企业理念、判断标准和行为流程，提升企业实战能力的效果。

（2）培训效果不佳可能是因为培训的内容和知识与员工的需求不符合，或是没有对培训效果进行及时、有效的评估。**因此，企业可通过以下措施提升培训效果：**

①**进行培训需求分析**：掌握员工在知识技能上的欠缺，或是对培训的需求。

②**制订培训计划**：包括制订培训的目的、内容、方式等。

③**实施培训**：可以在培训之前将员工的工作现状与提高工作效率具体需要的知识、技能和能力详细地提供给外聘名师，要求名师在培训时针对本公司员工的实际情况展开培训；也可以请本公司有经验、工作能力强、工作行为符合要求的老员工为其他员工做讲座，老员工所讲的知识体系可能没有名师讲得完善，但是，其对企业情况的深入了解能使他讲的内容符合员工工作中需要提高的部分。

④**评估培训效果**：及时、有效的评估不仅能够客观、准确地反映培训的真实效果，也能够提高员工对培训的重视程度，进而提升培训效果。

2. 简述员工帮助计划（employee assistance programs，EAP）的主要内容以及其对企业 / 组织管理的积极意义。

（1）**含义**：员工帮助计划，又称员工心理援助项目、全员心理管理技术。它是由**企业为员工设置的一套系统的、长期的福利与支持项目**。它通过专业人员对组织的诊断、建议和为员工及其直系亲属提供的专业指导、培训和咨询，旨在帮助解决员工及其家庭成员的各种心理和行为问题，提高员工在企业中的工作绩效。简而言之，EAP是企业用于管理和解决员工的个人问题，从而提高员工与企业绩效的有效机制。

（2）**主要内容**：包括工作压力的应对、心理健康的维护与增进、职业心理健康的维护与职业问题的干预、灾难性事件的处理与心理危机的干预以及安全事故的预防、职业生涯困惑问题的解决与职业生涯规划以及快乐的职业生涯发展、有效的沟通理念和技术以及人际关系改善、婚姻家庭问题、健康生活方式、法律纠纷、理财问题、减肥和饮食紊乱等各个方面，全方位地帮助员工解决个人问题。完整的EAP服务还包括压力评估、组织改变、宣传推广、教育培训、压力咨询等内容。

（3）**意义：**EAP通过帮助员工缓解工作压力、改善工作情绪、提高工作积极性、增强自信心、有效处理同事或客户关系、迅速适应新的环境、克服不良嗜好等，使企业在节省招聘费用、节省培训开支、减少错误解聘、提高组织的公众形象、改善组织气氛、提高员工士气、改进生产管理等方面受益很大。

附录1 347高频客观题考点全集

扫码查看高频客观题考点

附录2 347高频名词解释考点全集

扫码查看高频名词解释考点